高职高专“十一五”规划教材

网页设计与制作实用教程

主　编　邵　军　雷　雨
主　审　秦昌平　黄泽钧

副主编　刘利华　罗军东　赵盈盈　张　博
陈志忠
参　编　（按姓氏笔画排序）
王晶晶　卢　捷　卢志华　刘　杰
刘本军　刘瑞云　姚春荣

黄河水利出版社
·郑州·

内 容 提 要

本书主要内容包括网页设计概述,Dreamweaver 8 基本操作,基本网页制作,网页布局设计,网页配色方案,网页特效制作,模板、库和插件的应用,动态网站设计简介,网站制作实例等。本书可作为高等院校计算机及相关专业的教材,也可供从事网站开发及维护的技术人员阅读参考。

图书在版编目(CIP)数据

网页设计与制作实用教程/邵军,雷雨主编.—郑州:黄河水利出版社,2009.5

高职高专"十一五"规划教材

ISBN 978-7-80734-639-5

Ⅰ.网… Ⅱ.①邵… ②雷… Ⅲ.主页制作-高等学校:技术学校-教材 Ⅳ.TP393.092

中国版本图书馆 CIP 数据核字(2009)第 068277 号

策划组稿:马广州 电话:13849108008 E-mail:magz@yahoo.cn

出 版 社:黄河水利出版社

地址:河南省郑州市顺河路黄委会综合楼 14 层 邮政编码:450003

发行单位:黄河水利出版社

发行部电话:0371-66026940、66020550、66028024、66022620(传真)

E-mail:hhslcbs@126.com

承印单位:河南省瑞光印务股份有限公司

开本:787 mm×1 092 mm 1/16

印张:13

字数:300 千字　　　　印数:1—3 100

版次:2009 年 5 月第 1 版　　　　印次:2009 年 5 月第 1 次印刷

定价:30.00 元

前 言

Dreamweaver 是 Macromedia 公司推出的网页制作软件,与 Flash、Fireworks 并称为“网页三剑客”。Dreamweaver 是网页排版、网站管理工具和网页应用程序自动生成器,主要应用于网页设计和网页编辑领域,其强大和独特的功能使它成为网站制作、网站管理软件中的佼佼者,受到了广大网页设计者的青睐。

本书通过实践案例与细致的内容讲解,帮助读者掌握该软件基本工具的操作、常用技法的运用,以及高级技巧的使用,使读者能从一个使用 Dreamweaver 的生手迅速成长为熟手,甚至高手。

本书第 1 章主要介绍网页中的基本知识以及 HTML 基本语法、结构和常用标记。第 2 章主要介绍常用网页设计软件 Dreamweaver 8 的启动与退出、界面布局、工作环境以及基本操作。第 3 章主要介绍构成网页的基本元素:文本、图像、Flash 动画、表格等在网页中的应用以及相关的操作。第 4 章主要介绍网页布局设计、表格操作及简单网页基本布局建立的操作。第 5 章主要介绍色彩的基本知识和网页中主要的配色方案,以及图片在网页中使用前的一些处理方法。第 6 章主要介绍网页特效和 JavaScript 的运用。第 7 章主要介绍模板、库和插件的应用。第 8 章主要介绍动态网页设计的相关技术和实例。第 9 章主要介绍具体网站制作的实例。

本书第 1 章由邵军、陈志忠编写;第 2 章由雷雨、刘杰编写;第 3 章由秦昌平、刘瑞云编写;第 4 章由罗军东、卢志华、刘本军编写;第 5 章由刘利华、卢捷编写;第 6 章由张博、陈志忠编写;第 7 章由王晶晶、姚春荣编写;第 8 章由刘利华、邵军编写;第 9 章由赵盈盈、黄泽钧编写。

全书的内容设计由邵军老师和雷雨老师完成,校阅由秦昌平老师和黄泽钧老师负责。参与编写的各校老师为本书提供了大量实践项目支持,编者对大家一年来的辛勤劳动表示诚挚的感谢!

本书既可以作为计算机及相关专业的教材使用,也可以作为已经学习和掌握了 IT 技术的相关设计技术人员、网站开发人员的参考用书。对于希望快速系统地掌握网站开发基础知识的入门者,本书也是一本不可多得的参考用书。

如果您在阅读本书时发现了什么问题,或者对本书有什么意见和建议,欢迎随时与我们联系,您的建议将成为我们前进的重要动力。联系 E-mail :web_bs2008@163.com;xiangfanleiyu@yahoo.com.cn。

编 者

2009 年 3 月

全书的内容设计 [illegible] 老师完成，[illegible] 在此表示衷心的感谢！

目 录

第 1 章　网页设计概述

【内容简介】

本章主要介绍网页设计的基本知识以及 HTML 基本语法、结构和常用标记。

1.1 Web 应用以及工作原理

1.1.1　WWW 概述

WWW(World Wide Web,全球万维网)是一种建立在 Internet 上的全球性的、交互的、动态的多平台分布式图形信息系统。它遵循 HTTP 协议,缺省服务端口是 80。同TELNET(远程登录)、GOPHER(信息查找系统)、FTP(文件传输)、WAIS(广域信息查询系统)、BBS(电子公告牌)等相似,它也是基于 Internet 的一种网络服务。WWW 的应用成为Internet上最受欢迎的应用之一,它的出现极大地推动了 Internet 的繁荣和发展。

1.1.2　Web 的特点及应用

Web 是运行在 Internet 之上的所有 HTTP 服务器软件和它们所管理的对象(及其作用)的集合。Web 由众多 Web 页组成。要浏览 Web,可使用被称为 Web 浏览器的程序。

1.1.2.1　Web 的特点

Web 有以下几个特点:

(1)Web 是一种基于超文本的信息系统。它使得文本不再是固定的、线性的,而是可以从一个位置跳到另外的位置,用户可以从中获取更多的信息,可以转到别的主题上。想要了解某一个主题的内容,只要在这个主题上点一下,就可以跳转到包含这一主题的文档上。正是这种多链接性,人们才把它称为 Web。

(2)Web 可以基于图形化的超链接和易于导航(Navigate)的界面进行交互。利用 Web 的超链接,用户的浏览顺序和所到站点完全由自己决定。另外,通过交互方式可以从服务器获得动态的信息。用户通过 Web 浏览器向服务器提交请求,服务器可以根据用户的请求返回相应信息。Web 可以提供将图形、音频、视频集于一体的信息。同时,Web 是非常易于导航的,只需要从一个链接跳转到另一个链接,就可以在各 Web 页和各站点之间进行浏览了。

(3)Web 是跨平台的。无论用户的系统平台是什么,用户都可以通过 Internet 访问 WWW。浏览 WWW 对用户的系统平台没有什么限制。无论是从 Windows 平台、UNIX 平台、Macintosh 平台,还是从别的什么平台,用户都可以访问 WWW。

对 WWW 的访问是通过一种叫做浏览器(Browser)的软件实现的。如 Netscape 的

Navigator、NCSA 的 Mosaic、Microsoft 的 Explorer 等。

(4) Web 是动态更新的。各 Web 站点的信息的提供者可以经常地对站点上的信息进行更新。所以,Web 站点上的信息是动态的、经常更新的。

(5) Web 可以是分布式的。Web 可以把所有信息都放在一起,也可以把信息放在不同的站点上。只需要在网页上或浏览器中指明这个站点就可以了。Web 的分布式特性使在物理上并不一定在一个站点的信息在逻辑上一体化,从用户来看,这些信息跟在一台机器上并没有两样。

1.1.2.2 Web 的应用

Web 应用程序就是基于 Web 开发的程序,一般用来制作一些网络上具有交互功能的东西。例如设计者需要在自己所设计的网页中取得用户的信息并且根据这些信息给出不同的返回信息,就需要编程来完成。一些常见的 Web 应用程序开发,例如聊天室、留言版、电子商务等,都是这类 Web 应用程序。

Web 应用程序首先是"应用程序",和用标准的程序语言,如 C、C + + 等,编写出来的程序没有什么本质上的不同。然而 Web 应用程序又有自己独特的地方,即它是基于 Web 的,而不是采用传统方法运行的,换句话说,它是典型的浏览器/服务器架构的产物。

浏览器/服务器(Browser/Server,简称 B/S)架构能够很好地应用在广域网上,成为越来越多的企业的选择。浏览器/服务器架构相对于其他几种应用程序体系结构,有如下三个方面的优点:

(1) 这种架构采用 Internet 上标准的通信协议(通常是 TCP/IP 协议)作为客户机同服务器通信的协议,这样可以使位于 Internet 任意位置的人都能够正常访问服务器。对于服务器来说,通过相应的 Web 服务和数据库服务可以对数据进行处理。对外采用标准的通信协议,以便共享数据。

(2) 在服务器上对数据进行处理,将处理的结果生成网页,以方便客户端直接下载。

(3) 在客户机上对数据的处理被进一步简化,将浏览器作为客户端的应用程序,以实现对数据的显示,不再需要为客户端单独编写和安装其他类型的应用程序。这样,在客户端只需要安装一套内置浏览器的操作系统,如 Windows 98、Windows 2000,或直接安装一套浏览器,就可以实现对服务器上数据的访问。

1.1.3 Web 应用的工作原理

TCP/IP 是基于网络的体系结构,是 Web 工作的基本运行环境。从某种意义上说,Web 的工作方式非常简单,它实际处于 OSI/ISO 模型(或 TCP/IP 模型)的应用层,只是一种网络协议的高层应用,其基本应用模式如图 1-1 所示。

Web 有两种工作模式:C/S 模式和 B/S 模式。

Client/Server(客户机/服务器)结构模式,简称 C/S 模式。Browser/Server(浏览器/服务器)结构模式,简称 B/S 模式。

客户机端的应用程序是客户机程序或 Web 浏览器,服务器端的应用程序是 WWW 服务器。

服务器(Server)的作用:在服务器上运行着 WWW 服务器程序,如 IIS 等。服务器是网络信息的提供者。

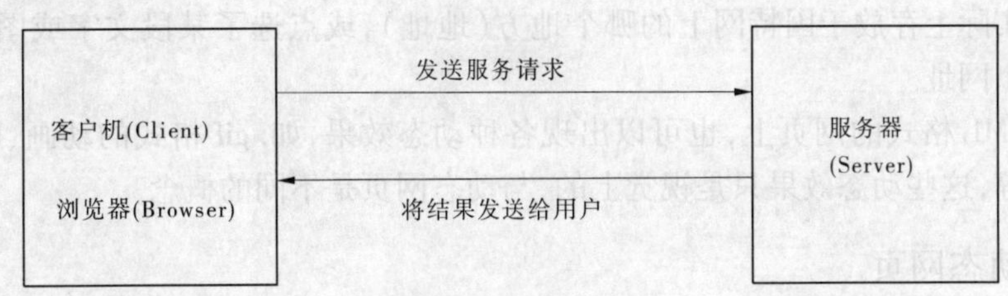

图 1-1　Web 工作原理

客户机(Client)的作用:在用户的计算机上运行着客户机程序,客户机程序主要有两方面的作用:一是向用户提供友好的使用界面,它将用户的信息查询请求转换成查询命令,传送给服务器进行处理;二是当服务器接到某一客户机的请求后,就进行数据查询,并将得到的数据送回到客户机,再由客户机将这些数据转换成相应的形式显示给用户。

浏览器(Browser)的作用:浏览器是安装在客户机的 WWW 浏览工具,主要作用是在窗口中显示或播放从服务器上取得的主页文件中嵌入的文本、图形、动画、图像、音频、视频等信息,访问主页中各超文本和超媒体链接对应的信息。此外,通过浏览器也可以让用户获得网上的其他各种信息服务。常用的浏览器有 Microsoft Internet Explorer(IE)和 Netscape Navigator 。

1.1.4　IP 地址与域名

IP 地址:是给每个连接在 Internet 上的主机分配一个在全世界范围唯一的 32bit 地址。

域名:是 Internet 上的一个服务器或一个网络系统的名字,在全世界没有重复的域名。

1.1.5　URL 与搜索引擎

URL (Uniform Resource Locator,统一资源定位器):指信息在 Internet 上的唯一地址,它提供在 Web 上访问资源的统一方法与路径。通常由协议类型、存放资源的主机域名和资源文件名三部分组成。

搜索引擎(Search Engines):是一个对互联网上的信息资源进行搜集整理,然后供用户查询的系统,它包括信息搜集、信息整理和用户查询三部分。

1.2　网页的种类

网页从设计开发技术上可以分为静态网页和动态网页。

1.2.1　静态网页

纯粹 HTML 格式的网页通常被称为静态网页,存储时通常以.htm、.html、.shtml、.xml 等为后缀名,表示里面的内容是以 HTML 语言所撰写的。HTML 语言是由许多叫做标注(Tag)的元素所组成的。这种语言指示了文字、图形等元素在浏览器上的配置、样式以及这些元素实际上存放于因特网上的哪个地方(地址),或点选了某段文字或图形后,应该链接到哪个网址。

在HTML格式的网页上,也可以出现各种动态效果,如.gif格式的动画、Flash动画、滚动字母等,这些动态效果只是视觉上的,与动态网页是不同的概念。

1.2.2 动态网页

所谓动态网页,就是网页内含有程序代码,并会被伺服端执行。这种网页通常在伺服端以扩展名asp或是aspx存储,表示里面的内容是Active Server Pages(ASP)动态网页,有需要执行的程序。当使用者要浏览这种网页时,必须由伺服端先执行程序后,再将执行完的结果下载给客户机的浏览器。这种动态网页会在伺服端执行一些程序,由于执行程序时的条件不同,所以执行的结果也可能会有所不同,所以称为动态网页。

1.3 网页设计的常用工具

1.3.1 网页编辑工具Dreamweaver及FrontPage

Dreamweaver是美国Macromedia公司开发的集网页制作和网站管理于一身的所见即所得网页编辑器,它是第一套针对专业网页设计师特别开发的可视化网页开发工具,利用它可以轻而易举地制作出跨越平台限制和跨越浏览器限制的充满动感的网页。Dreamweaver具有如下特点。

1.3.1.1 最佳的制作效率

Dreamweaver可以用最快速的方式将Fireworks、FreeHand或Photoshop等文档移至网页上。使用检色吸管工具选择屏幕上的颜色可设定最接近的网页安全色。对于菜单、快捷键与格式控制,都只要一个简单步骤便可完成。Dreamweaver能与人们喜爱的设计工具,如Playback Flash、Shockwave和外挂模组等搭配,不需离开Dreamweaver便可完成相关制作,整体运用流程自然顺畅。除此之外,只要单击鼠标便可使Dreamweaver自动开启Fireworks或Photoshop来进行编辑与设定图形的最佳化。

1.3.1.2 网站管理

使用网站地图可以快速制作网站雏形以及设计、更新和重组网页。改变网页位置或档案名称,Dreamweaver会自动更新所有链接。使用支援文字、HTML码、HTML属性标签和一般语法的搜寻及置换功能使得复杂的网站更新变得既迅速又简单。

1.3.1.3 无可比拟的控制能力

Dreamweaver是唯一提供Roundtrip HTML、可视化编辑与原始码编辑同步的设计工具。它包含HomeSite和BBEdit等主流文字编辑器。帧(frames)和表格的制作速度快得令人无法想象。进阶表格编辑功能使设计者可简单地选择单格、行、栏或作不连续的选取,甚至可以排序或格式化表格群组。Dreamweaver支援精准定位,利用可轻易转换成表格的图层以拖拉置放的方式进行版面配置,实现所见即所得。Dreamweaver成功整合动态式出版视觉编辑及电子商务功能,提供超强的支援能力给Third - party厂商,包含ASP、

Apache、BroadVision、Cold Fusion、iCAT、Tango 与自行发展的应用软件。当用户使用 Dreamweaver设计动态网页时，所见即所得的功能让用户不需要通过浏览器就能预览网页。梦幻样板和 XML Dreamweaver 将内容与设计分开，应用于快速网页更新和团队合作网页编辑。建立网页外观的样板，指定可编辑或不可编辑的部分，内容提供者可直接编辑以样式为主的内容，却不会不小心改变既定样式。用户也可以使用样板正确地输入或输出 XML 内容，全方位地呈现利用 Dreamweaver 设计的网页，而且可以全方位地呈现在任何平台的热门浏览器上。对于 cascading style sheets 的动态 HTML 支援和鼠标换图效果，声音和动画的 DHTML 效果资料库可在 Netscape 和 Microsoft 浏览器上执行。使用不同浏览器检示功能，Dreamweaver 可以告知在不同浏览器上执行的成效如何。当有新的浏览器上市时，只要从 Dreamweaver 的网站下载它的描述文档，便可得知详尽的成效报告。

Microsoft 公司出品的 FrontPage 是制作表单式网页的常用工具。FrontPage 2000 是该公司最新推出的面向 21 世纪网络办公自动化时代的大型套装软件 Office 2000 中新增的一个重要组件，也是 Office 2000 注重网络与 Internet 应用的一个重要体现。FrontPage 2000 是目前最常用的中文版网页制作工具之一，简单易学。FrontPage 2000 相对于前面的版本在网页向导、网页编辑、表单与框架页技术、音频与视频插件、动态 HTML 技术、数据库连接等方面进行了重大的改进，从而增强了网页制作的功能。

1.3.2　素材处理工具 Photoshop 及 Fireworks

Photoshop 是平面图像处理业界霸主 Adobe 公司推出的跨越 PC 和 MAC 两界首屈一指的大型图像处理软件。它功能强大，操作界面友好，得到了广大第三方开发厂家的支持，从而也赢得了众多用户的青睐。Adobe Photoshop 最初的程序是由 Michigan 大学的研究生 Thomas 创建的，后经 Knoll 兄弟以及 Adobe 公司程序员的努力，Adobe Photoshop 产生了巨大的转变，一举成为优秀的平面设计编辑软件。它的诞生可以说掀起了图像出版业的革命，目前 Adobe Photoshop 最新版本为 6.0 版，它的每一个版本都增添新的功能，这使它获得越来越多的支持者，也使它在诸多的图形图像处理软件中立于不败之地。Adobe 产品的升级更新速度并不快，但每一次推出新版总会有令人惊喜的重大革新。Photoshop 从当年名噪一时的图形处理新秀，经过 3.0、4.0、5.0、5.5 版的不断升级，直到目前最新的 6.0 版，功能越来越强大，处理领域也越来越宽广，逐渐建立了图像处理的霸主地位。Photoshop 支持众多的图像格式，对图像的常见操作和变换做到了非常精细的程度，使得任何一款同类软件都无法望其项背；它拥有异常丰富的插件（在 Photoshop 中叫滤镜），熟练后用户自然能体会到“只有想不到，没有做不到”的境界。而这一切，Photoshop 都为使用者提供了相当简捷和自由的操作环境，从而使使用者的工作游刃有余。从某种程度上来讲，Photoshop 本身就是一件经过精心雕琢的艺术品，更像为使用者量身定做的衣服，刚使用不久就会觉得备感亲切。当然，简捷并不意味着傻瓜化，自由也并非随心所欲，Photoshop 仍然是一款大型处理软件，想要用好它不会在朝夕之间，只有通过长时间的学习和实际操作，使用者才能充分贴近它。

中文 Fireworks MX 是 Macromedia 公司开发的，用于绘制图形、加工图像、制作动画和制作网页的软件，它与中文 Dreamweaver MX 和 Flash MX 有“网页梦幻组合”之称。它们越来越受到多媒体和网页制作的专业人员以及计算机爱好者的宠爱。中文 Fireworks MX 版本也在不断升级。

Fireworks 是一个将矢量图形处理和位图图像处理合二为一的专业化的 Web 图像设计软件,使 Web 作图发生了革命性的变化。它可以导入各种图像文件,可以直接在点阵图像状态和矢量图形状态之间进行切换,编辑后生成 PNG 图像文件,也可以生成其他格式的文件。它还可以直接生成包含 HTML 和 JavaScript 代码的动态图像,甚至可以编辑整幅的网页,使图形以最简捷的方式在网上淋漓尽致地体现其魅力。

Fireworks 不同于 FreeHand 和 Photoshop,它并不专限于创建矢量图或处理位图,而是综合了它们双方的某些特性。Fireworks 是一个可以同时编辑位图和矢量图形的软件,而其他图形图像编辑软件总是偏重于某一方面。为此,Fireworks 拥有两种图形编辑模式:位图编辑模式和矢量图编辑模式。在 Fireworks 中,可以非常方便地在矢量图编辑模式和位图编辑模式之间进行切换。

1.3.3 动画创作工具 Flash

Flash 是美国的 Macromedia 公司于 1999 年 6 月推出的优秀网页动画设计软件。它是一种交互式动画设计工具,用它可以将音乐、声效、动画以及富有新意的界面融合在一起,制作出高品质的网页动态效果。它的特点如下:

(1)使用矢量图形和流式播放技术。与位图图像不同的是,矢量图形可以任意缩放尺寸而不影响图形的质量;流式播放技术使得动画可以边播放边下载,从而缓解了网页浏览者焦急等待的情绪。

(2)通过使用关键帧和图符使得所生成的动画文件(.swf)非常小,几千字节的动画文件已经可以实现许多令人心动的动画效果。用在网页设计上不仅可以使网页更加生动,而且小巧玲珑、下载迅速,使得动画可以在打开网页很短的时间内就得以播放。

(3)把音乐、动画、声效、交互方式融合在一起。越来越多的人已经把 Flash 作为网页动画设计的首选工具,创作出了许多令人叹为观止的动画(电影)效果,而且在 Flash 4.0 的版本中已经可以支持 MP3 的音乐格式,这使得加入音乐的动画文件也能保持小巧的"身材"。

(4)强大的动画编辑功能使得设计者可以随心所欲地设计出高品质的动画,通过 Action 和 Fs Command 可以实现交互性,使 Flash 具有更大的设计自由度。另外,它与当今最流行的网页设计工具 Dreamweaver 配合默契,可以直接嵌入网页的任一位置,非常方便。

1.4 HTML 基本知识

1.4.1 HTML 的定义

HTML 是 Hyper Text Tarkup Language 的缩写,即超文本标记语言,是在 WWW 上建立超文本文件的语言,它通过标记和属性对一段文本的语言进行描述。它提供超文本链接,可以指向网络中另一台计算机的文件。HTML 支持在文本中镶入图像、声音、动画等不同格式的文件。HTML 还具有强大的排版功能,利用 HTML 可以制作出任意版面的主页。

刚刚接触 HTML 文档,遇到的最大的障碍就是一些用“ < ”和“ > ”括起来的句子,我们称它为标记。标记是 HTML 语言中一些定义网页内容格式和显示的指令。标记的属性用于进一步控制网页内容的显示效果。

HTML 标记通常是英文词汇的全称(如“title”)或缩略语(如“p”代表 Paragraph),与一般文本有区别。

HTML 标记是 HTML 文档的控制语言,用来告诉浏览器应该如何显示一页文档。它用“ < ” 和“ > ” 括起来。如:

<html>

1.4.2　标记写法

1.4.2.1　单标记

只需单独使用就能完整地表达意思。

写法:<标记名称>

例如:

1.4.2.2　双标记

由开始标记和结束标记两部分构成,成对使用,其中开始标记告诉浏览器从此处开始执行该标记所表示的功能,而结束标记告诉浏览器在这里结束该功能。开始标记和相应的结束标记定义了标记所影响的范围。在开始标记的标记名前加上符号“/”便是结束标记。

写法:<标记>内容</标记>

其中“内容” 部分就是要被这对标记施加作用的部分。

例如:<html>… </html>;<font>… </font>

<font color="#FF0000" >第一</font>

1.4.2.3　标记属性

一个标记,为了明确它的功能,往往用一些属性参数来描述。属性是标记的选项,在标记中用于修饰,以便进一步控制网页内容的显示效果,如颜色、对齐方式、高度和宽度等。

写法:<标记名字　属性 1 = 属性值 1　属性 2 = 属性值 2　属性 3 = 属性值 3… >

各属性之间无先后次序,属性可省略(取默认值)。

例如:<hr>

<hr width="100"　size="5"　color="#ff0000">

标记字母大小写皆可。

这意味着,HTML 标记和属性名称可以是大写、小写或大小写混合的。HTML 标记不区分大小写,但为了便于阅读,通常采用一致的大小写。

<body background="my. gif">

<BODY BACKGROUND="my. gif">

<BoDy background="my. gif">

区别：<body background = "My. gif">

1.4.3　HTML 的基本标记

1.4.3.1　<html> </html>——最外围的标记

<html>标记用于 HTML 文档的最前边，用来标记 HTML 文档的开始。</html>标记放在 HTML 文档的最后边，用来标记 HTML 文档的结束。网页中的页面内容都放在这两个标记之间。两个标记必须一块使用。

1.4.3.2　<head> </head>——定义网页的头部

<head>和</head>构成 html 文档的开头部分，在此标记对之间可以插入其他标记，如<title> </title>、<script> </script>等。这些都是描述 HTML 文档相关信息的，其作用是定义样式或插入脚本语言。<head> </head>标记对之间的内容不会在浏览器中显示出来。

1.4.3.3　<title> </title>——定义网页的标题

网页在浏览器中显示时，网页标题将在浏览器窗口的标题栏中显示。网页标题可被浏览器用做书签和收藏清单。<title> </title>标记对只能放在<head> </head>标记对之间。

1.4.3.4　<body> </body>——定义网页显示的内容

<body> </body>是 HTML 文档的主体部分，在此标记对之间可包含<p> </p>、<h1> </h1>、
、<hr> 等众多的标记，网页的所有内容，如文字、图形、链接以及其他页面元素都包含在此标记对之间。

1.4.3.5　表格

表格是用于排列内容的最佳手段，在 HTML 页面中，绝大多数页面是使用表格进行排版的。

1）表格基本结构

先来看看表格的基本结构，图 1-2 是一个 3 行 3 列的表格。

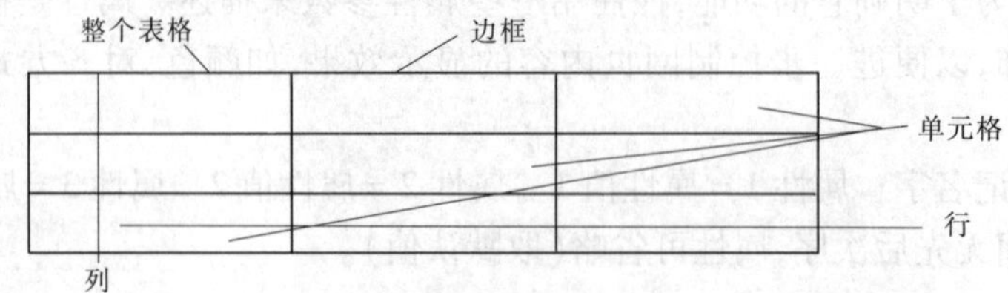

图 1-2　表格的基本结构

以下是表格的 HTML 表述及说明：

<table>　　定义表格的开始

<tr>　　定义行的开始

<td> … </td>　　定义单元格

…

</tr>　　定义行的结束

```
<tr>
<td>…</td>
…
</tr>
…
```

</table>　定义表格的结束

<table>…</table>　定义表格

<caption>…</caption>　定义表格的标题

<tr>　定义表格行（只放在<table>…</table>之间）

<th>　定义作为表头的单元格

<td>　定义表格的普通单元格(只放在<tr>…</tr>之间)

例:表格基本结构. htm(图 1-3)。

```
<html>
<head>
<title>表格基本结构的简单例子</title>
</head>
<body>
<table >
  <tr>
      <th>姓名</th><th>性别</th><th>年龄</th>
  </tr>
  <tr>
      <td>王林</td><td>男</td><td>25</td>
  </tr>
  <tr>
      <td>李芳</td><td>女</td><td>25</td>
  </tr>
</table>
</body>
</html>
```

姓名	性别	年龄
王林	男	25
李芳	女	25

图 1-3　表格基本结构实例

2)表格标记 <table>…</table>

■<table>的常用属性设定

例如:<table width="400" height="200" border="1" cellspacing="2" cellpadding="2" align="center" background="myweb. gif" bgcolor="#0000FF" bordercolor="#CF0000" bordercolorlight="#00FF00" bordercolordark="#00FFFF">

width="400"　表格宽度

height="200"　表格高度

align="center"　表格在页面的水平摆放位置。可选值为 left、center、right。在页面

上使表格居中还可用<center>,或使用<DIV align="">…</DIV>

background="myweb.gif"　表格的背景图片,与 bgcolor 不要同用

bgcolor="#0000FF"　表格的底色,与 background 不要同用

border="1"　表格边框的宽度(以像素为单位)

bordercolor="#CF0000"　表格边框颜色

bordercolorlight="#00FF00"　表格边框明亮部分的颜色,使用 bordercolorlight 或 bordercolordark 时 bordercolor 将会失效

bordercolordark="#00FFFF"　表格边框昏暗部分的颜色

cellspacing="2"　单元格之间的间距

cellpadding="2"　单元格内容与单元格边界之间的空白距离的大小

例:table.htm(图 1-4)。

第一行第一列	第一行第二列

图 1-4　表格标记实例

```
<html>
<head>
<title>表格基本结构的简单例子</title>
</head>
<body>
<table width="60%"  border="5"  bordercolorlight="green"  bordercolordark="red">
  <tr>
        <td>第一行第一列</td>
        <td>第一行第二列</td>
  </tr>
</table>
</body>
</html>
```

3)行标记 <tr>…</tr>

■<tr> 的常用属性设定

例如:<tr align="right" valign="middle" bgcolor="#0000FF" bordercolor="#CF0000" bordercolorlight="#808080" bordercolordark="#FF0000">

align="right"　该一行内内容的水平对齐方式,可选值为 left、center、right

valign="middle"　该一行内内容的垂直对齐方式,可选值为 top、middle、bottom

bgcolor="#0000FF"　该一行底色

bordercolor="#CF0000"　该一行边框颜色

bordercolorlight="#808080"　该一行边框明亮部分的颜色,使用 bordercolorlight 或 bordercolordark 时 bordercolor 将会失效

bordercolordark="#FF0000"　该一行边框昏暗部分的颜色

例:tr. htm(图 1-5)。

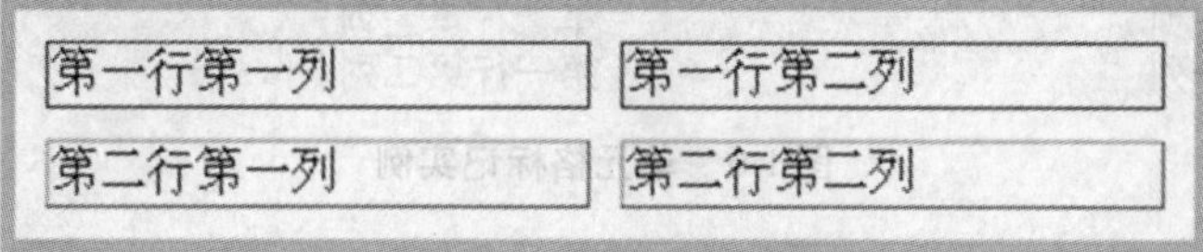

图 1-5　行标记实例

```
<html>
<head>
<title>表格基本结构的简单例子</title>
</head>
<body>
<table width="400"  border="5"  cellspacing="10"  bordercolor="#FF9900">
  <tr bordercolor="#0000FF">
      <td>第一行第一列</td>
      <td>第一行第二列</td>
  </tr>
  <tr bordercolorlight="#CF0000"  bordercolordark="#00FF00">
      <td>第二行第一列</td>
      <td>第二行第二列</td>
  </tr>
</table>
</body>
</html>
```

4)单元格标记 <td>…</td>

■<td> 的属性设定(常用)

例如:<td width="48%" height="400" align="right" valign="bottom" bgcolor="#CF0000" bordercolor="#808080" bordercolorlight="#FF0000" bordercolordark="#00FF00" background="myweb. gif">

width="48%"　该一单元格宽度

height="400"　该一单元格高度

align="right"　该一单元格内容的水平对齐方式,可选值为 left、center、right

valign="bottom"　该一单元格内容的垂直对齐方式,可选值为 top、middle、bottom

bgcolor="#CF0000"　该一单元格底色,与 background 任用其一

bordercolor="#808080"　该一单元格边框颜色

bordercolorlight="#FF0000"　该一单元格边框明亮部分的颜色

bordercolordark="#00FF00"　该一单元格边框昏暗部分的颜色,使用 bordercolorlight 或 bordercolordark 时 bordercolor 将会失效

background="myweb. gif"　该一单元格背景图片,与 bgcolor 任用其一

例：td. htm（图 1-6）。

第二行第一列	第二行第二列
第一行第一列	第一行第二列

图 1-6　单元格标记实例

```
<html>
<head>
<title>表格单元格标记</title>
</head>
<body>
<center>
<table width="60%"  cellspacing="0"  cellpadding="0">
  <tr>
        <td bgcolor="#669900">第二行第一列</td>
        <td bgcolor="#669900">第二行第二列</td>
  </tr>
  <tr>
        <td bgcolor="#FFD2E9">第一行第一列</td>
        <td bgcolor="#FFDAB5">第一行第二列</td>
  </tr>
</table>
</center>
</body>
</html>
```

5）表格标题标记　<caption>…</caption>

■ <caption> 的属性设定（常用）

例如：<caption align="center" valign="top"> </caption>

align ="center"　　该表格标题相对于表格的水平对齐方式，可选值为 left、center、right

valign ="top"　　该表格标题相对于表格的垂直对齐方式，可选值为 top、bottom。

例：caption. htm（图 1-7）。

各大城市夏季天气比较

	温度	湿度	可吸入颗粒物	二氧化硫
北京	32	40	80	34
上海	35	70	60	44
广州	34	60	90	52

图 1-7　表格标题标记实例

```
<html>
```

```
<head>
<title>表格的标题及表头标记</title>
</head>
<body>
<table width="400"  border="1"  align="center">
<caption>各大城市夏季天气比较</caption>
    <tr>
        <th> </th>
        <th>温度</th>
        <th>湿度</th>
        <th>可吸入颗粒物</th>
        <th>二氧化硫</th>
    </tr>
    <tr>
        <th>北京</th><td>32</td><td>40</td><td>80</td><td>
34</td>
    </tr>
    <tr>
        <th>上海</th><td>35</td><td>70</td><td>60</td><td>
44</td>
    </tr>
    <tr>
        <th>广州</th><td>34</td><td>60</td><td>90</td><td>
52</td>
    </tr>
</table>
</body>
</html>
```

6)表头标记<th>…</th>

<th>…</th>　　定义表头(表格表头 table head 的缩写,所谓表头就是表格的行标题或者列标题,它通常用来说明表格中每一行或者每一列数据的含义)

<th>与<td>都是标记一个单元格,所包含的属性完全一样。唯一不同的是,<th>所标记的单元格中的文字是以居中和粗体的方式显现的,指明了单元格属于表格标题的一部分。

<th>…</th>通常用于表格中的行标题。在<td>所标记的文字加上粗体和居中标记能达到同样效果。

表头标记实例同上。

7)跨行表格标记 rowspan

<td rowspan = value> value 为数字。

单元格跨越的行数。

例：rowspan. htm(图 1-8)。

<table>
<tr><td rowspan="3">兴趣爱好</td><td>足球</td><td>读书</td></tr>
<tr><td>音乐</td><td rowspan="2">旅游</td></tr>
<tr><td>电影</td></tr>
</table>

图 1-8　跨行表格标记实例

```
<html>
<head>
<title>表格跨列表格</title>
</head>
<body>
<table width="400"  border="1"  cellspacing="0"  cellpadding="0"  bordercolor=
"#00AA00">
    <tr>
        <td width="33%"  rowspan="3">兴趣爱好</td>
        <td width="33%">足球</td>
        <td width="34%">读书</td>
    </tr>
    <tr>
        <td width="33%">音乐</td>
        <td width="34%"  rowspan="2">旅游</td>
    </tr>
    <tr>
        <td width="33%">电影</td>
    </tr>
</table>
</body>
</html>
```

8)跨列表格标记 colspan

<td colspan = value> value 为数字。

单元格跨越的列数。

通过 colspan 和 rowspan 来合并单元格和拆分单元格,灵活地设置表格,使表格的每一行和每一列都有所不同。

注意:在构造表格时,应遵循从上到下、从左至右的顺序。已经在前面表示过的单元格,在下次碰到时不用重新表示。为了能准确地用 HTML 构造复杂的表格,建议在创建表格之前先在纸上画出表格的结构，这样就能清楚地看出表格的行列组成，从而能够正确地指定标记符和属性。

例：colspan. htm(图 1-9)。

兴趣爱好		
读书	音乐	电影
足球	旅游	

图 1-9　跨列表格标记实例

```
<html>
<head>
<title>表格跨列表格</title>
</head>
<body>
<table width="400"  border="1"  cellspacing="0"  cellpadding="0"  bordercolor=
"#00AA00">
  <tr><td colspan="3">兴趣爱好</td></tr>
  <tr>
      <td width="33%">读书</td>
      <td width="33%">音乐</td>
      <td width="34%">电影</td>
  </tr>
  <tr>
      <td width="33%">足球</td>
      <td colspan="2">旅游</td>
  </tr>
</table>
</body>
</html>
```

9)表格的嵌套

在页面中，排版是通过表格的嵌套来完成的，即一个表格内部可以套入另一个表格。

例：表格嵌套. htm(图 1-10)。

```
<html>
<head>
<meta http-equiv="Content-Type"  content="text/html; charset=gb2312">
<title>表格嵌套</title>
</head>
<body>
<table width="400"  border="3"  bordercolor="#336699"  align="center">
```

表格的嵌套	
Macromedia网页设计师	
网页设计软件	
网页制作软件	Dreamweaver
网页图像软件	Fireworks
网页动画软件	Flash

图 1-10　表格嵌套实例

```
<caption>表格的嵌套</caption>
  <tr>
    <td colspan="2"  align="center">
      <table width="100%"  border="1"  bordercolor="red">
        <tr>
          <td align="center">Macromedia 网页设计师</td>
        </tr>
        <tr>
          <td align="center">网页设计软件</td>
        </tr>
      </table>
    </td>
  </tr>
  <tr align="center">
      <td>网页制作软件</td>
      <td>Dreamweaver</td>
  </tr>
  <tr align="center">
    <td>网页图像软件</td>
    <td>Fireworks</td>
  </tr>
  <tr align="center">
    <td>网页动画软件</td>
    <td>Flash</td>
  </tr>
</table>
</body>
</html>
```

本章小结

本章介绍了设计网页所使用的基础知识，以及基本语言——HTML，介绍了 HTML 的定义、特点、基本结构和常用标记。深入掌握 HTML 知识有助于制作优秀的网页。如果要了解更多更详细的 HTML 知识，可以参阅有关 HTML 的专门书籍。

习题与实训

一、习题

简述一个网页的基本组成。

二、上机实训

1. 请编写自己的第一个 HTML 文件。

2. 请制作如下 HTML 页面的效果（见图 1-11）。

<table>
<tr><th colspan="5">天气预报</th></tr>
<tr><th rowspan="2">地区</th><th rowspan="2">城市</th><th colspan="3">6 月 27 日夜间</th></tr>
<tr><th>天气状况</th><th>风向风力</th><th>最低温度</th></tr>
<tr><td rowspan="7">华北
地区</td><td>北京</td><td>雷阵雨</td><td>≤3</td><td>19</td></tr>
<tr><td>天津</td><td>雷阵雨</td><td>≤3</td><td>21</td></tr>
<tr><td>呼和浩特</td><td>阵雨</td><td>西 3～4</td><td>13</td></tr>
<tr><td>太原</td><td>晴</td><td>西南 3～4</td><td>16</td></tr>
<tr><td>石家庄</td><td>晴</td><td>≤3</td><td>23</td></tr>
<tr><td>济南</td><td>晴</td><td>南 5～6</td><td>24</td></tr>
<tr><td>青岛</td><td>晴</td><td>南 4～5</td><td>19</td></tr>
</table>

图 1-11　HTML 页面的效果

第 2 章 Dreamweaver 8 基本操作

【内容简介】

本章主要介绍 Dreamweaver 8 的工作界面和各种工具栏、菜单的作用与相关操作，以及一个最基本网站站点的建立和测试等操作。

2.1 Dreamweaver 8 简介

Macromedia Dreamweaver 是美国 Macromedia 公司推出的“所见即所得”可视化的网站开发和网站管理工具软件。Dreamweaver 8 不仅提供强大的网页编辑功能，而且提供了完善的站点管理机制，同时支持可视化编辑方式和源码编辑方式。

Macromedia Dreamweaver 8 是一款专业的 HTML 编辑器，用于对 Web 站点、Web 页和 Web 应用程序进行设计、编码和开发。无论是用户愿意享受手工编写 HTML 代码时的驾驭感还是偏爱在可视化编辑环境中工作，Dreamweaver 都会为用户提供有用的工具，使用户拥有更加完美的 Web 创作体验。

利用 Dreamweaver 中的可视化编辑功能，用户可以快速地创建页面而无须编写任何代码。用户可以查看所有站点元素或资源，并将它们从易于使用的面板直接拖到文档中。用户可以在 Macromedia Fireworks 或其他图形应用程序中创建和编辑图像，然后将它们直接导入 Dreamweaver，或者添加 Macromedia Flash 对象，从而优化开发工作流程。

Dreamweaver 还提供了功能全面的编码环境，其中包括代码编辑工具（例如代码颜色和标签完成），以及有关层叠样式表（CSS）、JavaScript 和 ColdFusion 标记语言（CFML）等的语言参考资料。Macromedia 的可自由导入导出 HTML 技术可导入用户手工编码的 HTML 文档而不会重新设置代码的格式，用户可以随后用首选的格式设置样式来重新设置代码的格式。

Dreamweaver 还可以使用服务器技术（如 CFML、ASP. NET、ASP、JSP 和 PHP）生成由动态数据库支持的 Web 应用程序。Dreamweaver 也可以完全自定义，用户可以创建用户自己的对象和命令，修改快捷键，甚至编写 JavaScript 代码，用新的行为、属性检查器和站点报告来扩展 Dreamweaver 的功能。

2.2 工具栏和菜单栏介绍

下面，开始了解 Dreamweaver 8 的工作界面。Dreamweaver 8 的标准工作界面包括标题栏、菜单栏、文档工具栏、标准工具栏、文档窗口、状态栏、属性面板和浮动面板组等（见图 2-1）。

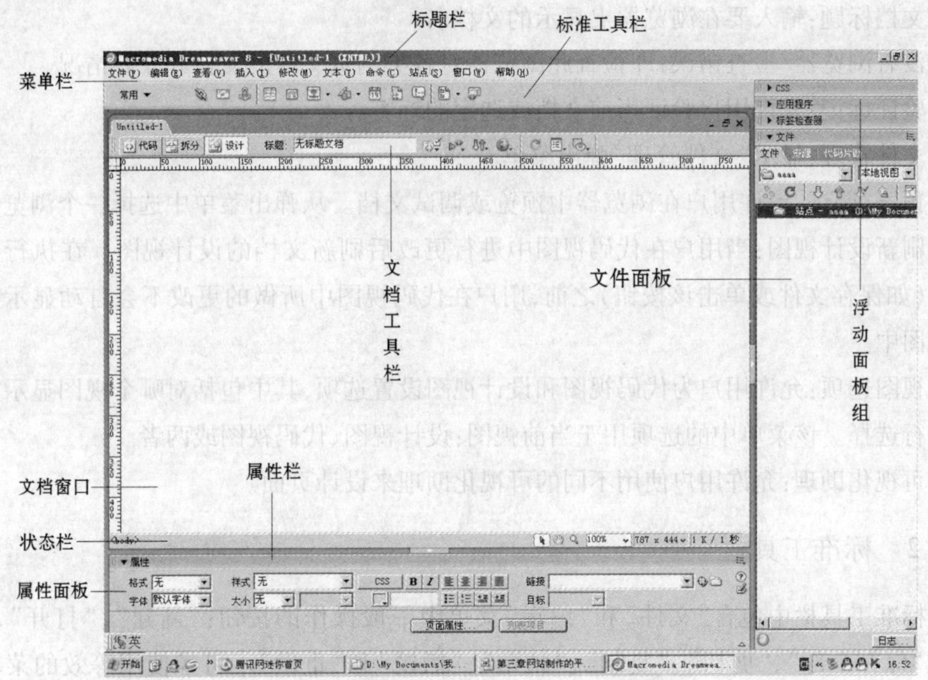

图 2-1　Dreamweaver 8 的工作界面

2.2.1　文档工具栏

文档工具栏包含各种按钮，它们提供各种文档窗口视图（如设计视图和代码视图）的选项、各种查看选项和一些常用操作（如在浏览器中预览）（见图 2-2）。文档工具栏可以实现文档在显示代码视图、显示设计视图、同时显示代码视图和设计视图之间的切换。

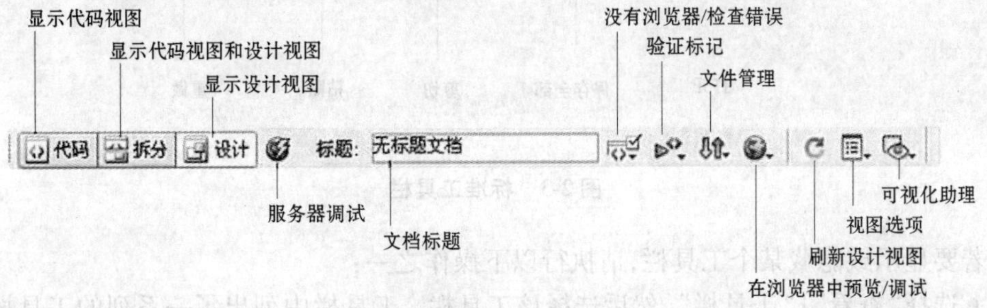

图 2-2　文档工具栏

显示代码视图：仅在文档窗口中显示 HTML 源代码。

显示设计视图：系统默认的视图，仅在文档窗口显示网页（网站）的设计界面。

显示代码视图和设计视图（拆分视图）：以分栏的形式同时显示 HTML 源代码和网页（网站）的设计界面。在文档窗口的一部分中显示代码视图，而在另一部分中显示设计视图。当选择了这种组合视图时，“视图选项”菜单中的“在顶部查看设计视图”选项变为可用。请使用该选项指定在文档窗口的顶部显示哪种视图。

文档标题:输入要在浏览器上显示的文档名。

没有浏览器/检查错误:即检查此浏览器对各类网页文件的支持和兼容情况。

验证标记:允许用户验证当前文档或选定的标签。

文件管理:显示“文件管理”弹出菜单。

预览/调试:允许用户在浏览器中预览或调试文档。从弹出菜单中选择一个浏览器。

刷新设计视图:当用户在代码视图中进行更改后刷新文档的设计视图。在执行某些操作(如保存文件或单击该按钮)之前,用户在代码视图中所做的更改不会自动显示在设计视图中。

视图选项:允许用户为代码视图和设计视图设置选项,其中包括对哪个视图显示在上面进行选择。该菜单中的选项用于当前视图:设计视图、代码视图或两者。

可视化助理:允许用户使用不同的可视化助理来设计页面。

2.2.2　标准工具栏

标准工具栏中包含“文件”和“编辑”菜单中一般操作的按钮:“新建”、“打开”、“保存”、“保存全部”、“剪切”、“复制”、“粘贴”、“撤销”和“重做”。可像使用等效的菜单命令一样使用这些按钮。如图 2-3 所示。

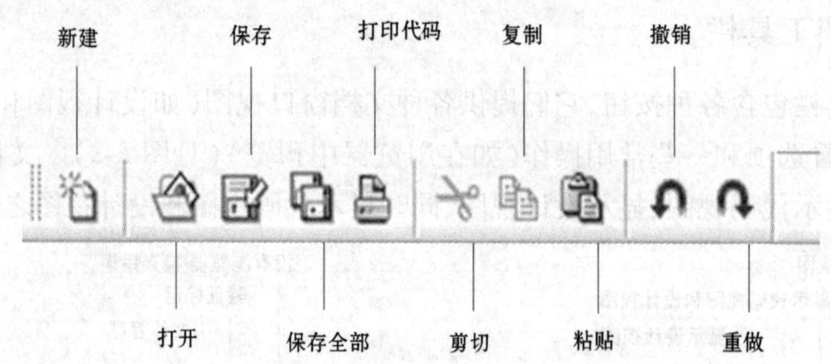

图 2-3　标准工具栏

若要显示或隐藏某个工具栏,请执行以下操作之一:

• 选择“查看”|“工具栏”,然后选择该工具栏。工具栏中列出了一系列的工具按钮,相对于菜单而言,它更为便捷。Dreamweaver 8 共有 4 个工具栏,它们分别是插入、样式呈现、文档和标准。

• 右键单击 Windows 任何工具栏或按住 Control 键单击 Macintosh 任何工具栏,然后从上下文菜单中选择该工具栏。

注意:若要在代码检查器(“窗口”>“代码检查器”)中显示或隐藏编码工具栏,请从该检查器顶部的“视图选项”弹出式菜单中选择“编码工具栏”。

2.2.3　菜单栏

Dreamweaver 8 的主菜单共有 10 项，从左至右分别为文件、编辑、查看、插入、修改、文本、命令、站点、窗口和帮助，如图 2-4 所示。

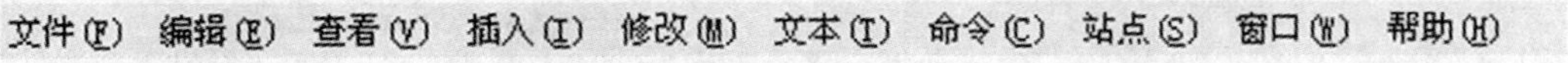

文件(F)　编辑(E)　查看(V)　插入(I)　修改(M)　文本(T)　命令(C)　站点(S)　窗口(W)　帮助(H)

图 2-4　Dreamweaver 8 的主菜单

文件：快捷键为 Alt + F，用于对文件操作方面的操作。例如新建、打开、保存、另存为、导入、输出打印等。

编辑：快捷键为 Alt + E，用于编辑文件和代码，如剪切、复制、粘贴、查找、替换和参数设置等。

查看：快捷键为 Alt + V，用于切换视图模式以及显示/隐藏标尺、网格线等辅助视图功能。

插入：快捷键为 Alt + I，用于插入各种元素和对象，例如图片、多媒体组件、表格、框架及超级链接等。

修改：快捷键为 Alt + M，用于页面属性的修改，例如在文件中插入表格，拆分、合并单元格，对齐等。

文本：快捷键为 Alt + T，用于对文本操作，例如设置文本格式段落、缩进、字体样式、颜色等。

命令：快捷键为 Alt + C，用于录制、编辑命令列表、清理代码等。

站点：快捷键为 Alt + S，用于创建和管理站点及上传管理。

窗口：快捷键为 Alt + W，用于显示和隐藏控制面板以及切换文档窗口。

帮助：快捷键为 Alt + H，机帮助功能。例如按下 F1 键，就会打开电子帮助文本。

文件、编辑、查看、插入、修改、文本、命令、站点、窗口和帮助的下拉菜单，分别如图 2-5 ~ 图 2-14 所示。

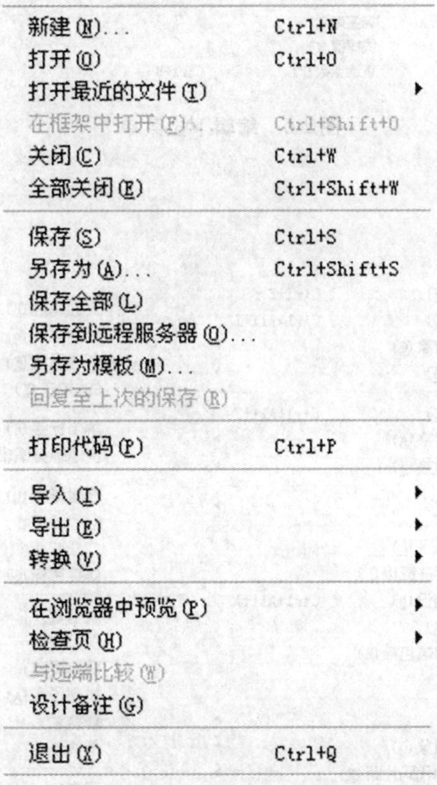

新建(N)...	Ctrl+N
打开(O)	Ctrl+O
打开最近的文件(T)	▸
在框架中打开(F)...	Ctrl+Shift+O
关闭(C)	Ctrl+W
全部关闭(E)	Ctrl+Shift+W
保存(S)	Ctrl+S
另存为(A)...	Ctrl+Shift+S
保存全部(L)	
保存到远程服务器(O)...	
另存为模板(M)...	
回复至上次的保存(R)	
打印代码(P)	Ctrl+P
导入(I)	▸
导出(E)	▸
转换(V)	▸
在浏览器中预览(P)	▸
检查页(H)	▸
与远端比较(W)	
设计备注(G)	
退出(X)	Ctrl+Q

图 2-5　文件下拉菜单

撤销(U)	Ctrl+Z
重做(R)	Ctrl+Y
剪切(T)	Ctrl+X
拷贝(C)	Ctrl+C
粘贴(P)	Ctrl+V
选择性粘贴(S)	Ctrl+Shift+V
清除(A)	
全选(A)	Ctrl+A
选择父标签(G)	Ctrl+[
选择子标签(H)	Ctrl+]
查找和替换(F)	Ctrl+F
查找所选(S)	Shift+F3
查找下一个(N)	F3
转到行(G)	Ctrl+G
显示代码提示(H)	Ctrl+Space
代码提示工具(T)	▸
缩进代码(I)	Ctrl+Shift+>
凸出代码(O)	Ctrl+Shift+<
选取当前代码段(B)	Ctrl+'
重复项(E)	▸
代码折叠	▸
使用外部编辑器编辑(E)	
标签库(L)...	
快捷键(Y)...	
首选参数(P)...	Ctrl+U

图 2-6　编辑下拉菜单

放大(Z)	Ctrl+=
缩小(O)	Ctrl+-
缩放比率(F)	▸
符合所选(S)	Ctrl+Alt+0
符合全部(L)	Ctrl+Shift+0
符合宽度(W)	Ctrl+Alt+Shift+0
代码(C)	
✔ 设计(D)	
代码和设计(A)	
切换视图(S)	Ctrl+Alt+`
刷新设计视图(E)	F5
文件头内容(H)	Ctrl+Shift+H
✔ 无脚本的内容(N)	
表格模式(T)	▸
可视化助理(V)	▸
样式呈现(S)	▸
代码视图选项(W)	▸
标尺(R)	▸
网格(G)	▸
辅助线(U)	▸
跟踪图像(M)	▸
插件(N)	▸
隐藏面板(P)	F4
工具栏(B)	▸

图 2-7　查看下拉菜单

标签(G)...	Ctrl+E
图像(I)	Ctrl+Alt+I
图像对象(G)	▸
媒体(M)	▸
表格(T)	Ctrl+Alt+T
表格对象(A)	▸
布局对象(Y)	▸
表单(F)	▸
超级链接(P)	
电子邮件链接(L)	
命名锚记(N)	Ctrl+Alt+A
日期(D)	
服务器端包括(E)	
注释(C)	
HTML	▸
模板对象(O)	▸
最近的代码片断(R)	▸
自定义收藏夹(U)...	
获取更多对象(G)...	

图 2-8　插入下拉菜单

页面属性(P)...	Ctrl+J
模板属性(P)...	
✔ 所选属性(S)	
CSS样式(Y)	Shift+F11
编辑标签(E)	
快速标签编辑器(Q)...	Ctrl+T
创建链接(L)	Ctrl+L
移除链接(R)	Ctrl+Shift+L
打开链接页面(O)...	
链接目标(G)	▸
表格(T)	▸
图像(I)	▸
框架页(F)	▸
排列顺序(A)	▸
转换(C)	▸
导航条(B)	
库(I)	▸
模板(E)	▸
时间轴(M)	▸

图 2-9　修改下拉菜单

缩进(I)	Ctrl+Alt+]
凸出(O)	Ctrl+Alt+[
段落格式(F)	▸
对齐(A)	▸
列表(I)	▸
字体(N)	▸
样式(S)	▸
CSS样式(C)	▸
大小(Z)	▸
改变大小(H)	▸
颜色(R)...	
检查拼写(K)	Shift+F7

图 2-10　文本下拉菜单

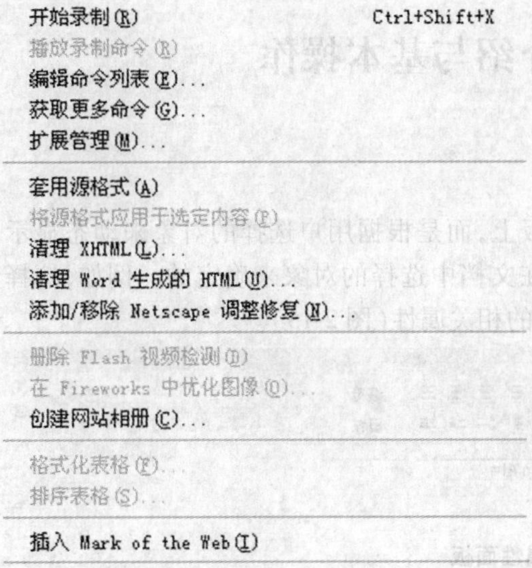

开始录制(R)　Ctrl+Shift+X
播放录制命令(R)
编辑命令列表(E)...
获取更多命令(G)...
扩展管理(M)...

套用源格式(A)
将源格式应用于选定内容(P)
清理 XHTML(L)...
清理 Word 生成的 HTML(U)...
添加/移除 Netscape 调整修复(N)...

删除 Flash 视频检测(D)
在 Fireworks 中优化图像(O)...
创建网站相册(C)...

格式化表格(F)...
排序表格(S)...

插入 Mark of the Web(I)

图 2-11　命令下拉菜单

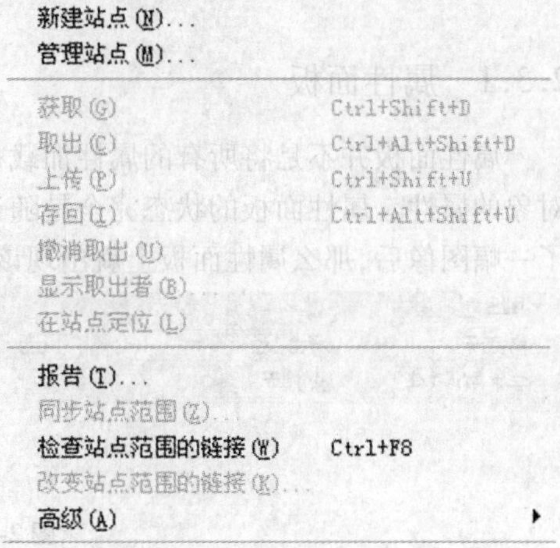

新建站点(N)...
管理站点(M)...

获取(G)　Ctrl+Shift+D
取出(C)　Ctrl+Alt+Shift+D
上传(P)　Ctrl+Shift+U
存回(I)　Ctrl+Alt+Shift+U
撤消取出(U)
显示取出者(B)
在站点定位(L)

报告(T)...
同步站点范围(Z)...
检查站点范围的链接(W)　Ctrl+F8
改变站点范围的链接(K)...
高级(A)　▶

图 2-12　站点下拉菜单

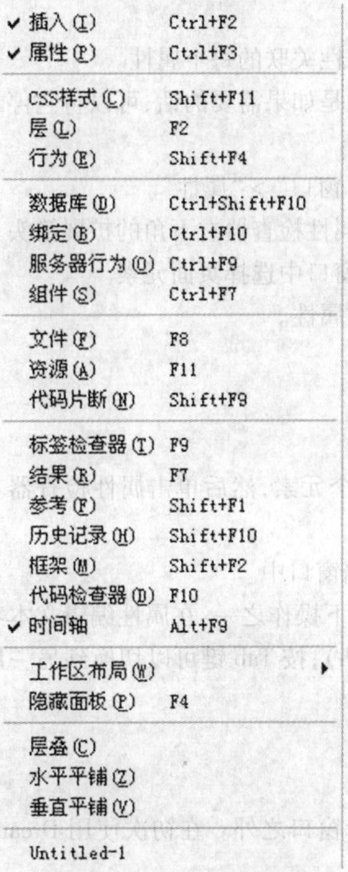

✔ 插入(I)　Ctrl+F2
✔ 属性(P)　Ctrl+F3

CSS样式(C)　Shift+F11
层(L)　F2
行为(E)　Shift+F4

数据库(D)　Ctrl+Shift+F10
绑定(B)　Ctrl+F10
服务器行为(O)　Ctrl+F9
组件(S)　Ctrl+F7

文件(F)　F8
资源(A)　F11
代码片断(N)　Shift+F9

标签检查器(T)　F9
结果(R)　F7
参考(F)　Shift+F1
历史记录(H)　Shift+F10
框架(M)　Shift+F2
代码检查器(D)　F10
✔ 时间轴　Alt+F9

工作区布局(W)　▶
隐藏面板(P)　F4

层叠(C)
水平平铺(Z)
垂直平铺(V)

Untitled-1

图 2-13　窗口下拉菜单

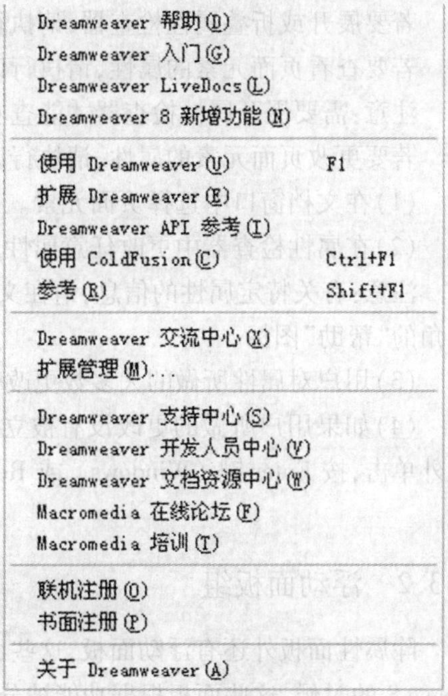

Dreamweaver 帮助(D)
Dreamweaver 入门(G)
Dreamweaver LiveDocs(L)
Dreamweaver 8 新增功能(N)

使用 Dreamweaver(U)　F1
扩展 Dreamweaver(E)
Dreamweaver API 参考(I)
使用 ColdFusion(C)　Ctrl+F1
参考(R)　Shift+F1

Dreamweaver 交流中心(X)
扩展管理(M)...

Dreamweaver 支持中心(S)
Dreamweaver 开发人员中心(V)
Dreamweaver 文档资源中心(W)
Macromedia 在线论坛(F)
Macromedia 培训(T)

联机注册(O)
书面注册(P)

关于 Dreamweaver(A)

图 2-14　帮助下拉菜单

2.3 属性面板介绍与基本操作

2.3.1 属性面板

属性面板并不是将所有的属性加载在面板上，而是根据用户选择的对象来动态显示对象的属性。属性面板的状态完全是随当前在文档中选择的对象来确定的。例如，选择了一幅图像后，那么属性面板上就出现该图像的相关属性（图 2-15）。

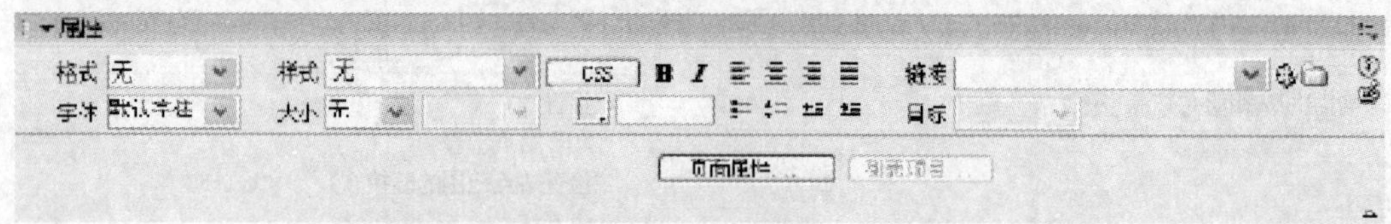

图 2-15 属性面板

属性面板使用户可以检查和编辑当前选定页面元素（如文本和插入的对象）的最常用属性。属性面板中的内容根据选定的元素会有所不同。

注意：使用标签面板可以查看和编辑与给定的标签属性关联的每个属性。

提示：默认情况下，属性检查器位于工作区的底部，但是如果需要的话，可以将它停靠在工作区的顶部，或者可以将它变为工作区中的浮动面板。

若要显示或隐藏属性检查器，请执行以下操作：选择"窗口" > "属性"。

若要展开或折叠属性检查器，请执行以下操作：单击属性检查器右下角的扩展箭头。

若要查看页面元素的属性，请执行以下操作：在文档窗口中选择页面元素。

注意：需要展开属性检查器才能查看选定元素的所有属性。

若要更改页面元素的属性，请执行以下操作：

（1）在文档窗口中选择页面元素。

（2）在属性检查器中更改任意属性。

注意：有关特定属性的信息，请在文档窗口中选择一个元素，然后单击属性检查器右上角的"帮助"图标。

（3）用户对属性所做的大多数更改会立刻应用在文档窗口中。

（4）如果用户所做的更改没有被立即应用，请执行以下操作之一：在属性编辑文本字段外单击；按 Enter 键（Windows）或 Return 键（Macintosh）；按 Tab 键可以切换到另一属性。

2.3.2 浮动面板组

除属性面板外还有浮动面板，这些面板都浮动于编辑窗口之外。在初次使用 Dreamweave 8 的时候，这些面板根据功能被分成了若干组。

在如图 2-1 所示的网页制作的编辑窗口组成中，在窗口的右侧停靠着面板组。它是一组相关面板的集合，包括"设计"、"代码"、"应用程序"、"标签检查器"、"文件"等面板组。折叠和展开后的面板组如图 2-16 所示。若要展开一个面板组,请单击组名称左侧的展开箭头。

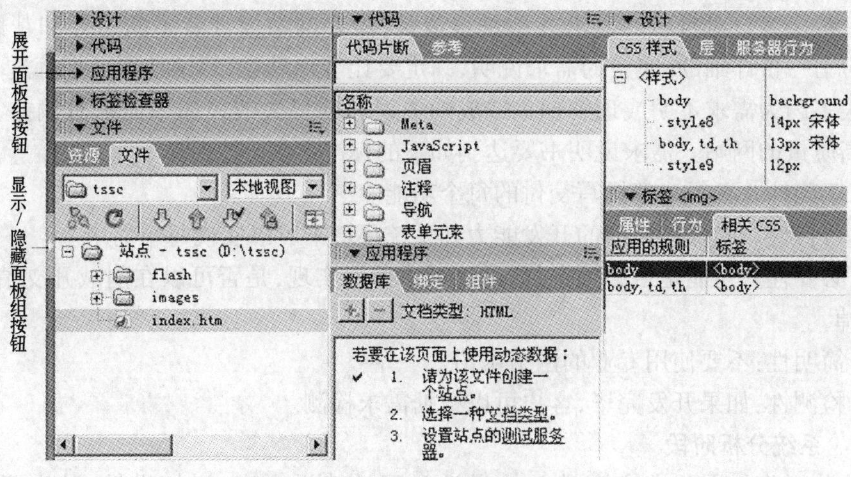

图 2-16　折叠和展开后的面板组

操作提示:在制作网页时,隐藏面板组后可以扩大文档窗口的区域,更便于网页的整体设计,可以根据需要显示或隐藏面板组,单击如图 2-16 所示的“显示/隐藏面板组”按钮或按 F4 键,都可实现面板组的显示或隐藏。

“设计”面板组:在网页设计中应用 CSS 样式、层、服务器行为等功能的面板组。

“代码”面板组:包括代码编辑所需的面板,分别为代码片断和参考。

“应用程序”面板组:包括制作动态网页所需的面板,分别为数据库、绑定、组件。

“标签检查器”:网页制作中应用的“行为”功能在此面板,还包括属性和相关 CSS 设置。

“文件”面板组:包含站点管理、文件和文件夹等资源管理。

操作提示:Dreamweaver 提供的这些面板组的功能可以通过“窗口”菜单来调用。

2.4　站点建立与站点管理

Dreamweaver 是创建专业网站的最佳工具,同时也是构建强大 Internet 应用程序的最简便途径。开发人员可以在一个开发环境下快速地实现网站,以及 Internet 应用程序的创建和管理。

Dreamweaver 建立的站点可以分为本地站点(Local Site)和远程站点(Remote Site)两种。通常在本地计算机的硬盘中建立本地站点,将网页存放在本地站点,方便设计制作、管理和调试。完成网站设计制作以后,再将本地站点的所有内容上传到 Web 服务器中设定的、供互联网用户浏览访问的位置,称为远程站点。

2.4.1　网站建设基本流程

网站建设一般主要有需求分析、系统分析、项目实施三个阶段。

2.4.1.1 需求分析阶段

需求分析阶段最重要的任务是准确了解客户的需求,即需要客户提供一个完整的需求说明。很多客户对自己的需求并不是很清楚,需要网站设计者不断引导和帮助分析。配合客户写一份详细的、完整的需求说明,一定要让客户满意,签字认可。把好这一关,可以杜绝很多因为需求不明或理解偏差造成的失误和项目失败。如果需求有偏差,不可能设计出高质量的网站。需求说明书要达到如下的标准:

(1)正确性。必须清楚描写交付的每个功能。

(2)可行性。确保在当前的开发能力和系统环境下可以实现每个需求。

(3)必要性。功能是否必须交付,是否可以推迟实现,是否可以在削减开支情况发生时"砍"掉。

(4)简明性:不要使用专业的网络术语。

(5)检测性:如果开发完毕,客户可以根据需求检测。

2.4.1.2 系统分析阶段

系统分析阶段主要完成网站总体设计和网站建设方案、详细设计,其主要流程如图2-17所示。

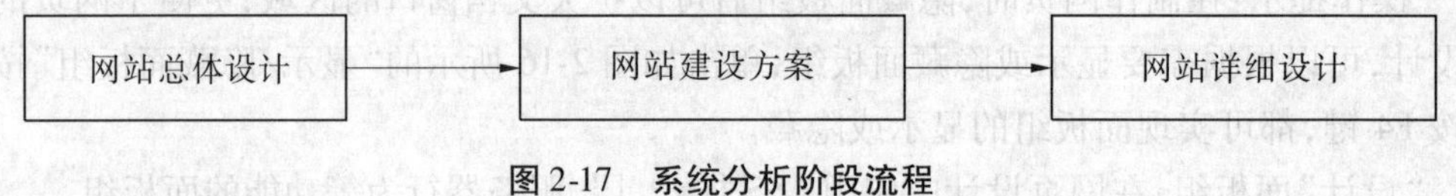

图2-17 系统分析阶段流程

1)网站总体设计

客户需求说明确定后,并不是直接开始制作网站,而是需要对项目进行总体设计,详细设计出一份网站建设方案给客户。总体设计是非常关键的一步。它主要确定:网站需要实现哪些功能;网站开发使用什么软件,需要什么样的硬件环境;需要多少人、多少时间;需要遵循的规则和标准有哪些。

同时,需要写一份总体规划说明书,包括网站的栏目和版块;网站的功能和相应的程序;网站的链接结构;如果有数据库,进行数据库的概念设计;网站的交互性和用户友好设计等。

2)网站建设方案

在总体设计出来后,一般需要给客户一个网站建设方案。应该尽量取得客户的理解,在明确需求并完成总体设计后提交方案,这样对双方都有益处。网站建设方案包括以下几个部分:客户情况分析;网站需要实现的目的和目标;网站形象说明;网站的栏目、版块和结构;网站内容的安排,相互链接关系;使用软件、硬件和技术分析说明;开发时间进度表;宣传推广方案;维护方案;制作费用;本公司简介:成功作品、技术、人才说明等。

3)网站详细设计

总体设计阶段以比较抽象概括的方式提出了解决问题的办法。详细设计阶段的任务就是把解决问题的办法具体化。详细设计主要是针对程序开发部分来说的。但这个阶段需要设计出程序的详细规格说明。这种规格说明的作用很类似于其他工程领域中工程师经常使用的工程蓝图,它们应该包含必要的细节,例如程序界面、表单、需要的数据等。

2.4.2 定义本地站点

要制作一个能够被大家浏览的网站,首先需要在本地磁盘上制作这个网站,然后把这个网站传到互联网的 Web 服务器上。放置在本地磁盘上的网站被称为本地站点,位于互联网 Web 服务器里的网站被称为远程站点。Dreamweaver 8 提供了对本地站点和远程站点强大的管理功能。

在 Dreamweave 8 中可以有效地建立并管理多个站点。搭建站点可以有两种方法,一是利用向导完成;二是利用高级设定来完成。

在搭建站点前,应该先在自己的计算机硬盘上建一个以英文或数字命名的空文件夹。

(1)选择菜单栏 > 站点 > 管理站点,出现“管理站点”对话框,如图 2-18 所示。点击“新建”按钮,选择弹出菜单中的“站点”项。

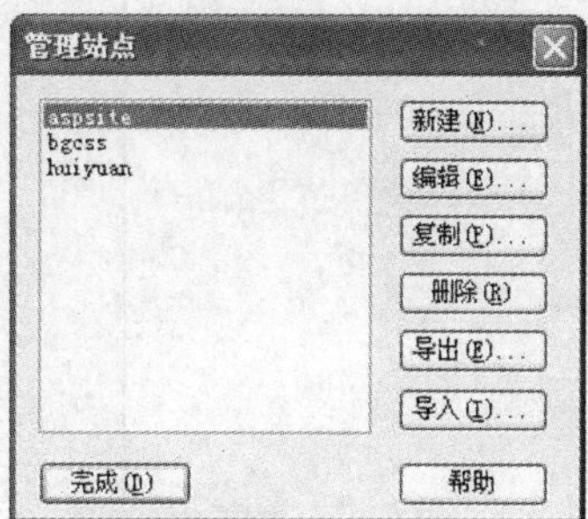

图 2-18 管理站点

(2)打开的窗口上方有“基本”和“高级”两个标签,可以在站点向导和高级设置之间切换。下面选择“基本”标签,如图 2-19 所示。

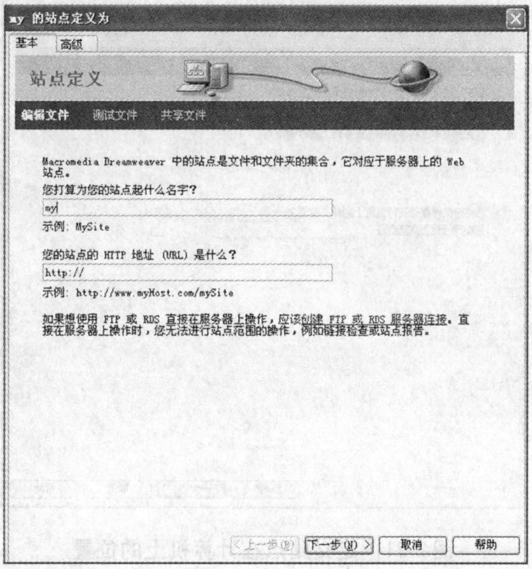

图 2-19 选择“基本”标签

(3)输入一个站点名字,以在 Dreamweaver 8 中标识该站点。这个名字可以是任何需要的名字。单击“下一步”,出现向导的下一个界面,询问是否要使用服务器技术。

(4)需要建立的是一个静态页面,所以选择“否”, 如图 2-20 所示。

(5)单击“下一步”,在文档框设置本地站点文件夹的地址,如图 2-21 所示。

(6)定义站点在计算机上的位置后,设置如何连接到服务器,如图 2-22 所示。

(7)单击“下一步”,进入站点定义,可在站点建设完成后再与 FTP 连接,这里选择“无”, 如图 2-23 所示。

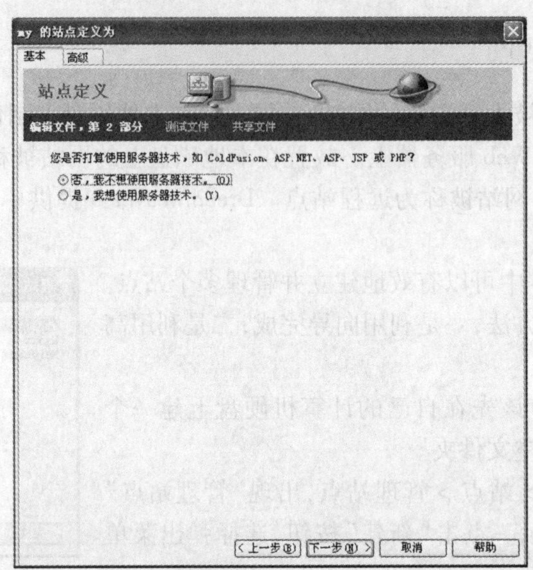

图 2-20　**定义站点是否使用服务器技术**

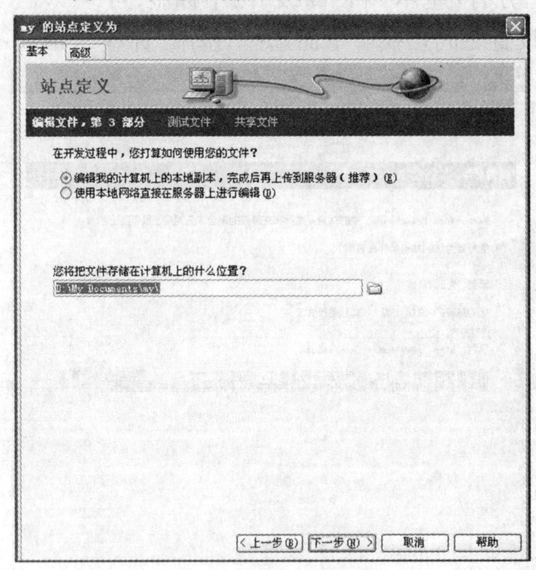

图 2-21　**定义站点在计算机上的位置**

(8)单击“完成”按钮,结束“站点定义”对话框的设置,如图 2-24 所示。

单击“完成”按钮,文件面板显示出刚才建立的站点,到此,完成了站点的创建。

2.4.3　管理站点资源

站点是文件与文件夹的集合,下面根据一个名为 xmweb 网站的设计,来新建 xmweb 站点要设置的文件夹和文件。

如图 2-25 所示,在文件面板的站点根目录下单击鼠标右键,从弹出菜单中选择“新建文件夹”项,然后给文件夹命名。这里新建 8 个文件夹,分别命名为 img、med、swf、bj、css、

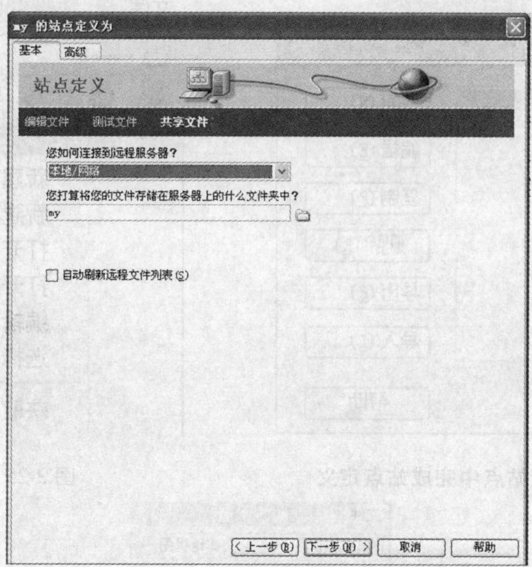

图 2-22　如何连接到服务器

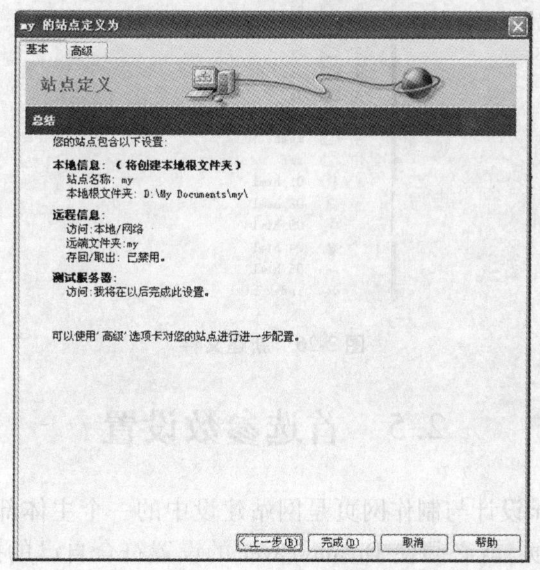

图 2-23　完成站点定义

js、moan 和 fy。

如图 2-25 所示,在文件面板的站点根目录下单击鼠标右键,从弹出菜单中选择"新建文件"项,然后给文件命名。首先要添加首页,把首页命名为 index. html,再分别新建 01. html、02. html、03. html、04. html 和 05. html,如图 2-26 所示。

对建立的文件和文件夹,可以进行移动、复制、重命名和删除等基本的管理操作。单击鼠标左键选中需要管理的文件或文件夹,然后单击鼠标右键,在弹出菜单中选"编辑"项,即可进行相关操作。

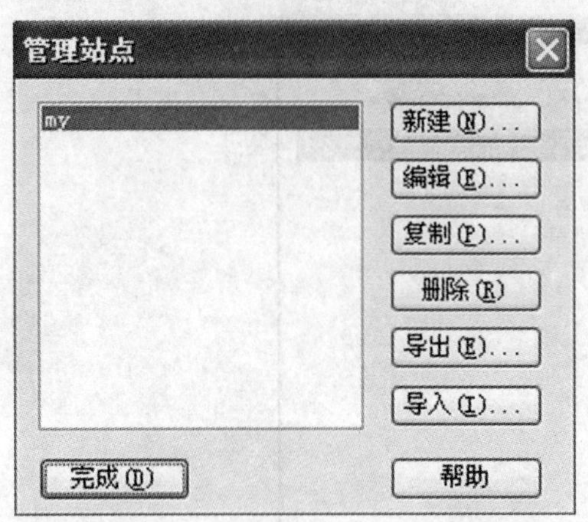

图 2-24　在管理站点中完成站点定义

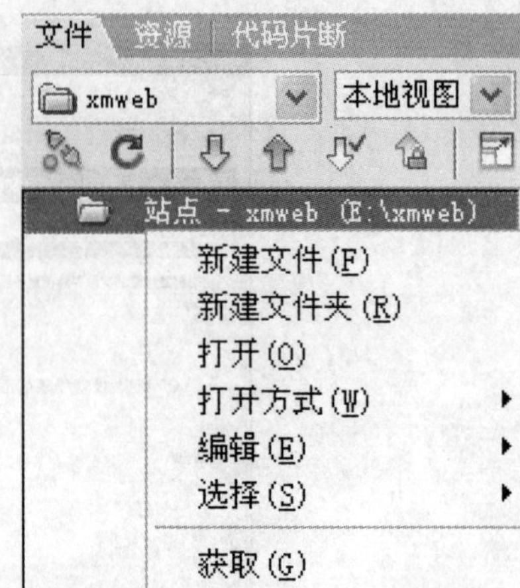

图 2-25　新建文件夹

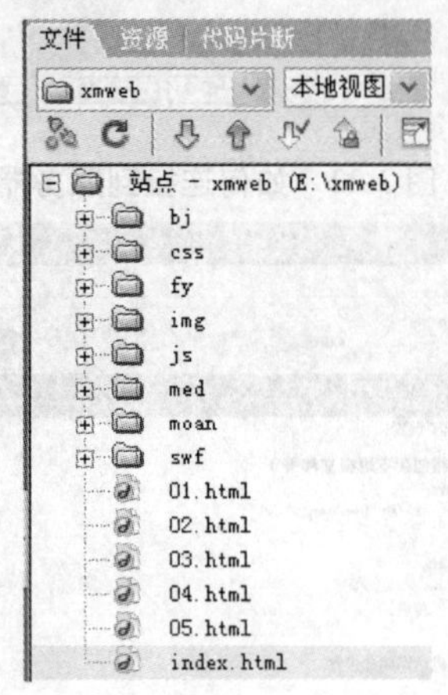

图 2-26　新建文件

2.5　首选参数设置

使用 Dreamweaver 设计与制作网页是网站建设中的一个主体部分，要想熟练地使用网页制作工具设计网页，就必须使 Dreamweaver 的设置符合自己的操作习惯。可以通过设置 Dreamweaver 首选参数，改变 Dreamweaver 界面的外观、面板、站点、字体与状态栏等对象的属性特征，最终达到能够快速地制作出令人满意的网页的目的。

在这里只向大家介绍“常规”首选参数设置。若要更改“常规”首选参数，请执行以下操作：

(1) 选择“编辑” > “首选参数”（Windows）或“Dreamweaver” > “首选参数”（Macintosh）。出现“首选参数”对话框，其中显示了“常规”首选项类别。

(2) 设置首选参数选项，见表 2-1。

(3) 单击“确定”按钮。

表 2-1　首选参数选项

选项	内容	功能
文档选项	显示起始页	用于在启动 Dreamweaver 或没有打开任何文档时显示 Dreamweaver 起始页
	启动时重新打开文档	打开在关闭 Dreamweaver 时处于打开状态的任何文档。如果未选择此选项，Dreamweaver 会在启动时显示起始页或空白屏幕（这取决于“显示起始页”设置）
	打开只读文件时警告用户	在打开只读文件（锁定的文件）时发出警告。为用户提供了解锁/取出文件、查看文件或取消的选项
	移动文件时更新链接	确定当用户移动、重命名或删除站点中的文档时 Dreamweaver 所执行的操作。用户可以将该参数设置为总是自动更新链接、从不更新链接或提示用户执行更新
编辑选项	插入对象时显示对话框	确定当用户使用“插入”栏或“插入”菜单插入图像、表格、Shockwave 影片和其他某些对象时 Dreamweaver 是否提示用户输入附加的信息。如果禁用该选项，则不出现对话框，用户必须使用属性检查器指定图像的源文件和表格中的行数等。对于鼠标经过图像和 Fireworks HTML，当用户插入对象时总是出现一个对话框，而与该选项的设置无关（若要暂时覆盖该设置，请在创建和插入对象时按住 Ctrl 键并单击（Windows）或按住 Command 键并单击（Macintosh））
	允许双字节内联输入	使用户能够直接将双字节文本输入到文档窗口中（如果用户正在使用适合于双字节文本，如日语字符，处理的开发环境或语言工具包）。如果取消选择该选项，将显示一个用于输入和转换双字节文本的文本输入窗口，文本被接受后显示在文档窗口中
	标题后切换到普通段落	指定在“设计”视图中于一个标题段落的结尾按下 Enter键（Windows）或 Return 键（Macintosh）时，将创建一个用 p 标签进行标记的新段落（标题段落是用 h1 或 h2 等标题标签进行标记的段落）。当禁用该选项时，在标题段落的结尾按下 Enter 键或 Return 键将创建一个用同一标题标签进行标记的新段落（允许用户在一行中键入多个标题，然后返回并填入详细信息）
	允许多个连续的空格	指定在“设计”视图中键入两个或更多的空格时将创建不中断的空格，这些空格在浏览器中显示为多个空格（例如，用户可以在句子之间键入两个空格，就如同在打字机上一样）。该选项主要针对习惯于在字处理程序中键入的用户。当禁用该选项时，多个空格将被当做单个空格（因为浏览器将多个空格当做单个空格）

续表 2-1

选项	内容	功能
编辑选项	使用 <strong> 和 <em> 代替 <b> 和 <i>	规定:只要用户执行的操作通常会用到 b 和 i 标签,Dreamweaver 就应分别使用 strong 标签和 em 标签取代它们。此类操作包括在 HTML 模式下的文本属性检查器中,单击“粗体”或“斜体”按钮和选择“文本”>“样式”>“粗体”或“文本”>“样式”>“斜体”。若要在文档中使用 b 和 i 标签,请取消选择此选项。注意:WWW 联合会不鼓励使用 b 和 i 标签,strong 和 em 标签在提供的语义信息上比 b 和 i 标签更明确
	使用 CSS 而不是 HTML 标签	指定 Dreamweaver 在用户使用属性检查器设置文本格式时使用 CSS 样式而不是 HTML 标签。默认情况下,Dreamweaver 使用 CSS 来设置文本格式。每次对所选文本定义字体、大小或颜色时,Dreamweaver 会创建一个特定于该文档的新样式,该样式仅在此时可以从属性检查器的“样式”弹出式菜单中看到。唯一的例外情况就是粗体和斜体,Dreamweaver 会使用 HTML 标签而不是 CSS。 即使该文档链接到外部样式表,新的样式声明仍会写入文档头中,而不是 CSS 文件中。 在下列情况下,该常规行为可能会有所不同: 如果该文档已经使用 font 标签对所有内容设置了格式,Dreamweaver 会假定它应该使用 font 标签,并用 HTML 代码修改 body 标签。 如果该文档的 body 标签使用 HTML 设置页面的外观,但页面并不以独占方式使用 font 标签,则 Dreamweaver 仍会使用 CSS 来设置文本格式。 如果取消选择该选项,Dreamweaver 会使用 HTML 标签,例如使用 font 标签设置文本格式,在 body 标签中使用 HTML 代码设置页面的外观
	在 <p> 或 <h1> ~ <h6> 标签内放置可编辑区域时发出警告	指定 Dreamweaver 在用户保存一个段落或标题标签内具有可编辑区域的 Dreamweaver 模板时是否发出警告信息。该警告信息会通知用户将无法在此区域中创建更多段落。该选项默认是打开的
	历史步骤最多次数	确定“历史记录”面板中保留和显示的步骤数(默认值对于大多数用户来说应该足够使用)。如果超过了“历史记录”面板中的给定步骤数,则将丢弃最早的步骤
	拼写字典	列出可用的拼写字典。如果字典中包含多种方言或拼写惯例,如英语(美国)和英语(英国),则方言单独列在“字典”弹出菜单中

本章小结

本章介绍了 Dreamweaver 8 的特点和功能,网页制作中的常用术语及主要构成元素以及网页制作常用的软件及工具,最后还介绍了 Dreamweaver 8 的启动、退出和界面布局及工作环境。

习题与实训

一、习题

1. 简述 Dreamweaver 8 的基本特点和功能。

2. 简述网页制作常用的软件及工具。

二、上机实训

1. 请安装并打开 Dreamweaver 8,简述其工作界面组成。

2. 用 Dreamweaver 8 自创建一个新的站点。

第 3 章　基本网页制作

【内容简介】

本章主要介绍构成网页的基本元素：文本、图像、Flash 动画、表格等在网页中的应用以及相关的操作，要求能熟练地在 Dreamweaver 中对这些基本元素进行编辑。

3.1　文本的录入与编辑

3.1.1　实例

如图 3-1 所示为纯文本网页实例。

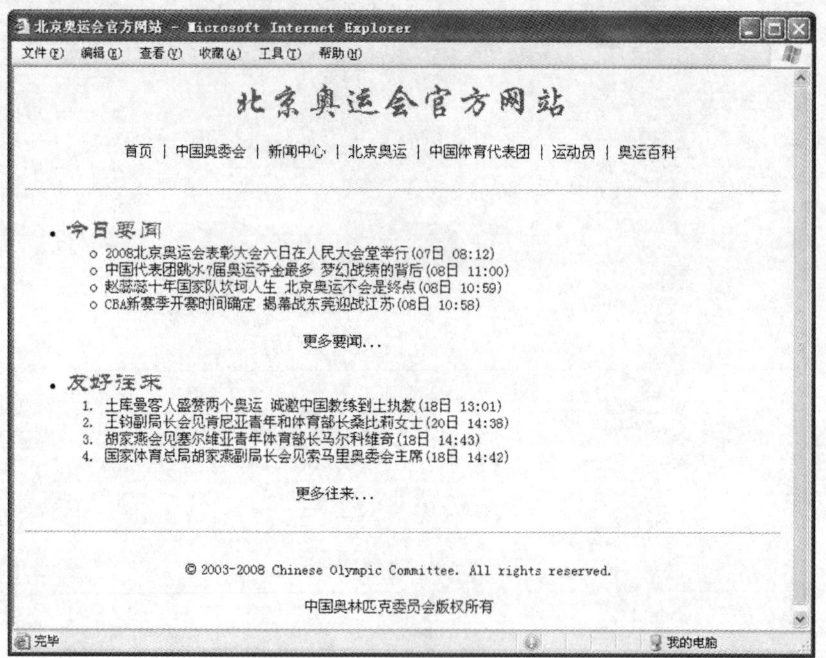

图 3-1　纯文本网页实例

3.1.2　文本录入

在 Dreamweaver 中，向网页中添加文本有以下几种方法。

3.1.2.1　直接输入文本

在设计视图中，用户将光标定位于要插入文本的位置处，选择合适的输入法输入相应的文本即可。输入文本时，要注意以下几点：

◇一个完整的段落文本,不要人为换行,让编辑器自动换行;

◇如果要开始一个新的段落,可以按回车(Enter)键;

◇如果仅想换行而不分段,应按 Shift + Enter 键;

◇在文本输入时可能需要输入连续的空格,而 Dreamweaver 在默认情况下只允许输入单个空格。如果要在文档中添加多个连续的空格,需要改变 Dreamweaver 的设置。改变设置方法为:选择“编辑”|“首选参数”菜单命令,打开“首选参数”对话框,如图 3-2 所示,将“允许多个连续的空格”编辑选项设为选中状态。

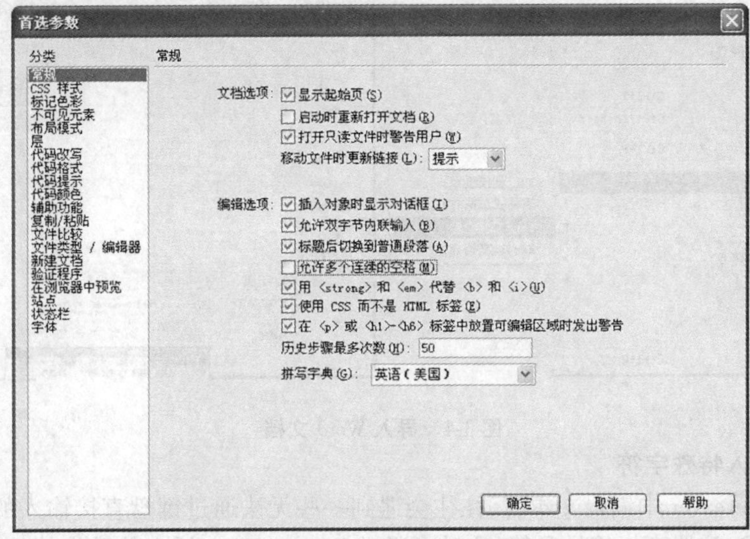

图 3-2　“首选参数”对话框

3.1.2.2　拷贝文本

用户可以从其他的应用程序中复制文本,然后切换到 Dreamweaver 中,将插入点定位在要插入文本的位置处,然后选择“编辑”|“粘贴”菜单命令,或者使用 Ctrl + V 的粘贴快捷键,就可以将文本粘贴到窗口中了。不过这样的粘贴可能会将原文本的格式也一起拷贝过来,如果仅想拷贝文本,则选择“编辑”|“选择性粘贴”菜单命令,打开“选择性粘贴”对话框,如图 3-3 所示,选择“仅文本”选项,然后点击“确定”按钮即可。

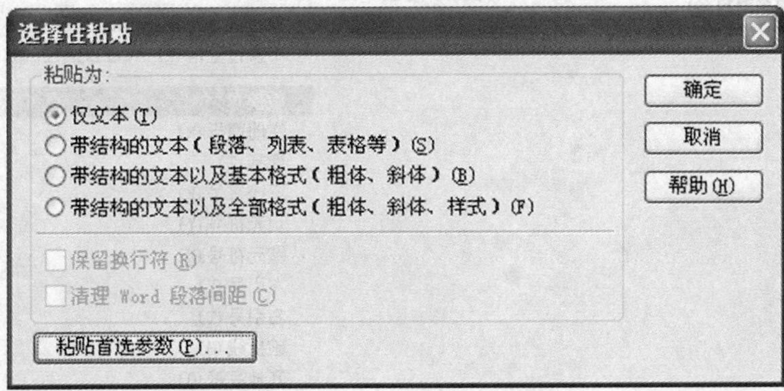

图 3-3　“选择性粘贴”对话框

3.1.2.3　从其他文档导入文本

能够合并到 Web 页的文本内容的常见文档类型有 Word 文档和 Excel 文档。Dreamweaver 可以从这些文档类型中取出文本，然后将其并入 Web 页中。例如导入 Word 文档的操作方法是：选择“文件”|“导入”|“Word 文档”，打开“导入 Word 文档”对话框，选择相应的 Word 文档，点击“打开”按钮即可，如图 3-4 所示。如果不需要原 Word 文档的格式，可在下面的“格式化”下拉列表框中选择“仅文本”选项。

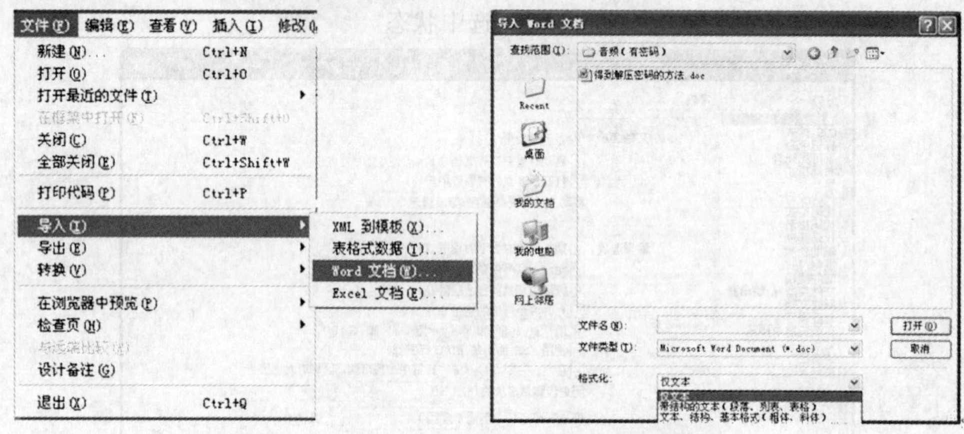

图 3-4　导入 Word 文档

3.1.2.4　插入特殊字符

在 Dreamweaver 中编辑文本时，往往会遇到一些无法通过键盘直接输入的特殊字符，如版权符号©、注册商标符号®等，这时可通过 Dreamweaver 插入特殊字符的功能进行插入。

操作方法：选择“插入”|“HTML”|“特殊字符”菜单，如图 3-5 所示，选择需要的特殊符号菜单项即可。如果选择“其他字符”，则弹出“插入其他字符”对话框（如图 3-6 所

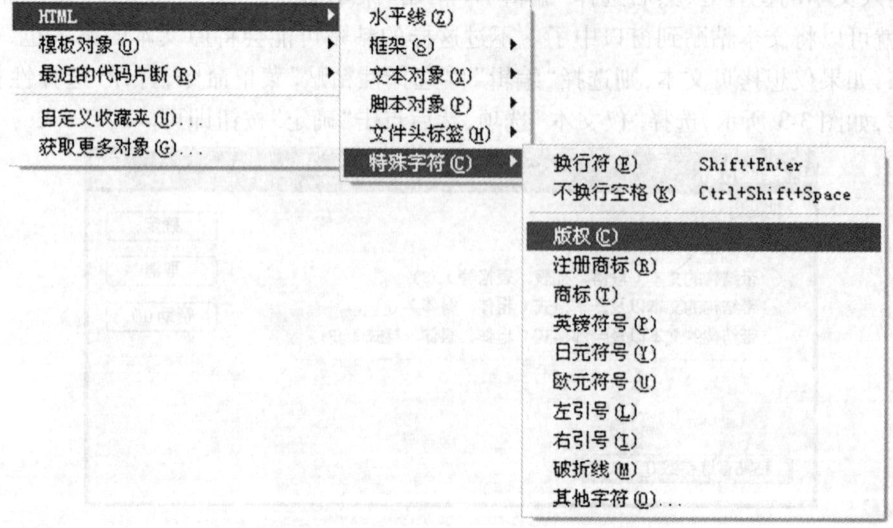

图 3-5　插入特殊字符

示),从中选择要插入的字符即可。

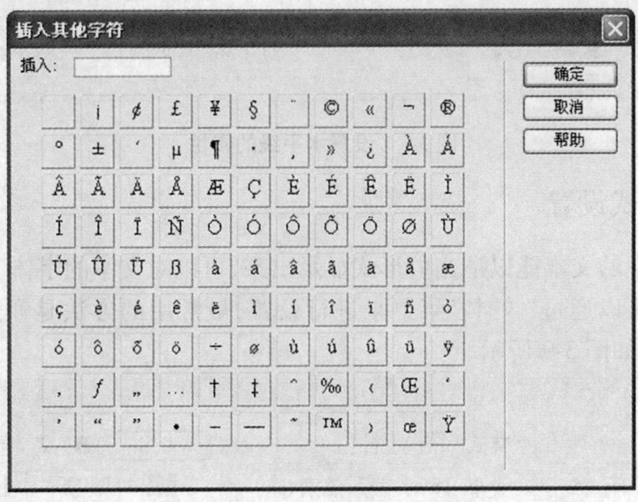

图 3-6　“插入其他字符”对话框

对汉字中的特殊字符,Dreamweaver 没有提供直接的支持,可以采用如下办法:先在 Word 中录入,然后拷贝到网页中。

3.1.2.5　插入日期

在制作网页时,有时需要插入当前的日期,Dreamweaver 提供了快速插入日期和时间的功能。

操作方法:使用“插入”|“日期”菜单命令,打开“插入日期”对话框,选择需要的日期格式,点击“确定”按钮即可,如图 3-7 所示。如果需要在网页重新编辑后自动更新日期,则将“储存时自动更新”选项选中。

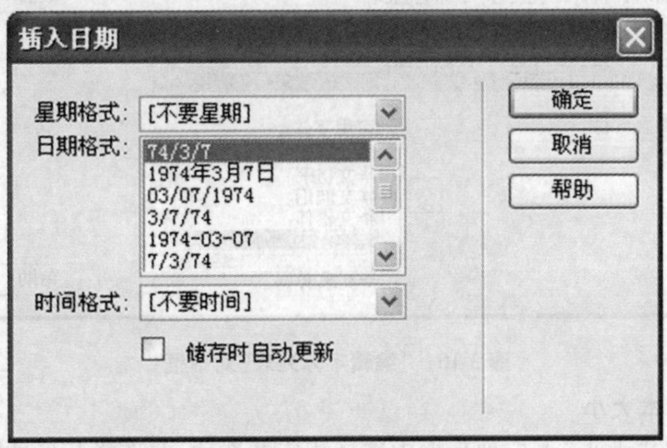

图 3-7　“插入日期”对话框

3.1.2.6　插入水平线

在制作网页时,为了将网页中上下的内容进行明显的分隔,可以在其间插入水平线。

操作方法:使用“插入”|“HTML”|“水平线”菜单命令。

插入水平线后,选中水平线,在属性面板中可以设置水平线的宽度、高度、对齐方式等,如图 3-8 所示。

图 3-8　设置水平线的属性

3.1.3　文本格式设置

为了使网页中的文本能以适当的形式显示出来,可以对文本的字体、大小、颜色、对齐方式进行设置。可以通过"文本"菜单来进行设置,最常用的方法是通过属性面板来完成,文本属性面板如图 3-9 所示。

图 3-9　文本属性面板

3.1.3.1　设置文本字体

如果要改变文本字体,先选中相应的文本,然后在属性面板中的"字体"下拉列表框中选择相应的字体即可。如果下拉列表框中没有想要的字体,可选择"编辑字体列表"命令打开如图 3-10 所示的对话框,将需要的字体加入到字体列表中。

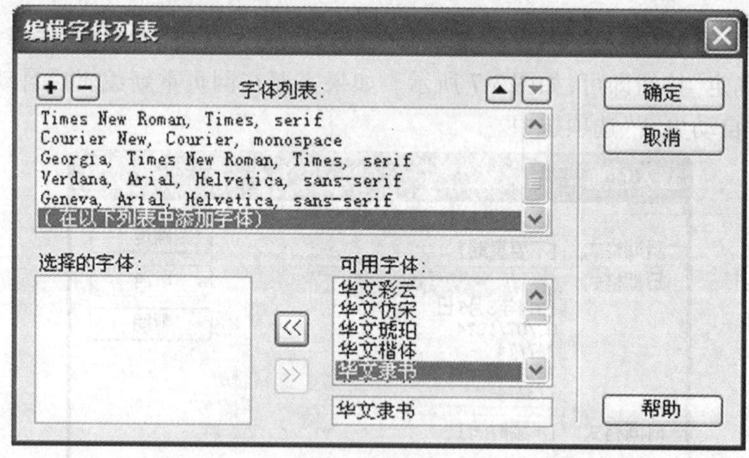

图 3-10　"编辑字体列表"对话框

3.1.3.2　设置文本大小

在属性面板的"大小"下拉列表框中选择相应的选项,并选择其后的"单位"下拉列表框中相应的单位选项,即可设置所选文本的字体大小。其中字体的度量单位有像素(px)、厘米(cm)等,可根据具体情况进行选择,但一般都以像素为单位。

3.1.3.3　设置文本颜色

单击属性面板中的"颜色"按钮,在弹出的颜色列表框中选择相应的选项可设置所选文本的字体颜色,在其后的文本框中直接输入颜色的英文名(如 Red、Green、LightBlue 等)

或以“#”开头的十六进制颜色代码(如白:#FFFFFF、黑:#000000、红:#FF0000、绿:#00FF00、蓝:#0000FF、黄:#FFFF00),可设置所选文本的颜色,如图3-11所示。

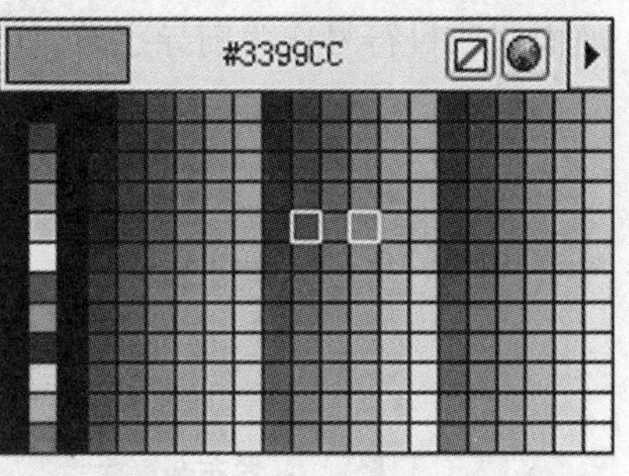

图3-11　设置文本颜色

3.1.3.4　设置文本样式

粗体:单击属性面板中的“B”按钮即可设置选中的文本为“加粗”格式,再次单击该按钮可取消“加粗”格式。

斜体:单击属性面板中的“*I*”按钮即可设置选中的文本为“斜体”格式,再次单击该按钮可取消“斜体”格式。

更多的文本样式设置可使用菜单“文本”|“样式”命令,如图3-12所示,从中选择所需要的样式。

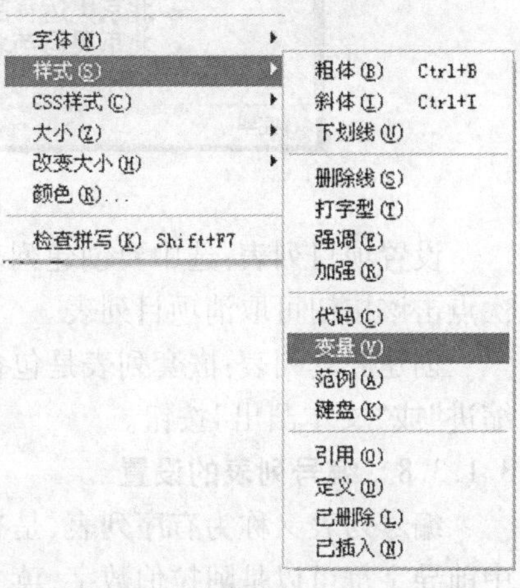

图3-12　设置文本样式

3.1.3.5　设置对齐方式

通过属性面板中的“左对齐”按钮、“居中对齐”按钮、“右对齐”按钮和“两端对齐”按钮可设置文本的对齐方式。需要注意的是,对齐方式是对段落起作用的。

3.1.3.6　设置标题格式

在属性栏的“格式”下拉列表框中可设置标题格式,其中“段落”是应用<p>标签的默认格式,“标题1”选项应用<h1>标签,设置该选项可以将所选的文本设置成各种标题。标题号越小,字体越大,如图3-13所示。需要注意的是,标题格式也是对段落起作用的。

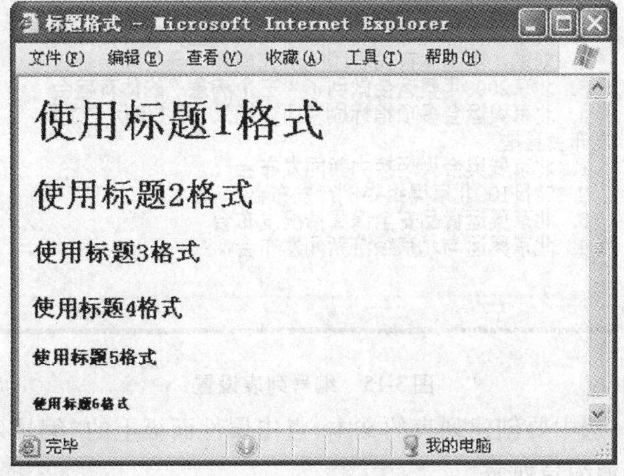

图3-13　设置标题格式

3.1.3.7　项目列表的设置

项目列表又称为无序列表,是由一系列无顺序级别关系的项目文本组成的列表,一般前面用项目符号作为前导字符,如图 3-14 所示。

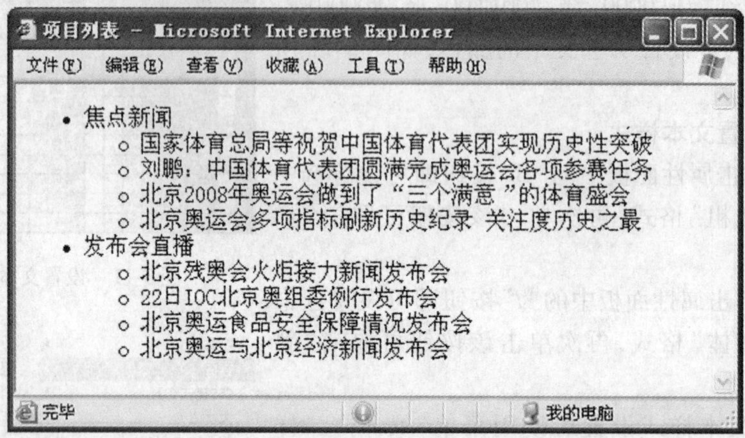

图 3-14　项目列表设置

设置项目列表:选中要创建列表的文本,点击属性面板上的“项目列表”按钮即可,再次点击该按钮可取消项目列表。

创建嵌套列表:嵌套列表是包含在其他列表中的列表,可以点击属性面板上的“文本缩进”或“文本凸出”按钮。

3.1.3.8　编号列表的设置

编号列表又称为有序列表,是有一定排列顺序的列表,一般前面有数字前导字符,其中前导字符可以是阿拉伯数字、英文字母或罗马数字等,如图 3-15 所示。

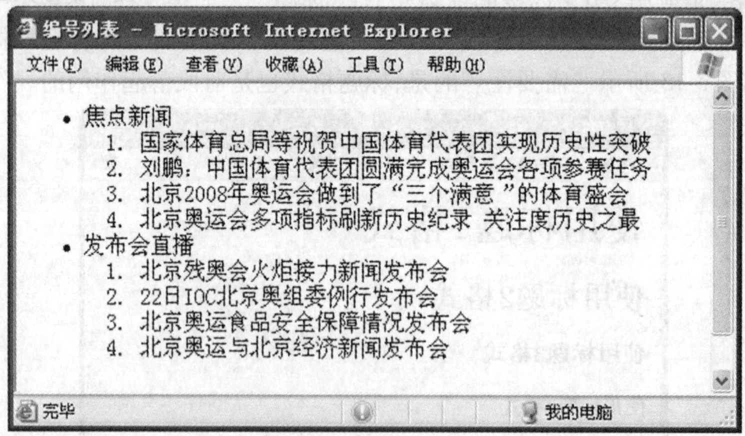

图 3-15　编号列表设置

设置编号列表:选中要创建列表的文本,点击属性面板上的“编号列表”按钮即可,再次点击该按钮可取消编号列表。

3.1.3.9　设置列表属性

使用“列表属性”对话框可以设置列表项的外观,包括编号样式、项目符号样式等,如图 3-16 所示。

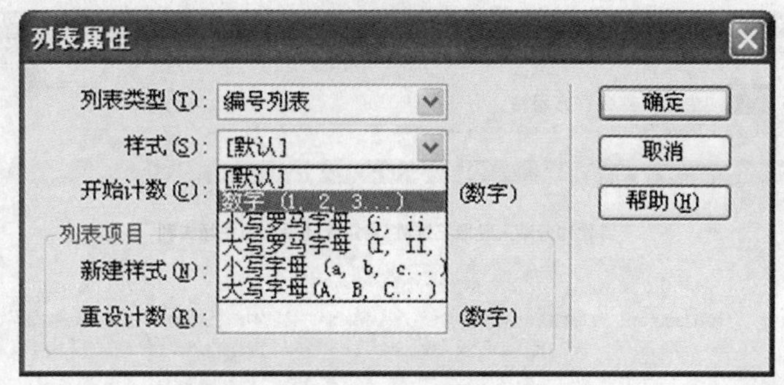

图 3-16　设置列表属性

3.1.3.10　使用 CSS 样式

当在 Dreamweaver 中对文本进行字体、大小、颜色等设置时，Dreamweaver 自动创建了相应的 CSS 样式表。如果新的文本的格式在前面已经设置的话，就不必重新设置，直接使用已经存在的 CSS 样式即可，这类似于 Word 中的“格式刷”功能。

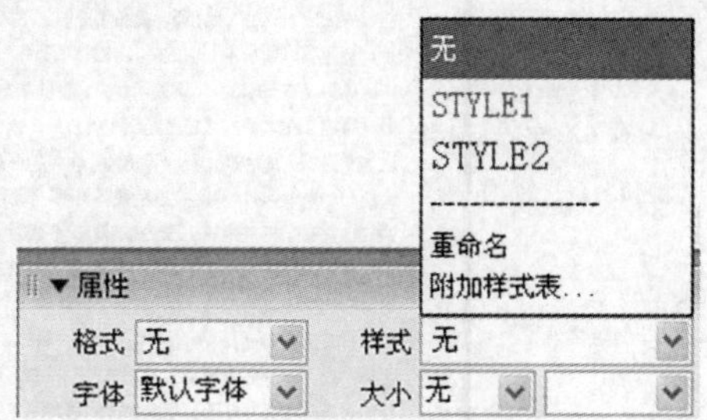

图 3-17　使用 CSS 样式

操作方法：选中文本，点击属性面板中的“样式”下拉列表框，从显示的样式表中选择所需要的样式，如图 3-17 所示。

3.2　网页中使用图像

3.2.1　实例

如图 3-18 所示为网页中使用图像的实例。

3.2.2　网页中图像格式

网页中常用的图像格式为 GIF、JPEG、PNG 格式。

(1) GIF 格式。GIF 全称为 Graphics Interchange Format，意为可交换图像格式，它是第一个支持网页的图像格式，在 PC 机和苹果机上都能被正确识别。它最多支持 256 种颜色，可以使图像变得容量相当小。GIF 图像可以在网页中以透明方式显示，还可以包含动态信息，即 GIF 动画。文件扩展名为. gif。

(2) JPEG 格式。JPEG 全称为 Joint Photographic Experts Group，意为联合图像专家组，它可以高效地压缩图片，丢失人眼不易察觉的部分图像，使文件容量在变小的同时基本不失真，通常用来显示颜色丰富的精美图像。文件扩展名为. jpg 或. jpeg。

(3) PNG 格式。PNG 全称为 Portable Network Graphics，意为便携网络图像，它是逐渐流行的网络图像格式。PNG 格式既融合了 GIF 能透明显示的特点，又具有 JPEG 处理精美图像的优势，且可以包含图层等信息，常常用于制作网页效果图。文件扩展名为. png。

科比19分湖人轻取三连胜 - Microsoft Internet Explorer

文件(F) 编辑(E) 查看(V) 收藏(A) 工具(T) 帮助(H)

中国奥委会官方网站

Official Website of the Chinese Olympic Committee

当前位置：首页 >> 新闻中心 >> 综合报道

科比19分湖人轻取三连胜 雷霆无还手之力主场失利

2009-03-25 10:52:00 华奥星空

北京时间3月25日，湖人在客场以107比89轻取雷霆。湖人(56-14)三连胜。科比-布莱恩特打了三节，得19分5次助攻，拉玛尔-奥多姆18分6个篮板，保罗-加索尔得了14分、14个篮板和7次助攻，替补出场的约什-鲍威尔也得了14分。雷霆(20-51)全场落后。凯文-杜兰特得了24分6个篮板，杰夫-格林12分。

两队实力不在一个档次。湖人冲着全联盟第一而去，而雷霆早已经成为乐透区的球队。两队一碰面，湖人几乎在第一节就击溃对手。湖人一开场就打出4-0，全场一路领先。首节打了一半后，科比空中漂移后投篮命中，湖人以21-10扩大优势。奥多姆此前则不断篮下得手，他还有外线投中一记三分，首节得了9分，湖人继续扩大优势，首节以37-20领先了17分。科比本节得了10分。雷霆在第二节一度将差距缩小到11分，以34-45落后，不过湖人此后换上科比等主力，再度拉开差距。本节还有3分53秒时，科比突破后挑篮得手，湖人以51-34领先。雷霆又将差距缩小到13分后，奥多姆一人连得4分，他们以一波11-0结束本节，一举以62-38取得24分的优势。本节最后3分05秒，雷霆一分未得。第三节还有3分25秒时，科比抢断之后妙传，阿里扎扣篮得手，湖人以86-63领先了23分。杜兰特投篮命中并造成科比犯规，连投带罚拿下3分，雷霆连得5分后，将差距略为缩小。科比本节6投2中得6分，湖人在三节过后以90-72领先。科比等人第四节都没再上场。湖人首发只有加索尔在本节打了一会，他打了不到4分钟，也下场休息。雷霆则为了主场荣誉而战，仍保留了杜兰特和格林等人在场上。尽管如此，雷霆仍无力缩小差距，在比赛还有4分24秒时，法马尔投篮命中后，湖人以105-83领先。雷霆无奈之下，也撤下了主力。

完毕 Internet

图3-18 网页中使用图像实例

3.2.3 网页图像来源

网页图像的素材有很多来源，如可以使用图形处理软件(如 Photoshop、Fireworks 和 FreeHand 等软件)制作，可以购买网页素材光盘，可以从网络上下载等。

3.2.4 图像插入

3.2.4.1 直接插入

选择“插入”|“图像”菜单命令，打开“选择图像源文件”对话框，如图3-19 所示。

在该对话框中进行如下操作：

(1)选定图像所在的文件夹。

(2)选定所要的图像。

(3)在“相对于”列表框中选择图像的相对路径，一般选择“相对于文档”。

(4)单击“确定”按钮。

3.2.4.2 占位符插入

制作网页时还未选定需插入的图像，但确定了图像大小的时候，可以使用占位符来代替图像的方式插入到文档中。

选择“插入”|“图像对象”|“图像占位符”菜单命令，打开“图像占位符”对话框，如图3-20 所示。

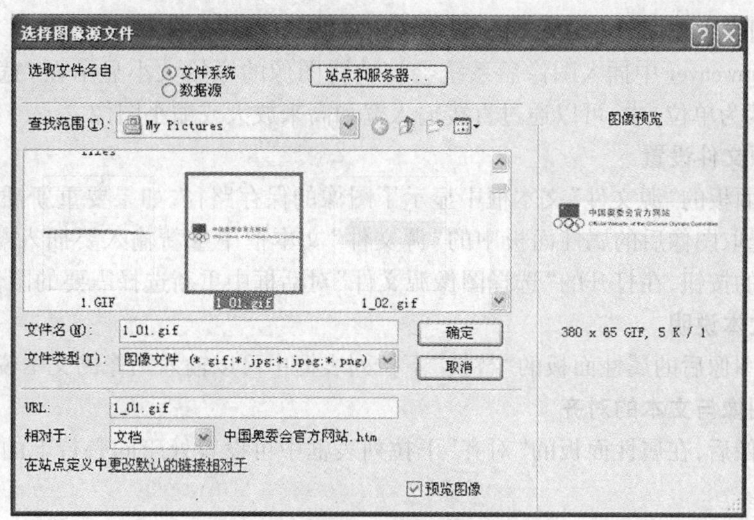

图 3-19　“选择图像源文件”对话框

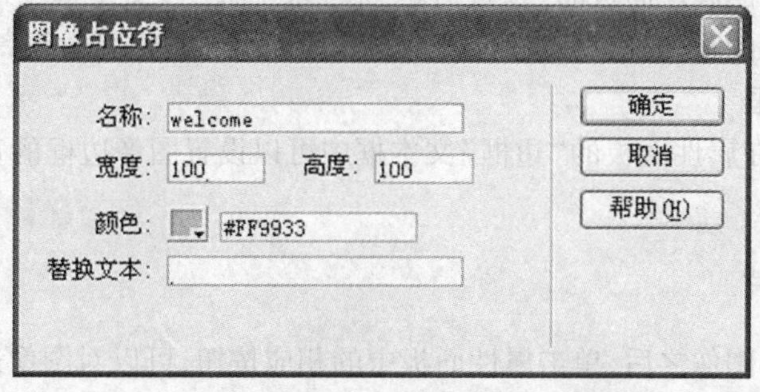

图 3-20　“图像占位符”对话框

在该对话框中输入名称、宽度、高度、颜色后，页面中将出现相应大小矩形块。等以后图像准备好后，直接替换成图像即可。

3.2.5　设置图像的属性

在网页中插入图像后可通过属性面板对其属性进行设置（见图 3-21）。

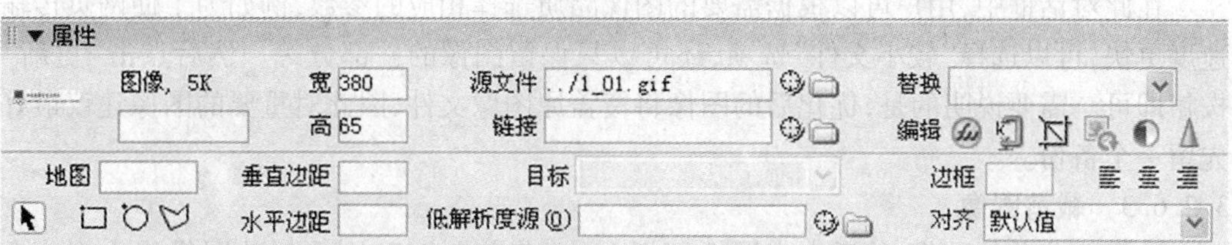

图 3-21　图像属性设置面板

3.2.5.1　图像命名

为了在使用 Dreamweaver 行为（如交换图像）或脚本撰写语言（如 JavaScript 或 VB-Script）时可以引用该图像，可在属性面板的“图像”文本框中为图像命名。

3.2.5.2 图像大小

在 Dreamweaver 中插入图像后系统会自动将图像的原始大小显示在“宽”和“高”文本框(以像素为单位)中,可以通过直接输入宽和高来放大或缩小图像。

3.2.5.3 源文件设置

在属性面板的“源文件”文本框中显示了图像的保存路径,如果要重新插入一幅新图像,可以在选取图像后的属性面板中的“源文件”文本框中重新输入要插入图像的地址,或单击右侧的按钮,在打开的“选择图像源文件”对话框中重新选择需要的图像。

3.2.5.4 文本说明

在选取图像后的属性面板的“替换”下拉列表框中可以输入图像的文本说明。

3.2.5.5 图像与文本的对齐

选取图像后,在属性面板的“对齐”下拉列表框中可设置处于同一行上的图像与文本的对齐方式。

3.2.5.6 图像边距

在选取图像后的属性面板的“垂直边距”和“水平边距”文本框中可以设置图像与页面上方和左侧之间的距离,也可以设置图像与其他网页元素之间的距离。

3.2.5.7 图像边框

选取图像后,在属性面板的“边框”文本框中可以设置图像边框的宽度,单位为像素,“0”表示无边框。

3.2.6 编辑图片

在网页中选择图像之后,单击属性面板中的相应按钮,可以对图像进行编辑。

3.2.6.1 使用图像处理软件进行编辑

点击属性面板上的“编辑”按钮,可以打开图像处理软件,对图像进行处理。如果安装了 Fireworks,那么 Fireworks 将被默认为图像处理软件。如果没有安装该软件,用户也可自己设置使用其他图像处理软件。

3.2.6.2 使用 Fireworks 最优化

点击属性面板上的“使用 Fireworks 最优化”按钮,弹出如图 3-22 所示的对话框。

在此对话框中,用户可以根据需要的图像品质选择相应的参数,例如为了使网页传输速度更快,可以选择“较小文件”选项,还可以只保留图像的一部分等。然后点击“更新”按钮即可。需要说明的是,优化后的图像将覆盖原图像文件,因此对重要的图像建议最好先留一个备份。

3.2.6.3 裁剪图像

选择要裁剪的图像,然后点击属性面板上的“裁剪”按钮,则选择的图像将出现一个矩形框,如图 3-23 所示。移动矩形框的位置或拖动矩形边框改变矩形框大小,最终矩形框内的部分则是裁剪后的效果。

3.2.6.4 改变图像亮度和对比度

单击“亮度/对比度”按钮,弹出“亮度/对比度”对话框,在该对话框中改变亮度和对比度的值,可以改变图像显示效果,如图 3-24 所示。

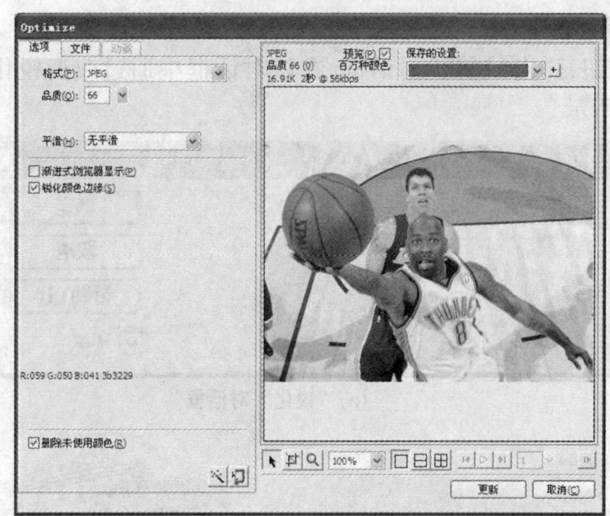

图 3-22　使用 Fireworks 最优化

图 3-23　裁剪图像

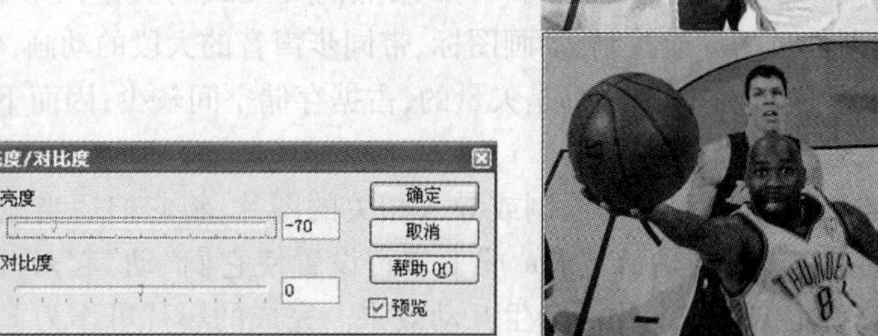

(a)“亮度/对比度”对话框　　　(b)改变亮度和对比度效果

图 3-24　改变图像亮度和对比度

3.2.6.5 锐化图像

单击“锐化”按钮,弹出“锐化”对话框,在该对话框中通过改变锐化值来改变图像锐化效果,如图 3-25 所示。

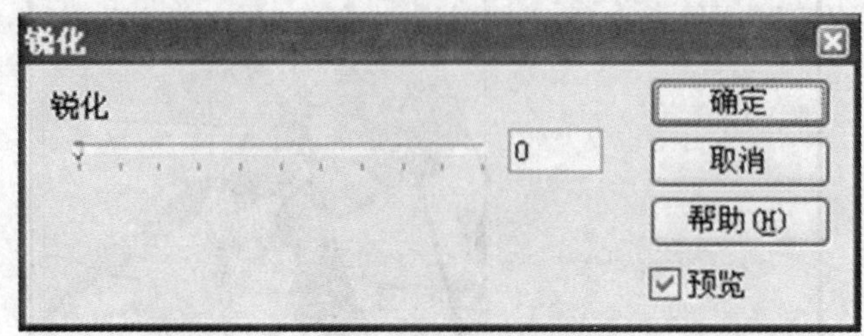

(a)“锐化”对话框

(b)锐化前图像 (c)锐化后图像

图 3-25 锐化图像

3.3 网页中使用多媒体

3.3.1 Flash 动画

3.3.1.1 Flash 概述

Micromedia Flash(以下简称 Flash)用于 Web 站点的交互式的矢量图形和动画的制作,它可制作出用于浏览时的导航控制、动画图标、带同步声音的大段的动画,创建出生动的富于表现力的网页。Flash 中的图形都是矢量的,占据存储空间较少,因而下载时间短,且能很好地适应浏览者不同尺寸的屏幕。

Flash 中影片的创建可先通过自己绘制或导入相关的图片,将它们适当地安排在“舞台”上,通过在它们各自的“时间轴(timeline)”上进行设置使它们“动”起来,让它们对特定事件做出反应或按特定的方式变化而产生互动效果。完成的影片可作为 Flash 播放器文件输出,可嵌入到 HTML 页中,并一同被传到 Web 服务器中。

由于 Flash 制作的动画具有播放流畅、无级缩放、画面清晰、交互动作、可与浏览器无缝对接等优秀特点,其推出后很快风靡全球,被广泛用于网页制作中。

用 Flash 制作的动画文件的扩展名为 . swf,将其嵌入在网页中可以使网页表现更加丰富多彩,动感十足。

3.3.1.2　网页中插入 Flash 动画文件

要在网页中添加 Flash 动画,可以执行“插入”|“媒体”|“Flash”菜单命令,打开如图 3-26所示的“选择文件”对话框。在该对话框中,选定要插入的 Flash 动画文件所在的文件夹和文件名,然后单击“确定”按钮即可。

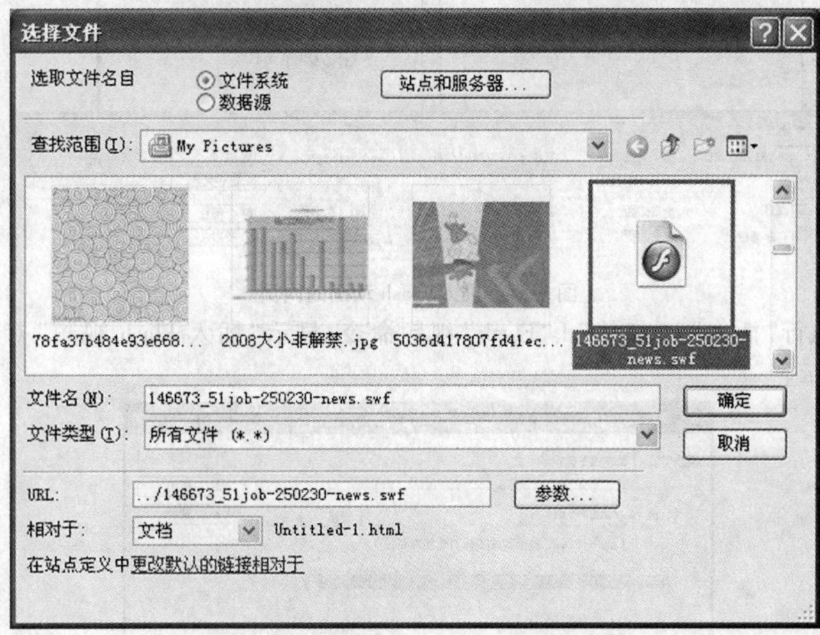

图 3-26　“选择文件”对话框

默认情况下,插入网页中的 Flash 动画以占位符的方式显示,如图 3-27 左图所示,如果要在网页中显示 Flash 动画,可以点击属性面板中的“播放”按钮,播放的效果如图 3-27 右图所示。

在 Flash 动画的属性面板中,可以设置 Flash 动画的大小、播放方式、品质、对齐方式、背景颜色等。

3.3.2　Flash 视频

3.3.2.1　Flash 视频概述

Flash 视频(Flash Video)是一种新的视频格式,简称 FLV。由于它形成的文件极小、加载速度极快,使得网络观看视频文件成为可能,它的出现有效地解决了视频文件导入 Flash 后,导出的 SWF 文件体积庞大,不能在网络上很好的使用等缺点。

目前,各在线视频网站均采用此视频格式。如新浪播客、56、优酷、土豆、酷 6、youtube 等。FLV 已经成为当前视频文件的主流格式。

3.3.2.2　网页中插入 Flash 视频

在网页中插入 Flash 视频步骤如下:

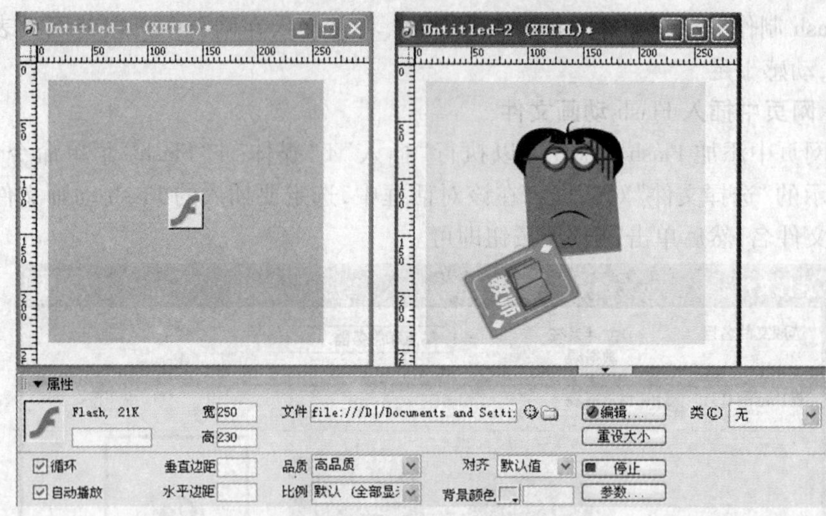

图 3-27　插入 Flash 动画的网页

(1)执行“插入”|“媒体”|“Flash”视频命令，显示“插入 Flash 视频”对话框，如图 3-28所示。

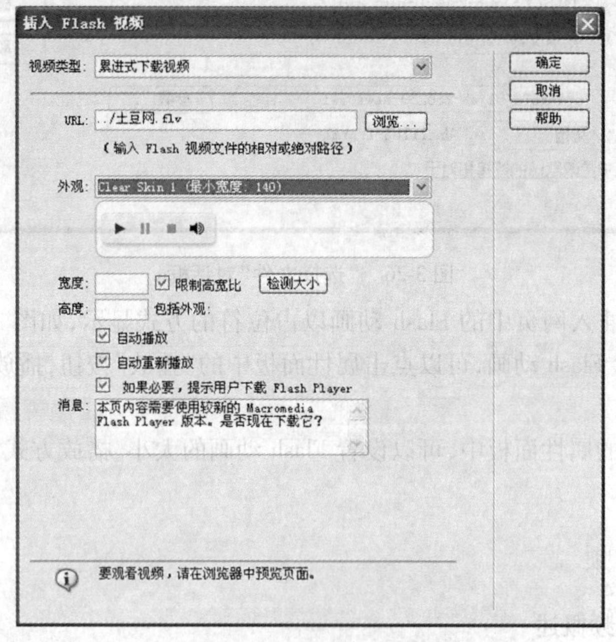

图 3-28　“插入 Flash 视频”对话框

(2)在“插入 Flash 视频”对话框中，从“视频类型”弹出式菜单中选择“累进式下载视频”或“流视频”。若选择“累进式下载视频”，将 Flash 视频文件下载到站点访问者的硬盘上，然后播放；若选择“流视频”，对 Flash 视频内容进行流式处理，边缓冲边播放该内容。

(3)视频类型：选择“累进式下载视频”选项。

URL：指定 FLV 文件的路径。

外观:指定 Flash 视频组件的外观。

宽度:以像素为单位指定 FLV 文件的宽度。

高度:以像素为单位指定 FLV 文件的高度。

自动播放:当网页打开时是否播放视频。

自动重新播放:指定播放控件在视频播放完之后是否返回起始位置。

(4)如果必要,提示用户下载 Flash Player。在页面中插入代码,该代码将检测查看 Flash 视频所需的 Flash Player 版本,并在用户没有所需的版本时提示它们下载 Flash Player 的最新版本。

3.3.3　插入其他动态元素

3.3.3.1　插入 Shockwave 影片(下载 Shockwave 播放器)

Shockwave 是 Macromedia 公司制定的一种网上媒体交互压缩格式的标准,其生成的压缩格式可以被快速下载,并且被目前的主流浏览器所支持。

可以利用 Shockwave 插入 WMV 和 RM 等格式的视频文件。Dreamweaver 将同时使用 object 标记和 embed 标记。

操作方法:执行"插入"|"媒体"|"Shockwave"菜单命令。

3.3.3.2　插入 Java Applet

Java Applet 是美国 SUN 公司开发的 Java 程序设计语言中的一个小应用程序,它能实现动态、安全和跨平台的网络应用。将 Java Applet 嵌入到 HTML 语言中能实现网页中各种各样的特殊效果和较为复杂的控制。

操作方法:执行"插入"|"媒体"|"Applet"菜单命令。

3.3.3.3　插入 ActiveX 控件

ActiveX 控件是 Microsoft 对浏览器的能力扩展,ActiveX 控件的作用和插件基本上是相同的,但两者还是存在着差异,载入网页时,如果浏览器不支持 ActiveX 控件,浏览器会自动安装所需软件,如果是插件,则需用户手动安装相关软件。

可以利用 ActiveX 控件来插入视频(电影)文件等。

操作方法:执行"插入"|"媒体"|"ActiveX"菜单命令。

3.3.4　为网页加入背景音乐

当访问者打开了添加背景音乐的网页时背景音乐即会自动播放,设置背景音乐可以加深浏览者对网站的印象,更加突出网站主题。

加入背景音乐的方法有以下两种。

方法一:用 <embed> 标记。

```
<head>
<embed src="cjhyy.mid"  hidden=true  loop=true>
<meta http-equiv="Content-Type"  content="text/html;charset=gb2312"/>
<title>无标题文档</title>
</head>
```

其中,src 指定音乐文件的位置,hidden = true 表示不显示播放器,loop = true 表示循环播放。

方法二:用< bgsound >标记。

```
< head >
< meta http - equiv = "Content - Type"  content = "text/html;charset = gb2312"/>
< title >背景音乐</ title >
< bgsound src = "kswav7 - 6. wav"  autostart = true  loop = - 1 >
</ head >
```

其中,autostart = true 表示自动播放,loop = -1 表示循环播放。

3.4 创建链接

3.4.1 超级链接概念

超级链接是指页面对象之间的链接关系,它是网页的灵魂,能方便地把网站中的各个元素、页面通过超级链接构成一个有机整体,使浏览者能快速地访问到想要访问的页面。

超级链接分类如下:

(1)绝对超级链接。绝对超级链接就是形如"http://www. china/zh_cn"的超级链接地址,它给出了超级链接目标端点完整的 URL 地址,包括使用的协议"http://"。一般用于创建站外具有固定地址的超级链接。

(2)文档相对路径。使用文档相对路径不需要给出完整的 URL 地址,可省去 URL 地址的协议,只需保留不同的部分。如 pic/logo. gif,这是本地站点超级链接中最常用的链接形式。由于相对超级链接的文件之间相互关系并没有发生变化,因此使用文档相对路径创建的超级链接在上传时可以不用更新各个超级链接。

(3)站点根目录相对路径。站点根目录相对路径是形如"/help/help. html"的超级链接地址,它基于站点根目录,在同一个站点中网页的超级链接也可采用这种方法。

3.4.2 创建文件超级链接

文件超级链接是最常见的超级链接,通过使用鼠标点击超级链接打开链接的文件对象,如图 3-29 所示。

操作方法如下:

(1)选中作为超级链接的文本或图片。

(2)如果要链接的文件就在右边文件夹列表中,可以直接拖动属性面板中的"指向文件"工具( )到链接的文件即可。

(3)如果要链接的文件在其他位置,可点击属性面板中的"浏览文件"按钮,从弹出的"选择文件"对话框中选择要链接的文件。

(4)创建了文件超链接以后,属性面板中的"目标"下拉列表是可用状态,有 4 个选

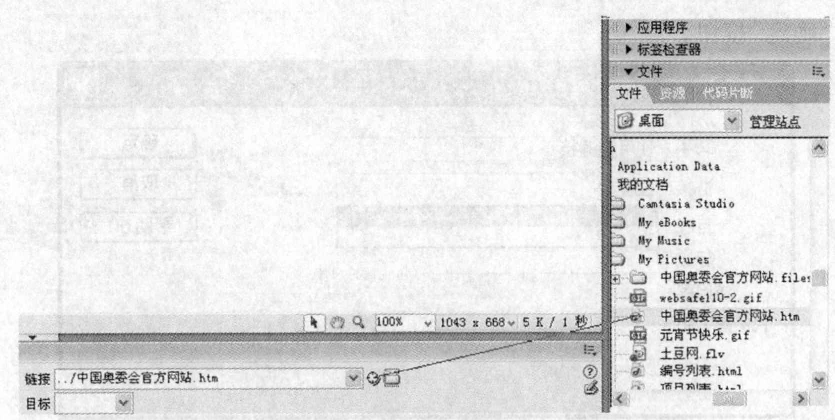

图 3-29　创建文件超级链接

项：

_blank：表示打开一个新的浏览器窗口，在新窗口中显示链接所指向的网页文档内容。

_parent：回到上一级（父框架或称为父窗口）的浏览器窗口，显示链接所指向的网页文档内容（在框架中应用）。

_self：在当前的浏览器窗口显示链接所指向的网页文档内容。此目标为默认值，因此通常不需要指定它。

_top：在整个浏览器窗口中载入所链接的文档，也就是说，用整个浏览器窗口来显示链接所指向的网页文档内容。

3.4.3　创建锚链接（本页面内的链接）

在制作网页时，为了达到跳转到网页固定位置的目的，可以使用锚链接。通过对网页中指定位置的命名，利用超级链接打开目标网页时可直接跳转到相应的命名位置上。

操作方法如下：

(1) 创建命名锚记（锚记相当于书签）。将光标定位到要跳转的位置，使用菜单“插入”|“命名锚记”命令，打开如图 3-30 所示的对话框，输入锚记名称，点击“确定”按钮即可。

图 3-30　“命名锚记”对话框

(2) 链接命名锚记。选择要创建超级链接的文本或图片，使用菜单“插入”|“超级链接”命令，打开如图 3-31 所示的对话框，在链接的下拉列表框中选择要链接的命名锚记，

然后点击“确定”按钮。

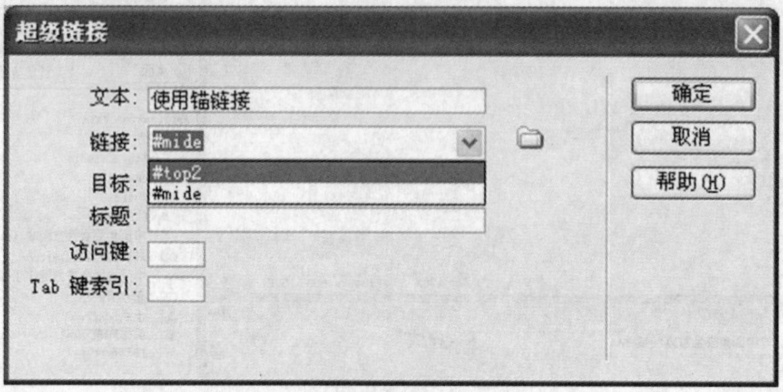

超级链接
文本：使用锚链接
链接：#mide
#top2
#mide
目标：
标题：
访问键：
Tab 键索引：
确定
取消
帮助(H)

图 3-31　链接命名锚记

3.4.4　创建空超级链接

要想对文本或图片设置行为，首先必须为文本或图片建立空超级链接（空超级链接是一个未指派目标的超级链接），这样行为才会有效。

为文本或图片建立空超级链接时，只要先在文档窗口中选中需要建立空超级链接的文本或图片，然后在属性面板的“链接”文本框中输入一个“#”符号即可（见图 3-32）。建立空超级链接的目的只是应用行为，其他情况下不必建立。

图 3-32　创建空超级链接

3.4.5　创建电子邮件链接

电子邮件在网络中应用十分广泛，在网页中建立电子邮件超级链接可方便网页浏览者与设计者之间的联系。

操作方法：选择要创建超级链接的文本或图片，使用“插入”|“电子邮件链接”菜单命令，打开如图 3-33 所示的对话框，输入电子邮件地址，然后点击“确定”按钮。

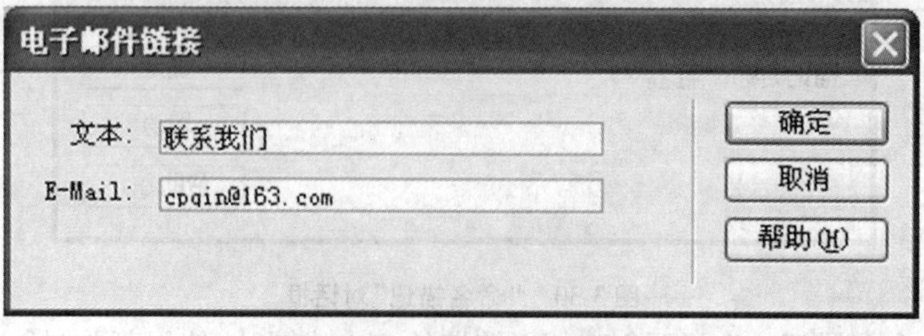

电子邮件链接
文本：联系我们
E-Mail：cpqin@163.com
确定
取消
帮助(H)

图 3-33　创建电子邮件链接

3.4.6　创建图像热点超级链接

要在一幅比较大的图片中添加许多超级链接时，早期的做法是：将图片化整为零，分割成较小的图片，然后分别为这些小图像建立超级链接来达到目的，但这时整幅图片就不能对齐，而利用 Dreamweaver 的图像热点超级链接功能就能避免这个问题。

创建图像热点超级链接的具体操作如下：

(1) 在文档编辑区中选择要设置热点超级链接的图像。

(2) 在属性面板中选择热区点工具，将鼠标光标移至图像上，按住鼠标左键不放并拖动即可在图像上绘制热区。

(3) 在自动打开的热区属性面板中可进行如下具体设置：①在“链接”文本框中输入要链接的页面路径；②在“目标”下拉列表框中可选择打开链接页的方式；③在“替代”文本框中输入文本以便于在浏览时显示光标提示信息。

(4) 用同样的方法可绘制其他热点。

(5) 绘制完毕后按 F12 键预览。

创建的热点区域可以是圆形、方形和多边形，如图 3-34 所示。

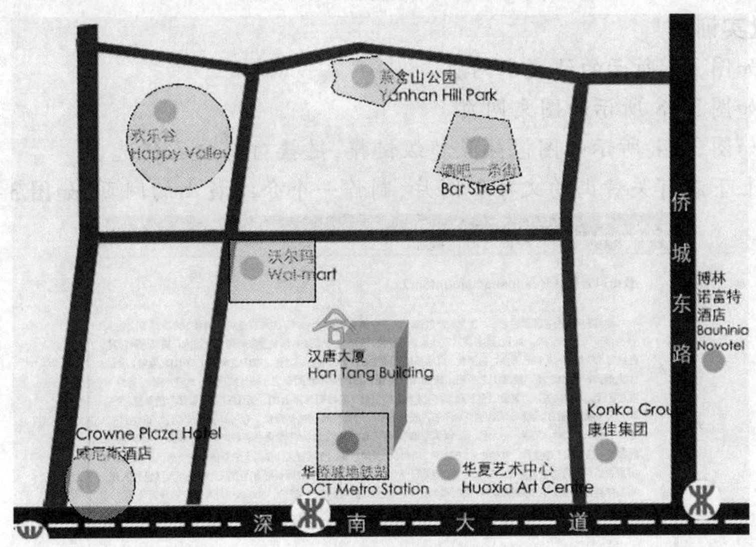

图 3-34　创建图像热点超级链接

本章小结

通过本章的学习，读者应该掌握最基本的网页制作方法。在实际制作自己的网站前一定要规划好文本方面的内容，同时通过插入图像和 Flash 动画，使自己的网页拥有美观的视觉效果，再通过系统、条理的链接把整个网站的网页链接起来，这样就可得到一个浏览十分轻松、有一定视觉感的网站了。

习题与实训

一、习题

1. 一般网页主要由哪些元素构成？
2. 在网页中输入文本时,如何换行？如何分段？
3. 在网页中如何输入空格？
4. 采用复制方法从其他文档粘贴文本时,直接粘贴与选择性粘贴有何区别？
5. 对网页中的文本可进行哪些格式设置？
6. 网页中常见的图片类型有哪些？各有什么特点？
7. 对网页中的图片可进行哪些编辑操作？
8. 怎样为网页添加背景音乐？
9. 什么是超级链接？哪些对象可作为超级链接的热点？
10. 超级链接分为哪几类？
11. 可以设定哪几种方式打开超级链接的对象？
12. 在什么情况下使用图像热点超级链接？

二、上机实训

1. 制作如图 3-1 所示的纯文本网页。
2. 制作如图 3-18 所示的图文网页。
3. 制作如图 3-34 所示的图像热点超级链接,链接对象自己任选。
4. 从网上下载有关黄山的文字和图片,制作一个介绍黄山的网页,如图 3-35 所示。

图 3-35 黄山简介页面

第 4 章　网页布局设计

【内容简介】

本章主要介绍网页布局基本概念、基本方法和技术，表格的基本操作，框架的基本操作，图层的基本操作以及时间轴的基本操作。

经过前面章节的学习，已经能制作出实用的网站和页面了，但是能制作出网页和能制作出精彩的网页不能等同而论。网页的外观是关键因素之一，因此在制作网页时，不但要追求它的内容的丰富多彩和可读性，还要使它的外表也具有独特的气质和魅力。

一个成功的网页创意，通过对网页中各要素的精心编排、合理配置，使其主次分明，各个部分协调配合、相辅相成，整体上给人以和谐、流畅的美感。只有掌握好网页布局技术后，才能通过布局技术充分表达出网页创意，从而制作出精彩的网站。

4.1　网页布局概述

4.1.1　网页布局的基本概念

4.1.1.1　页面尺寸与页面容量

为了方便用户浏览网页，我们需要根据显示器分辨率来设置页面的宽度。一般分辨率在 800×600 的情况下，页面的宽度设为 780 个像素；分辨率在 1 024×768 的情况下，页面的宽度设为 1 007 个像素。

在网页设计过程中，当一个页面内容多于 1 屏时，向下拖动页面是给网页增加更多内容(尺寸)的方法。实践证明，不要让访问者拖动页面超过 3 屏。如果需要在同一页面显示超过 3 屏的内容，那么最好能在上面做上页面内部链接，方便访问者浏览。

4.1.1.2　页头

页头又可称为页眉，页眉的作用是定义页面的主题。比如一个站点的名字多数都显示在页眉里，这样，访问者能很快知道这个站点是什么内容。页头是整个页面设计的关键，它将牵涉到下面的更多设计和整个页面的协调性。页头常放置站点名字的图片和公司标志以及旗帜广告。

4.1.1.3　文本

文本在页面中大多数以行或者块(段落)出现，它们的摆放位置决定着整个页面布局的可视性。在过去因为页面制作技术的局限，文本放置位置的灵活性非常小，而随着 DHTML 的兴起，文本已经可以按照设计者的要求放置到页面的任何位置。

4.1.1.4 页脚

页脚和页头相呼应。页头是放置站点主题的地方,而页脚是放置制作者或者公司信息的地方。许多制作信息都是放置在页脚的。

4.1.1.5 图片

图片和文本是网页的两大构成元素,缺一不可。如何处理好图片和文本的位置成了整个页面布局的关键,设计者的布局思维也将体现在这里。

4.1.1.6 多媒体

除了文本和图片,还有声音、动画、视频等其他媒体。虽然它们不是经常能被利用到,但随着动态网页的兴起,它们在网页布局上也将变得更重要。

4.1.2 网页布局的方法

网页布局的方法有两种:第一种为纸上布局;第二种为软件布局。下面分别加以介绍。

4.1.2.1 纸上布局法

许多网页制作者不喜欢先画出页面布局的草图,而是直接在网页设计器里边设计布局边加内容。这种不打草稿的方法不能设计出优秀的网页来。所以,在开始制作网页时,要先在纸上画出页面的布局草图。

准备若干张白纸和一只铅笔,通过尺寸选择、造型的选择、增加页头、增加文本、增加图片等步骤,把自己的设计创意大概地在纸上描绘出来。经过以上的几个步骤,一个时尚页面的大概布局就出现了。当然,它不是最后的结果,而是以后制作时的重要参考依据。

4.1.2.2 软件布局法

如果不喜欢用纸来画出布局草图,那么还可以利用软件来完成这些工作。这个软件就是 Photoshop。Photoshop 所具有的对图像的编辑功能用到设计网页布局上更显得得心应手。不像用纸来设计布局,利用 Photoshop 可以方便地使用颜色、图形,并且可以利用层的功能设计出用纸张无法实现的布局意念。

4.1.3 Dreamweaver 8 中网页布局的技术

4.1.3.1 层叠样式表的应用

在新的 HTML4.0 标准中,CSS(层叠样式表)被提出来,它能完全精确地定位文本和图片。CSS 对于初学者来说显得有点复杂,但它的确是一个好的布局方法。曾经无法实现的想法利用 CSS 都能实现。目前在许多站点上,层叠样式表的运用是一个站点优秀的体现。在网上可以找到许多关于 CSS 的介绍和使用方法。

4.1.3.2 表格布局

表格在网页中是一种用途非常广泛的工具,这不仅表现在它可以有序地排列数据,还表现在它可以精确地定位文本、图像及其他网页元素。表格布局好像已经成为一个标准。表格布局的优势在于它能对不同对象加以处理,而又不用担心不同对象之间的影响,而且表格在定位图片和文本上比用 CSS 更加方便。

4.1.3.3　框架布局

在一个网站中,通常要有许多元素重复地出现在不同的网页文档中,如网页标题、导航栏等。如果在每个网页中重复添加这些相同的部分,既浪费时间,也增加了浏览时的重复下载量。使用框架布局,就会较好地解决这个问题。框架将浏览器窗口分成几个部分,将一些重复的元素放在一个框架内,这个框架是一个单独的网页文档,其他经常更新的元素放在主框架内。

4.2　表格的基本操作

在网页中使用表格不仅可以整理复杂的内容,还可以实现网页的精确排版和定位,许多网站的页面都是以表格为定位工具制作的。所以,熟练、灵活地运用表格,是制作网页的必备技能之一。

4.2.1　插入表格

在 Dreamweaver 8 中插入表格步骤如下:

(1)在文档窗口的"设计"视图中,将插入点放在需要表格出现的位置。

(2)使用下列方法之一。

菜单法:单击"插入"|"表格";

快捷键法:Ctrl + Alt + T;

单击插入面板中的常用工具栏中的插入表格按钮。

完成操作后即会出现"表格"对话框,如图 4-1 所示。

(3)在对话框中设置要插入表格的参数后,单击 确定 按钮可在页面中插入表格。"表格"对话框中主要参数的含义分别如下。

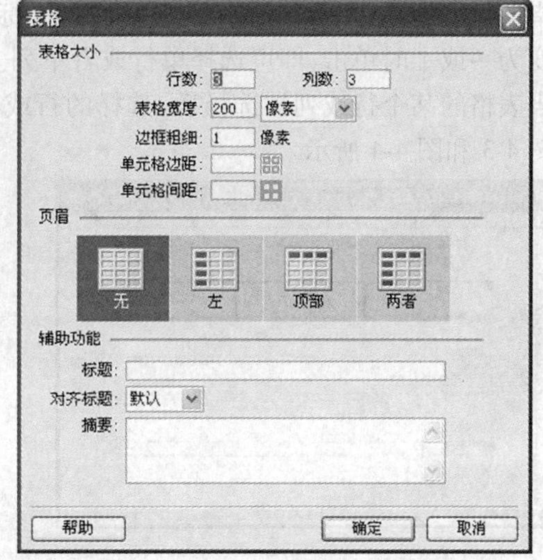

图 4-1　"表格"对话框

行数:确定表格具有的行的数目。

列数:确定表格具有的列的数目。

表格宽度:以像素为单位或按占浏览器窗口宽度的百分比指定表格的宽度。

需要注意的是,通常表格宽度的单位选择像素,因为如果宽度单位选择百分比,则当浏览器窗口大小改变时,表格的宽度也会随之改变,这样有时会影响整个网页的布局。

边框粗细:指定表格边框的宽度(以像素为单位)。

单元格边距:确定单元格边框和单元格内容之间的像素数。

单元格间距:确定相邻的表格单元格之间的像素数。

页眉:定义页眉的样式,可以在"无"、"左"、"顶部"和"两者"4 种样式中选择。

标题:提供了一个显示在表格外的表格标题。

对齐标题:指定表格标题相对于表格的显示位置。

摘要:可以在这里对表格进行注释。

需要注意的是,如果没有明确指定单元格间距和单元格边距的值,那么大多数浏览器将按单元格边距为1、单元格间距为2来显示表格。若要确保浏览器显示的表格没有边距和间距,则需要在“表格”对话框中将单元格边距和单元格间距设置为0。

4.2.2 选择表格元素

在对表格进行编辑操作之前,首先应掌握如何选中需要编辑的表格元素。对于表格而言,可以选择单行、单列、多行、多列、连续或不连续的单元格及整个表格。

4.2.2.1 选择整个表格

选择整个表格有多种方法,最简单的方法有两种:①将鼠标光标指向表格框线,当出现红色外框线时单击;②将鼠标光标置于表格单元格中,然后单击状态栏中的〈table〉标签,如图4-2所示为选择整个表格的效果。

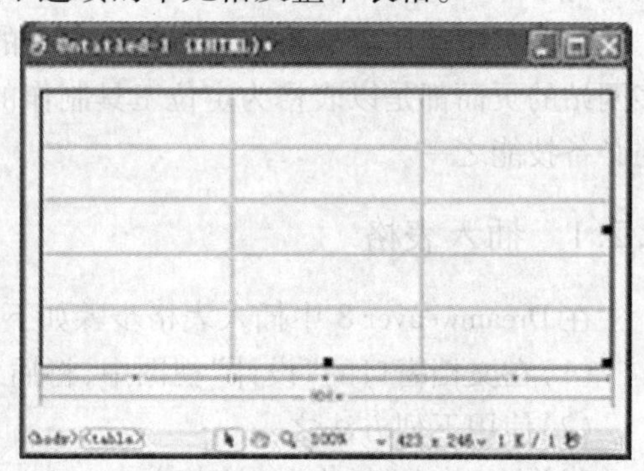

图4-2　选择整个表格

4.2.2.2 选择单行或者单列

要选择表格的行或者列,可将鼠标光标指向该行的左边线或该列的上边线,当光标变为→或↓时单击,即可选择单行或者单列。当表格的某个行或列被选择后,选择的行或列中所有单元格四周都会出现黑色粗框,如图4-3和图4-4所示。

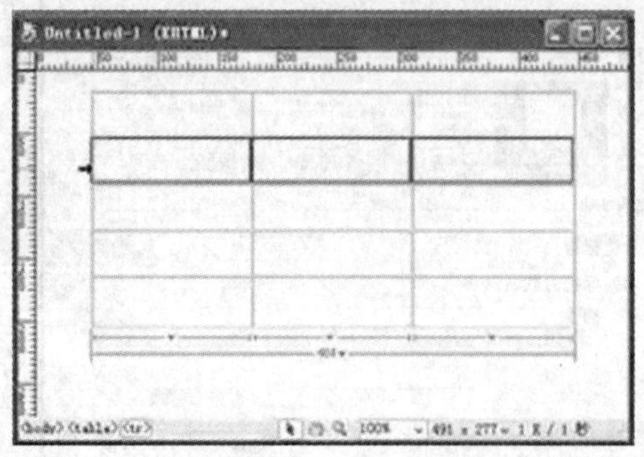

图4-3　选择单行

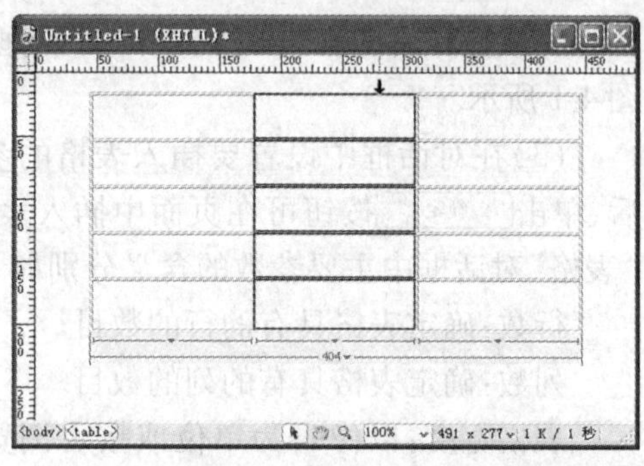

图4-4　选择单列

4.2.2.3 选择连续的多行或多列

如果要选择多行或多列相邻的单元格,可将鼠标光标移动到需要选择行的左侧边框处或列的上方边框处,当其变为黑色箭头形状时,单击鼠标并拖动即可选择相邻的多行或多列,如图4-5和图4-6所示。

4.2.2.4 选择不连续的多行或多列

如果要选择不相邻的多行或多列,可先选择一行或一列,然后按住Ctrl键并依次在其他行的左边框或列的上边框单击,即可选择不相邻的多行或多列,如图4-7和图4-8所示。

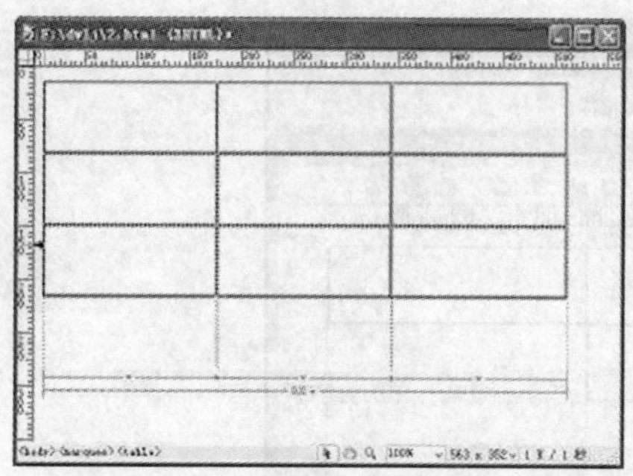

图 4-5　选择连续的多行

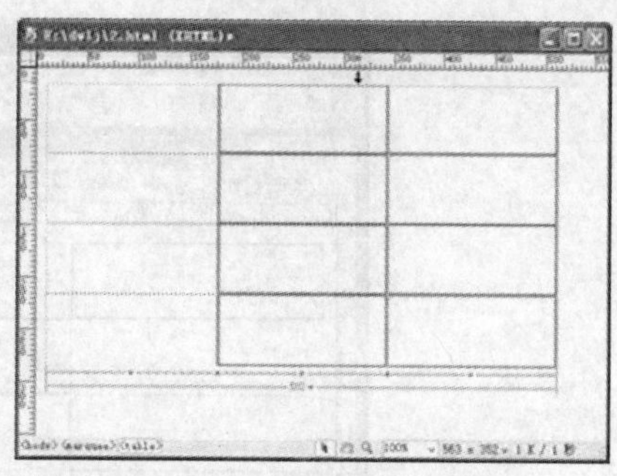

图 4-6　选择连续的多列

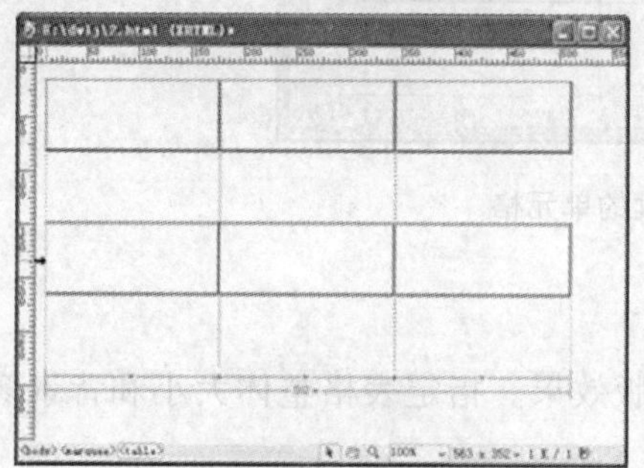

图 4-7　选择不连续的多行

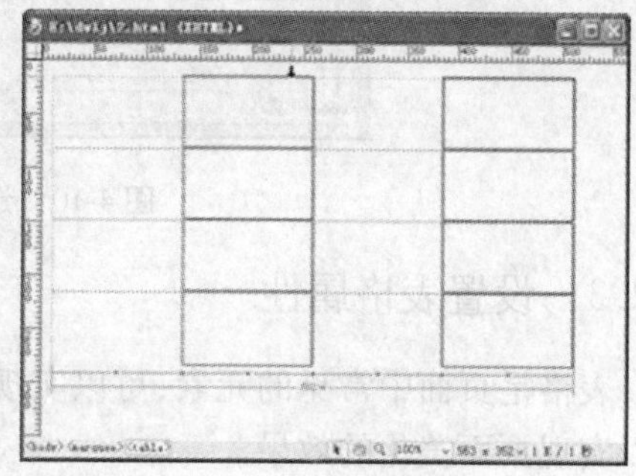

图 4-8　选择不连续的多列

4.2.2.5　选择连续的单元格

先选择一个单元格，然后按住 Shift 键并单击其他要选择的单元格，或在一个单元格中单击并横向或纵向拖动鼠标，即可选择多个连续的单元格，如图 4-9 所示。

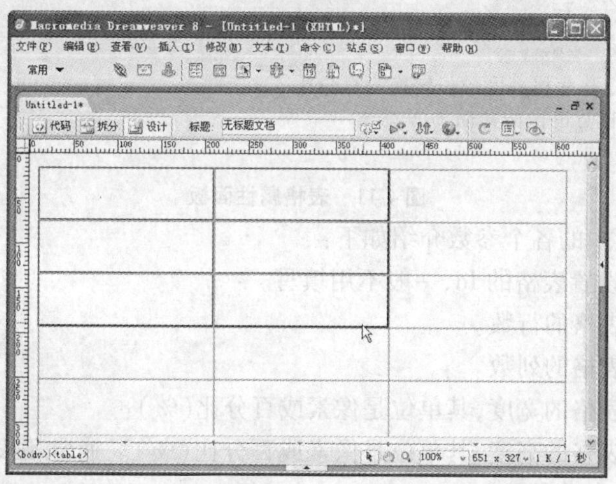

图 4-9　选择连续的单元格

4.2.2.6　选择不连续的单元格

按住 Ctrl 键，分别单击不连续的各单元格即可，若再次单击已被选择的单元格，则可取消该单元格的选中状态，如图 4-10 所示。

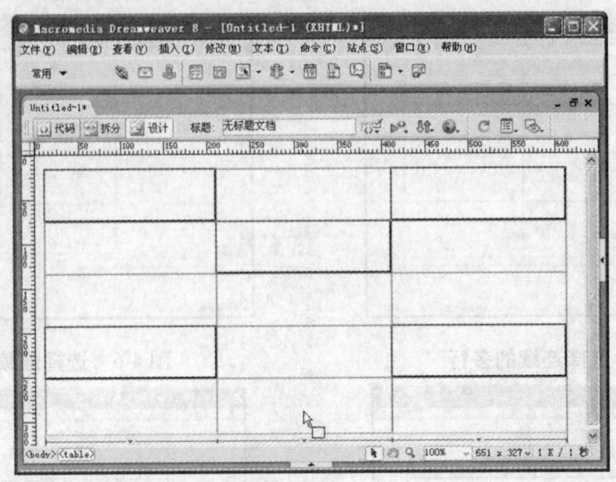

图 4-10　选择不连续的单元格

4.2.3　设置表格属性

表格是页面中常见的元素,可以实现页面排版效果。指定表格整体大小和背景颜色可以实现页面美化的效果。

选择一个表格,通过属性面板可以设置其属性,如图 4-11 所示。

将表格宽度单位转换为像素　将表格宽度单位转换为百分比

▼属性
表格 Id　行 4　宽 80 %　填充 1　对齐 默认　类(C) 无
列 2　高 像素　间距 1　边框 1
清除表格的宽度　背景颜色　边框颜色
背景图像(B)

将表格高度单位转换为百分比

清除表格的高度　将表格高度单位转换为像素　将表格部分功能折叠

图 4-11　表格属性面板

表格属性面板中的各个参数介绍如下:

表格 Id:用于设置表格的 Id,一般不用填写。

行:用于设置表格的行数。

列:用于设置表格的列数。

宽:用于设置表格的宽度,其单位是像素或百分比(%)。

高:用于设置表格的高度,其单位是像素或百分比(%)。通常不设置表格的高度,而让其随内容的增加自动调整。

填充:设置单元格内容与边框的距离。

间距:设置相邻单元格之间的距离。

对齐:设置表格的对齐方式,默认的对齐方式是左对齐。

边框:设置表格边框的宽度,可以输入数值,单位是像素。

提示:如果没有明确指定边框的值,则大多数浏览器将按边框为 1 显示表格。若要确保浏览器显示的表格没有边框,请将“边框”设置为0。

按钮:用来清除表格的宽度。

按钮:将表格宽度单位转换为像素。

按钮:将表格宽度单位转换为百分比。

按钮:用来清除表格的高度。

按钮:将表格高度单位转换为像素。

按钮:将表格高度单位转换为百分比。

需要注意的是,当将对齐方式设置为“默认”时,其他内容不显示在表格的旁边。若要在其他内容旁边显示表格,请使用“左对齐”或“右对齐”。

背景颜色:用于设置表格的背景颜色。

边框颜色:用于设置表格边框的颜色。

背景图像:用于设置表格的背景图像。

需要注意的是,当表格宽度或高度的单位是像素时,表明表格的宽度是绝对宽度,不随浏览器窗口大小的变化而变化;而当其单位是百分比(%)时,则表明表格的宽度值是浏览器窗口宽度的百分比数值,因此表格宽度是相对的,会随着浏览器窗口大小的变化而变化。

4.2.4　设置单元格属性

通过属性面板可以单独设置单元格的属性,将光标放置于单元格中或单击要设置属性的单元格后,打开单元格属性面板,如图4-12所示。

图4-12　单元格属性面板

通过单元格属性面板可以设置单元格中内容的对齐方式、单元格的宽度和高度、背景颜色和背景图像等参数。单元格属性面板中各项参数的含义如下:

水平:设置单元格中内容的水平对齐方式,有默认、左对齐、居中对齐和右对齐4种方式。

垂直:设置单元格中内容的垂直对齐方式,有默认、顶端、居中、底部和基线5种方式。

宽、高:设置单元格宽度和高度。

不换行:选中该复选框,可以防止单元格中较长的文本自动换行。

标题:选中复选框,可以为单元格设置标题。

背景:设置单元格的背景图像。

背景颜色:设置单元格的背景颜色。

边框:设置单元格边框的颜色。

4.2.5　拆分和合并单元格

为了页面制作的需要,有时需要对已创建表格中的单元格进行合并或拆分,下面分别介绍。

4.2.5.1　合并单元格

合并单元格的前提是要合并的单元格必须是连续的多个单元格，对不连续的单元格无法进行合并操作。要合并表格中的两个或多个单元格，操作步骤如下：

(1)选择连续行中形状为矩形的单元格，如图 4-13 所示。

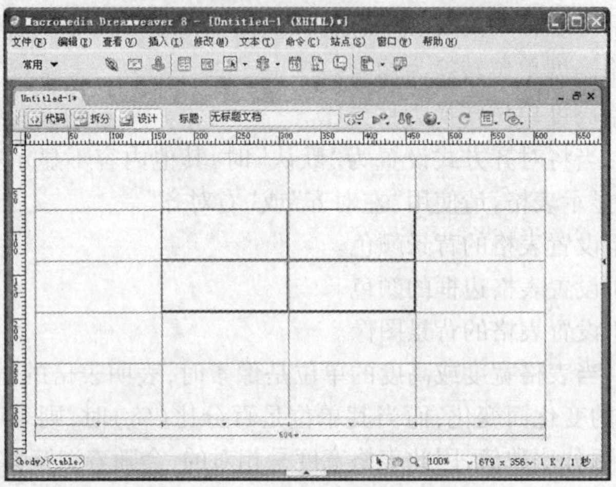

图 4-13　选择连续的单元格

(2)执行下列操作之一：①选择“修改”>“表格”>“合并单元格”；②在展开的属性检查器(“窗口”>“属性”)中，单击“合并单元格”按钮，结果如图 4-14 所示。

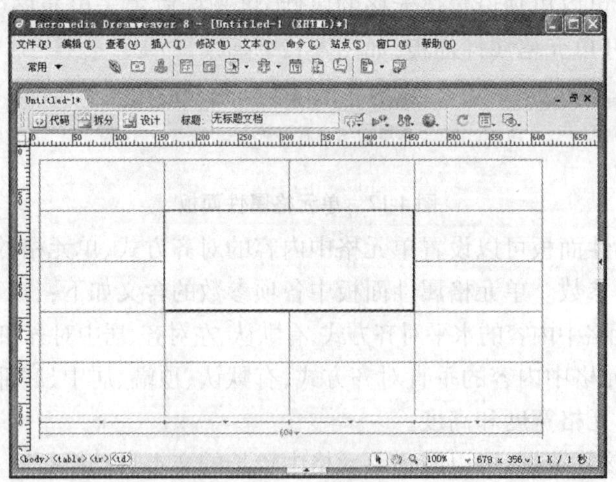

图 4-14　合并单元格

4.2.5.2　拆分单元格

拆分单元格是将单个单元格拆分为多个单元格，在拆分时需指定拆分的行数或列数。操作步骤如下：

(1)将光标定位在将拆分的单元格中，如图 4-15 所示。

(2)执行下列操作之一：①选择“修改”>“表格”>“拆分单元格”。

②在展开的属性检查器(“窗口”>“属性”)中，单击“拆分单元格”按钮，弹出“拆分单元格”对话框，如图 4-16 所示。

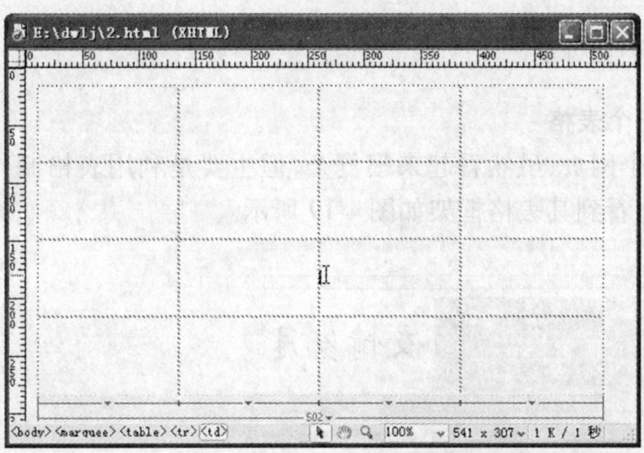

图 4-15　定位光标

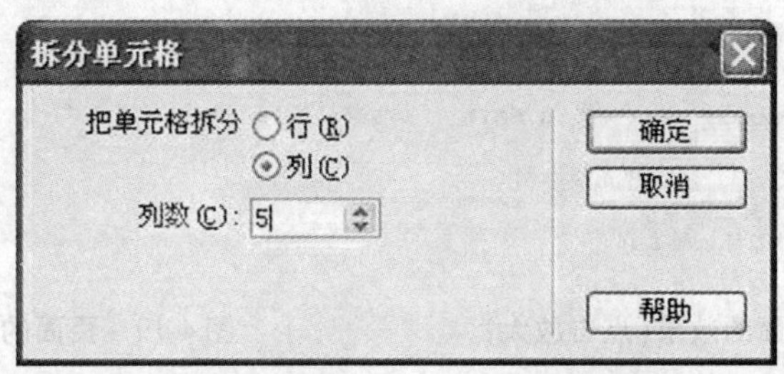

图 4-16　“拆分单元格”对话框

(3)在“拆分单元格”对话框中选择要将单元格拆分为行或列,并设置相应的行数和列数。

(4)单击 确定 按钮,即可拆分单元格,如图 4-17 所示。

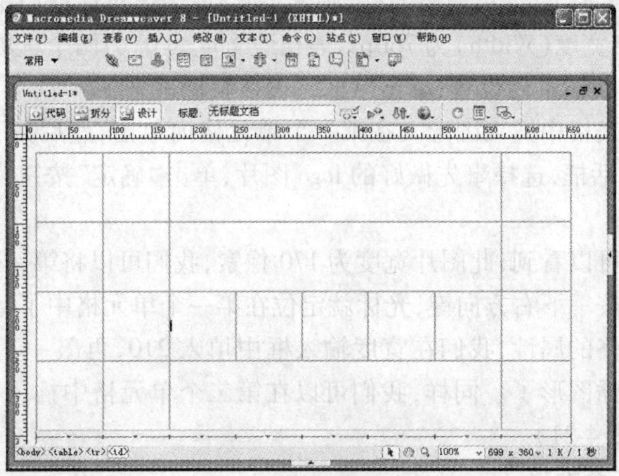

图 4-17　拆分后的单元格

4.2.6　用表格制作网页

4.2.6.1　插入第一个表格

我们看一下这个网页,虽然看起来很复杂,但主要是利用表格制作的(图 4-18)。去掉文字和图形,可以看到其表格框架如图 4-19 所示。

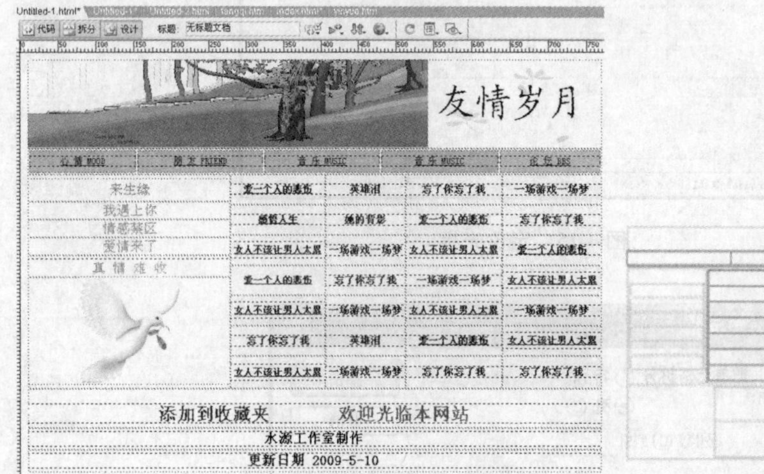

图 4-18　页面的效果(点击放大)

图 4-19　页面的表格结构(点击放大)

下面我们就利用表格制作这个网页。启动 Dreamweaver 后,自动产生一个空文档。

我们看一下网页的布局,共有三个主要表格,最上面的表格放置 logo 图标和 banner 广告条,中间的表格为主要栏目切换条,最下面的表格为网页正文。根据网页布局,我们先来制作最上面的表格。

单击"常用面板"中的插入表格图标,弹出"插入表格"对话框(图 4-20)。设置行数为 1,列数为 2,表格宽度(Width)为 760px,表格线宽度为 0,另两个选项"单元格间距" 和"单元格边距"这里我们不做设置,单击"OK",表格就插进来了。

接下来我们在表格中插入图形。在第一个单元格内单击,然后按下 Ctrl + Alt + I 键,弹出"插入图片"对话框,选择事先做好的 logo 图片,单击"确定"按钮,图片就插到第一个单元格中了。

在属性面板中可以看到,此图片宽度为 170 像素,我们可以将第一个单元格的宽度也调整为 210 像素。按一下右方向键,光标就定位在第一个单元格中了,这时属性面板中显示的是第一个单元格的属性,我们在宽度输入框中填入 210,再敲一下回车,第一个单元格就刚好容纳下所插图形了。同样,我们可以在第二个单元格中插入 Banner 图形,第一个表格就做好了(图 4-21)。

4.2.6.2　制作第二个表格

下面我们制作栏目切换条。

这是一个一行五列的表格,我们用上面的方法插入,表格的宽度也设为 760px,边框为 0,单元格间距为 0。

表格

表格大小

行数：1　　列数：2

表格宽度：760　像素

边框粗细：0　像素

单元格边距：0

单元格间距：0

页眉

无　左　顶部　两者

辅助功能

标题：

对齐标题：默认

摘要：

帮助　确定　取消

图 4-20　“插入表格”对话框

图 4-21　第一个表格浏览效果

将光标定位在某一单元格中，按下 Ctrl + A 键，选中所插入的表格，在属性面板中设置表格高度(H)为 40 px(图 4-22)。

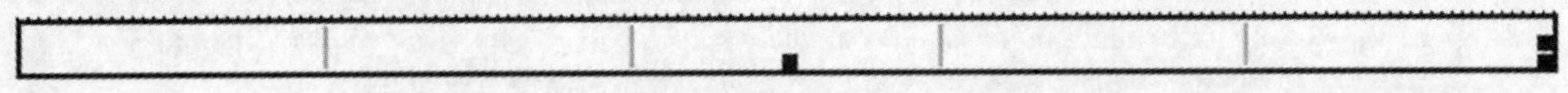

图 4-22　表格的属性

下面我们进行各种颜色设置，使表格有背景色和立体效果。先设置表格背景色，单击属性面板的最下排颜色选择按钮“背景颜色”，从弹出的颜色列表中选择一种绿色(#A3C06D)，然后在属性面板上设置立体效果(图 4-23)。

我们把最后一个单元格背景设置为另一个颜色，表示此项为当前激活的选项。

在最后一个单元格内单击鼠标，此时属性面板变为当前单元格的属性，用上面的方法

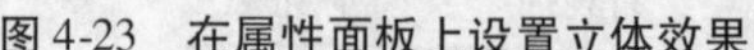

图 4-23　在属性面板上设置立体效果

设置背景颜色为#CCCC33(图 4-24)。

图 4-24　设置单元格背景颜色

最后,我们在此表格内加上文字和相应的链接,第二个表格就完成了(图 4-25)。

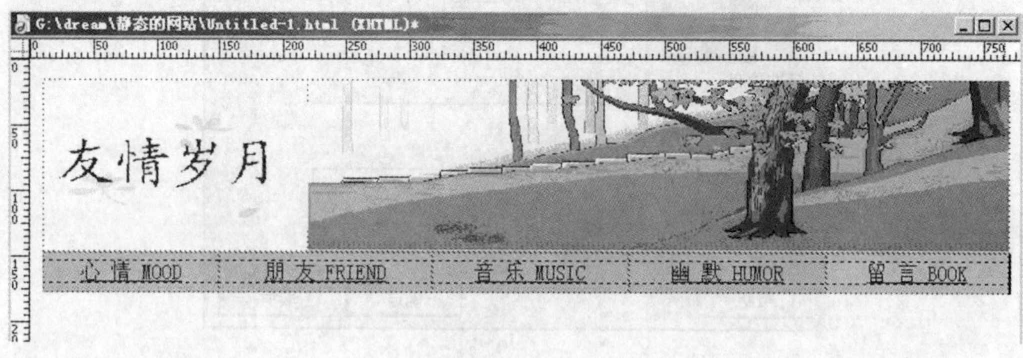

图 4-25　第二个表格浏览效果

4.2.6.3　表格的嵌套

在这个例子中,下面部分是一个大表格,这个表格共有三行两列,一些单元格中还插入了一个新的表格。

下面我们开始制作,先在第二个表格下插入一个三行两列、宽为 790px 的表格。

先看看这条红线是怎么做出来的。在第一行第一个单元格内单击,然后向右拖动鼠标,将第一行的两个单元格选中,按下 M 键,选中的单元格即被合并为一个单元格(图 4-26)。

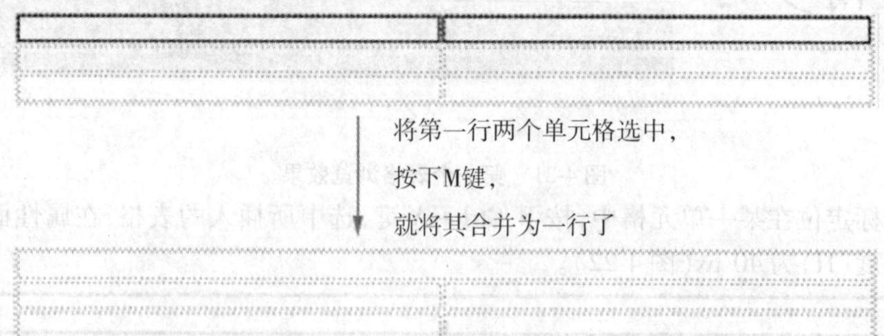

图 4-26　合并单元格

在属性面板中,设置此行高度为 1,背景颜色为红色。再按下 Ctrl + Tab 键,调出 HTML 源代码编辑窗口,显示光标所在位置的源代码为:我们将单元格内的占位字符“ ”删除,关闭 HTML 编辑窗口,表格第一行就显示为一条红线了(图 4-27)

下面我们制作中间左侧的栏目。在第二行第一个单元格内单击鼠标,设置此单元格宽度为 150px,然后在此单元格内插入一个表格。按下 Ctrl + Alt + T 键,设置行数为 6,列

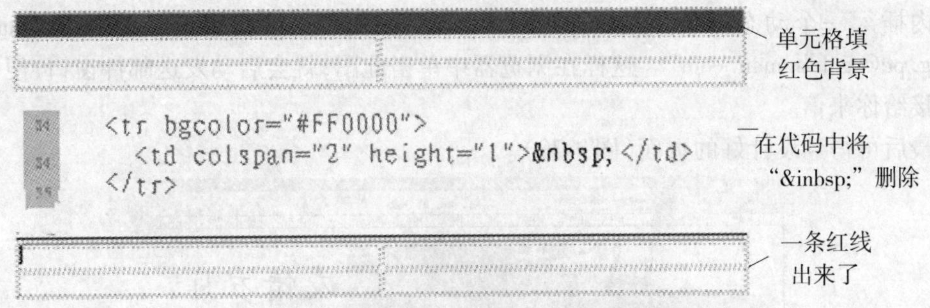

图 4-27　用表格产生红线

数为 1,border = 0,单击宽度后面的下拉列表,从中选择“百分比”,在文本框中输入 100,单击“OK”按钮,所插入的表格刚好充满第一个单元格(图 4-28)。

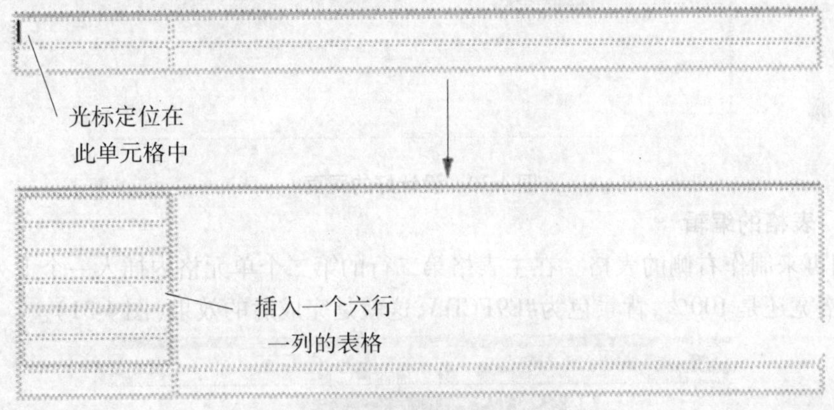

图 4-28　在单元格中嵌套表格

我们为刚插入的表格添加背景图。选中此表格,在属性面板中单击背景图选项右侧的图标,弹出图片选择对话框,选一个带过渡色的横条图片,这个图片就被平铺在表格内了(图 4-29)。

注意:这个图片是事先处理好的,其宽度与表格宽度相同。

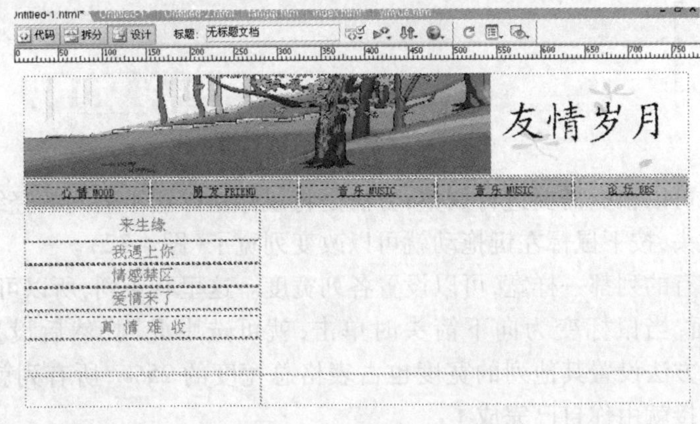

图 4-29　添加背景图效果

你可以在这个子表格内写上文字,设置字的大小为 4,居中对齐,并加上链接。最后一个内插入一个动态 Gif 图，在图的属性中，设置 Alt 为“给我来信”，链接为“mailto：ketang. pc@ goldhuman. com”。这样在浏览器中单击此图，就会启动发送邮件窗口，便于网友直接给你来信。

最后可得到设计好的页面（图 4-30）。

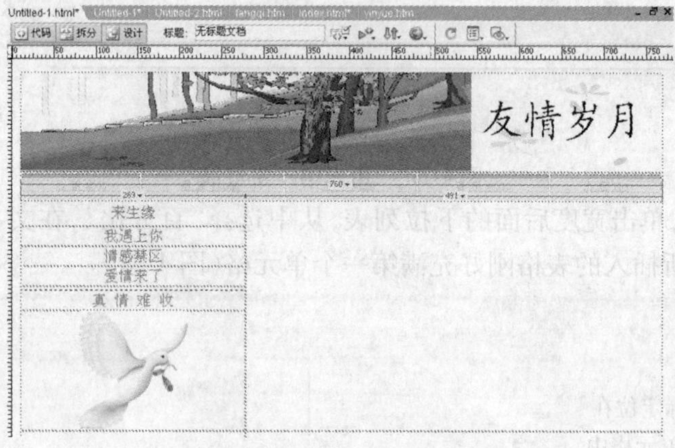

图 4-30　设计好的网页

4.2.6.4　表格的编辑

我们再来制作右侧的表格。在主表格第二行的第二个单元格内插入一个七列四行的表格，表格宽还是 100%，背景色为#E9FCDA，这就是完成后的效果（图 4-31）。

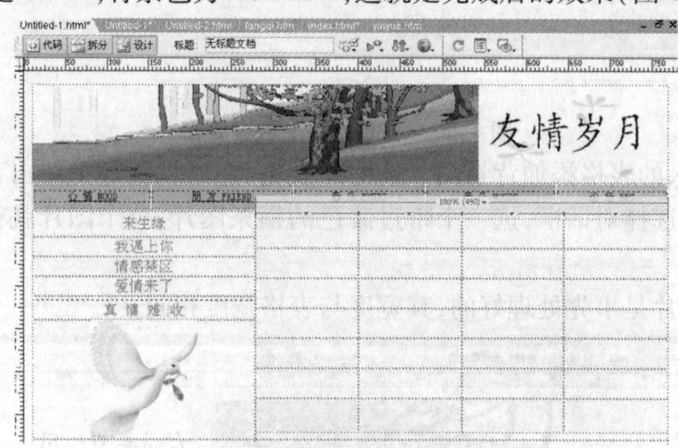

图 4-31　右侧表格效果

各列的宽度可以根据需要进行调整，方法是将鼠标指针置于列间的竖线上，鼠标指针变为左右双向键头，按下鼠标左键拖动就可以改变列宽了（图 4-32）。

如果想让所有的列都一样宽，可以设置各列宽度。这里有 4 列，所以可以先将鼠标指针置于表格上面，当鼠标变为向下箭头时单击，就可选中此列，然后设置此列宽度为 25%。用同样的方法设置其他列的宽度也占表格总宽度的 25%，所有列就都一样宽了。里面的内容和链接就由你自己完成了。

4.2.6.5　完成整个页面

页面的大部分都设计完成了，还有下面这个表格，将光标定位在最后一行的某一单元

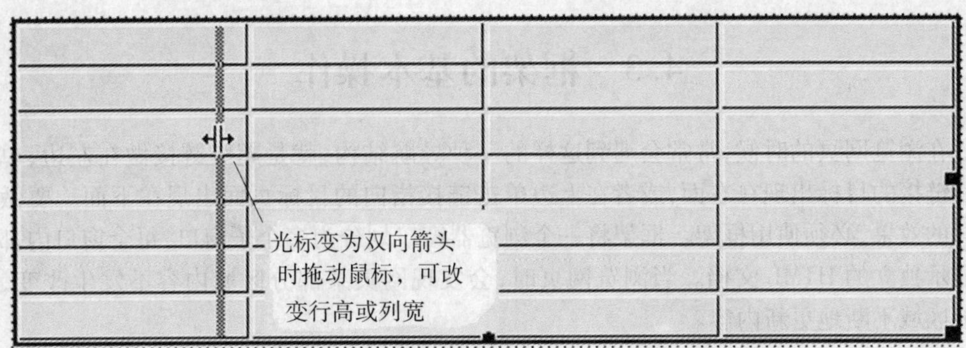

图 4-32　改变列宽

格中，然后点一下标签选择器中的{tr}，标签选择器显示为“{body}{table}{tr}{td}”，表示此行被选中，单击属性面板中的合并单元格按钮，此行变为一个单元格。

在此单元格内插入一个一列两行的表格，选定表格，在属性面板中设置表格对齐方式为居中对齐(Center)，设置其宽度为 60%。然后将光标定位在第一行内，单击属性面板中的拆分单元格按钮，弹出“拆分单元格”对话框，选择“列”，表示拆分为列，单击“OK”，第一行就被拆为两列，通过拖动调整单元格宽度。

在第一个单元格内输入“添加到收藏夹”，使文字居中，Size 为 2，选中文字，在属性面板中的链接(Link)中输入：“javascript: window. external. AddFavorite('http://www. hbsy. cn','好好学习')”，这样在浏览器点击此链接时，会弹出对话框，可以将你的主页加到收藏夹中。

按下 Tab 键，光标跳到下一个单元格，输入文字“欢迎光临本网站”，设置字体颜色为 #CC0033，字的大小为 2。

选中这句话，按下 Ctrl + Tab 键，切换到 HTML 编辑器窗口。

此时被选中的代码为：

< b >欢迎光临本网站 < b >

加入 marquee 标签，使其变为：

< marquee > < b >欢迎光临本网站 < b > </marquee >

这样在浏览器中，这行文字就会有跑马灯的动态效果。在最后一行中插入横线和版权信息(图 4-33)。

图 4-33　浏览效果

4.3 框架的基本操作

在浏览网页的时候，常常会遇到这样的一种导航结构，就是超级链接做在左边，单击以后链接的目标出现在右面，或者在上边单击链接指向的目标页面出现在下面。要做出这样的效果，必须使用框架。框架将一个浏览器窗口划分为多个子窗口，每个窗口内都可以显示独立的 HTML 文档。当浏览网页时，会发现网页某部分区域内容不发生改变，而其他区域不断地更新内容。

框架是一种特殊的网页技术，含有框架的网页称为框架网页。框架网页由框架内容页面和框架集页面两部分组成。最简单的框架网页包括两个框架，一个框架显示本站点的主要栏目，也就是在该框架中创建一些超级链接；另一个框架显示对应栏目的内容，也就是超级链接对应的目标网页。

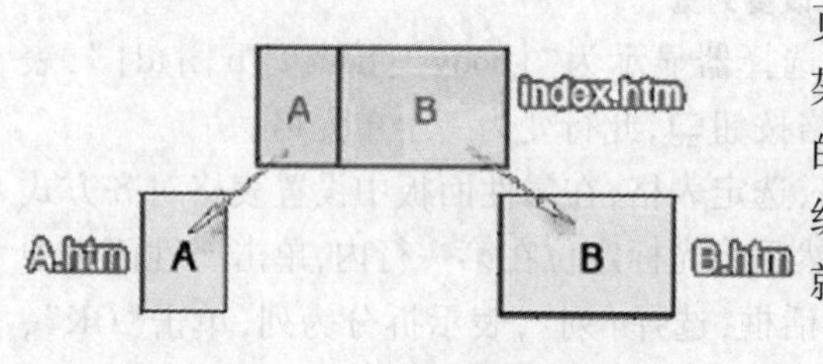

图 4-34 框架网页结构

为了更好地理解什么是框架，先看一下如图 4-34 所示的示意图。

这是一个左右结构的框架，事实上，这样的一个结构是由 3 个网页文件组成的。首先外部的框架是一个文件，图中用 index. htm 命名。框架中左边命名为 A，指向的是一个网页 A. htm。右边命名为 B，指向的是一个网页 B. htm。

提示：如果某个页面被划分为两个框架，那么它实际上包含的是 3 个独立的文件：一个框架集文件和两个框架内容文件。包含框架的框架集，只是一个框架信息页，其定义了在浏览器中显示的框架的数目、框架的大小、框架的位置，以及每个框架初始显示的文档路径地址等。

4.3.1 制作一个简单的左右框架

下面就来从头开始制作一个框架。

（1）点“文件”菜单|“新建”，弹出“新建文档”对话框，如图 4-35 所示（或在插入栏点“布局”选“框架:左框架”）。

（2）Dreamweaver 生成一个空白的框架页面，如图 4-36 所示。

（3）选择“窗口”菜单|“框架”，弹出框架面板，如图 4-37 所示。从框架面板可知，系统对左右框架生成命名。左框架名为 leftFrame，右框架名为 mainFrame，也可以通过框架属性面板对框架重新命名。创建超级链接时，要依据它正确控制指向的页面。

（4）保存框架。选择“文件”菜单点击“保存全部”，系统弹出对话框。这时，保存的是一个框架结构文件。

提示：保存的时候如果虚线框笼罩在周围一圈就是保存框架结构，如图 4-38 所示。

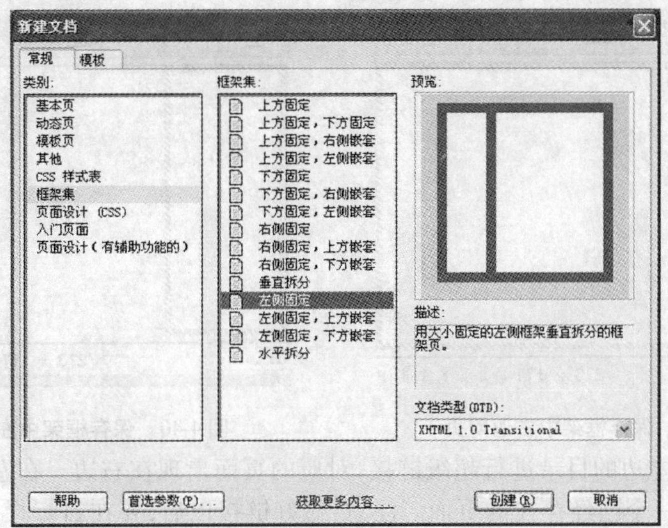

图 4-35　“新建文档”对话框

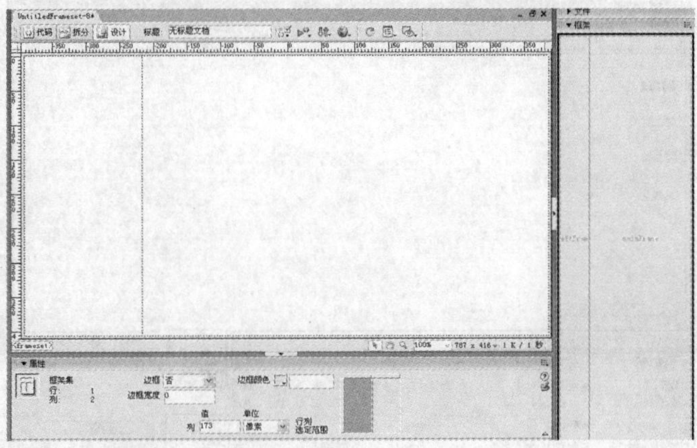

图 4-36　空白框架页面

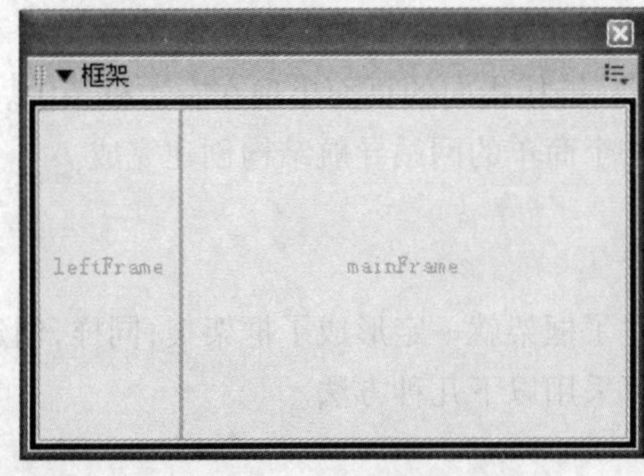

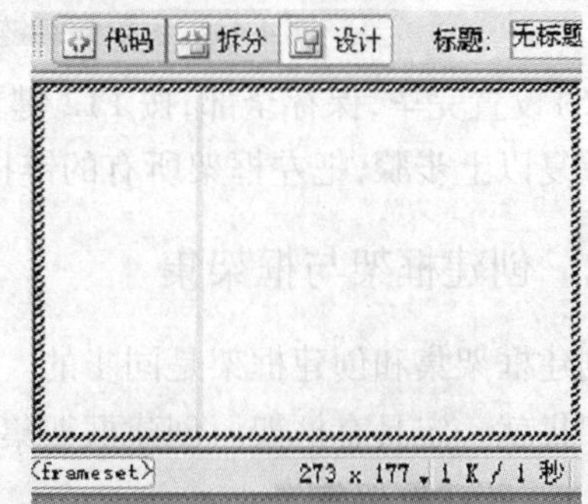

图 4-37　框架面板　　　　图 4-38　保存框架结构

虚线笼罩在右边就是保存框架中右边网页，如图 4-39 所示。

虚线笼罩在左边就是保存框架中左边网页，如图 4-40 所示。

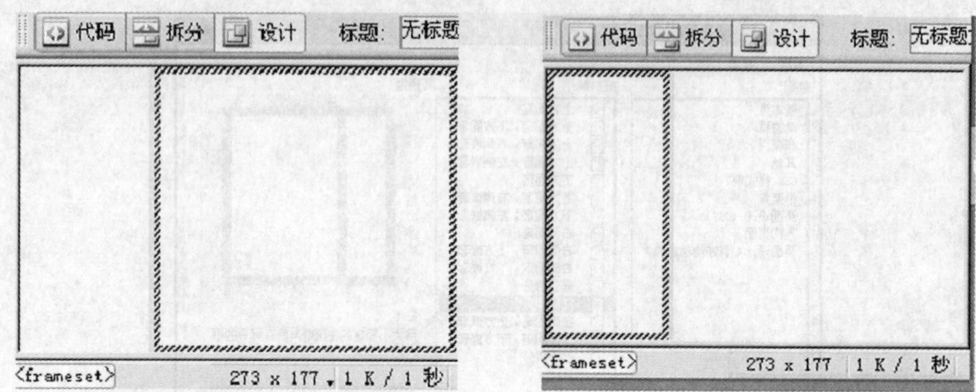

图 4-39　保存框架中右边网页　　　　图 4-40　保存框架中左边网页

(5)实现按左边的目录进行超级链接,对应的页面出现在右边。在左边的页面中做超级链接,指向一个已经存在的页面。注意:做好链接以后,要在目标栏中设置为 mainFrame,如图 4-41 所示。

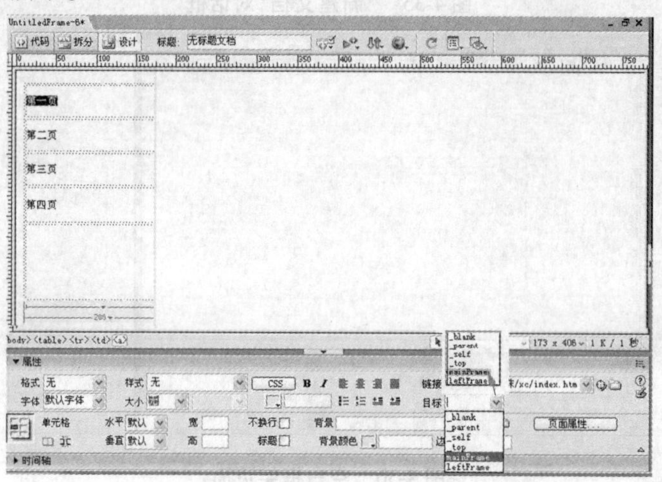

图 4-41　设置超级链接并在目标栏设置为 mainFrame

(6)设置完毕,保存全部,按 F12 键预览网页。链接指向的页面出现在右边框架中。

重复以上步骤,把左框架所有的链接做完,一个简单的网站导航结构创建完成。

4.3.2　创建框架与框架集

创建框架集和创建框架是同步的。只要创建了框架就一定形成了框架集;同样,创建了框架集就一定具有框架。创建框架集和框架可采用以下几种方法。

4.3.2.1　新建框架集

采用以下方法即可创建框架集,同时创建框架。

(1)选择"文件" > "新建"。

(2)弹出"新建文档"对话框,选择"框架集"类别,并在"框架集"中选择一种框架结构,然后单击"创建"按钮即可,如图 4-42 所示。

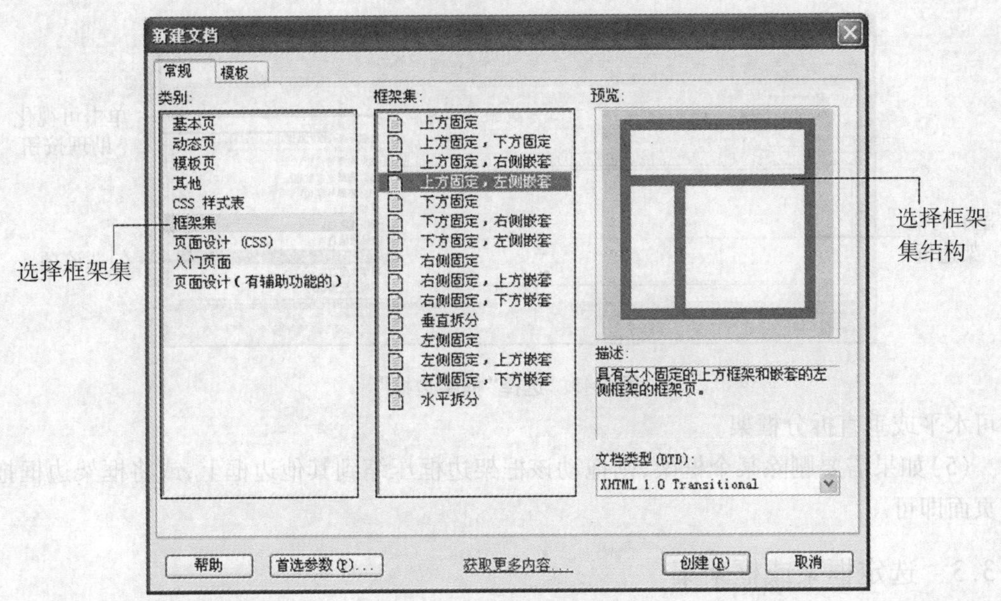

图 4-42　新建框架集

4.3.2.2　插入预定义的框架集

Dreamweaver 提供几种常用的框架集，并将对应图标放在“插入”面板“布局”类别中。

如果要插入预定义的框架集，可以按照下述步骤进行操作。

(1) 在 Dreamweaver 8 中打开站点中的文档，再打开“插入”面板组，选择“布局”类别。

(2) 单击“框架”按钮后的向下箭头，从弹出的下拉选项中选择“顶部框架”。

(3) 弹出“框架标签辅助功能属性”对话框，显示“为每一框架指定一个标题”，这个“标题”在制作框架超级链接的时候将被应用到。

以上方法创建了一个顶部框架集，框架集按钮中的蓝色块，表示当前文档在创建后框架集中的位置。

4.3.2.3　设计并插入框架集

如果对 Dreamweaver 提供的预定义框架集不太满意，还可以非常方便地通过可视化的方法创建框架和框架集。操作方法如下：

(1) 执行下列方法之一：

方法一：选择“查看”|“可视化助理”|“框架边框”，这时文档窗口的四周显示框架边框。

方法二：单击“可视化助理”按钮，在弹出菜单中选择“框架边框”选项，如图 4-43 所示。

(2) 将鼠标移动至“文档窗口”，用鼠标拖曳边框，就可以将窗口一分为二，四条边框都可以拖曳。拖曳上下边框可以水平划分窗口；拖曳左右边框可以垂直划分窗口；从角上拖曳鼠标，可以将窗口划分为四个部分。

(3) 如果要调整框架的大小，只需拖动框架之间的分隔线即可。

(4) 如果要继续拆分某个框架，可以先按住 Alt 键，然后在文档窗口中拖动框架边框，

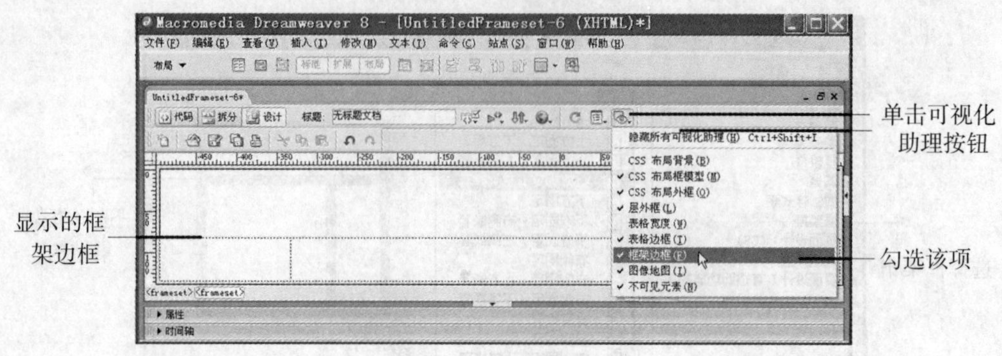

图 4-43 选择“框架边框”

即可水平或垂直拆分框架。

(5) 如果需要删除某个框架,则拖动该框架边框压缩到其他边框上,或将框架边框拖离页面即可。

4.3.3 选定框架或框架集

在文档窗口中,当某个框架被选定时,其边框将用虚线勾画出来;当选定框架集时,该框架集内所有的框架均用虚线勾画出来。

如果要在文档窗口中选定框架,按住 Alt 键单击欲选择的框架内的任意位置将其选定,此时在属性面板中显示该框架的属性参数,所选择的框架边框内侧出现虚线。

如果是在文档窗口中选定框架集,请在文档窗口中单击框架边框。

还有一种选定框架和框架集的方法是利用框架面板。选择“窗口”|“其他”|“框架”,文档窗口的右侧就会展开框架面板,如图 4-44 所示。该面板形象化地展示了当前框架集和其中的框架。

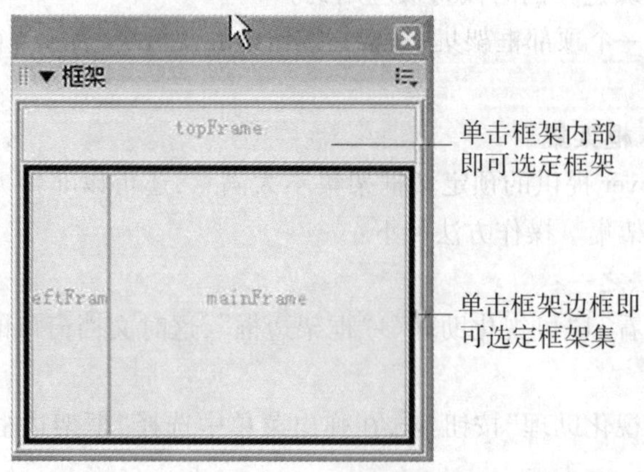

图 4-44 框架面板

框架面板的主要作用是直观地观察整个页面的结构以及选定框架和框架集,它本身并没有编辑功能。

单击框架面板中的框架内部即可将其选定,被选定的框架有黑色的边;单击框架之间的分隔线即可选定框架集。

提示：单击框架边框选择整个框架集时，框架边框必须是可见的，如果看不到框架边框，则选择“查看”|“可视化助理”|“框架边框”，以使框架边框可见。

4.3.4　保存框架和框架集

对于使用框架结构的页面布局来说，保存文档不同于先前单独页面的保存。其不仅需要保存每个框架页面文档，还要保存框架集文档。

使用 Dreamweaver 8 创建框架文档时，每个新的框架文档都有一个暂时的文件名，例如，UntitledFrameset-1 是框架集的名称，Untitled-1、Untitled-2 等是框架页面的名称。保存文件时，可以另取一个更易于分辨的名称。

有以下两种保存方法供选择。

方法一：依次保存框架集和框架。该方法是选择一个文档就保存一个。可以是框架文档，也可以是框架集文档，但确保所有的文档都保存一次。

(1)在文档窗口中单击框架集的边框，即可选中该框架集。

(2)选择“文件”|“框架集另存为”。

(3)在弹出的“另存为”对话框中，选择保存路径及输入保存文件名。

(4)单击“保存”按钮即可将框架集文档进行保存。

只保存了框架集的框架结构页面，是不能完整显示整个框架网页的，还必须将每个框架文档进行保存。

(5)用鼠标单击框架文档，即表示当前框架文档处于激活状态。

(6)选择“文件”|“保存框架”。

(7)在弹出的“另存为”对话框中，选择保存路径及输入保存文件名。

(8)单击“保存”按钮即可将框架文档进行保存。

(9)重复步骤(5)~(8)，将当前框架集中所有的框架文档进行保存。

方法二：一次性全部保存。如果通过上述方法进行逐个文档的保存，常会出现文档被遗漏保存的情况。所以，可以直接使用“全部保存”命令。

(1)选择“文件”|“保存全部”。

(2)执行命令后，在当前文档窗口中显示虚线边框的文档，即表示当前保存的文档。

(3)在弹出的“另存为”对话框中，选择保存路径及输入保存文件名。单击“保存”按钮即可将文档进行保存。

(4)重复步骤(2)~(3)，直至将所有文档保存。

4.3.5　设置框架集与框架的属性

查看框架集和框架的属性，如同在网页中查看文本和图像的属性一样，必须选择该框架集或框架，然后才能打开其属性面板。

4.3.5.1　设置框架集的属性

单击框架面板中框架之间的分隔线选定框架集，此时属性面板如图 4-45 所示，如果要查看所有的框架集属性，需要单击属性面板右下角的扩展箭头。

框架集属性面板中各选项说明如下：

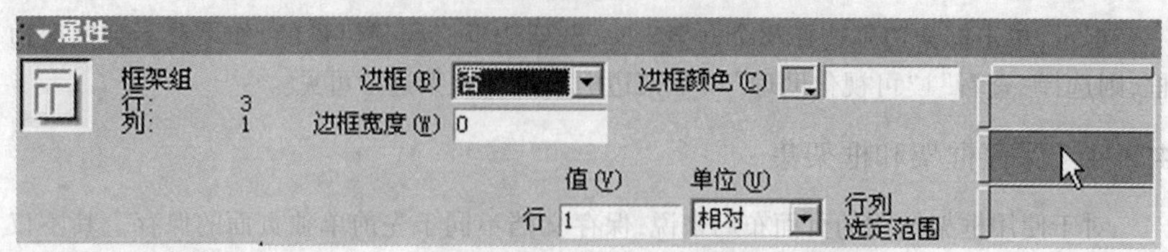

图 4-45　框架集属性面板

框架组:表示当前框架集的基本信息,包括几行几列框架。

边框:设置在浏览器中是否显示框架的边框,其下拉列表中包含是、否和默认 3 个选项,选择默认选项,将由浏览器端的设置来决定。

边框颜色:用来设置整个框架集的边框颜色,必须确保具有边框时,该属性才有效。

边框宽度:设置整个框架集的边框宽度,以像素为单位。必须确保具有"边框"时,该属性才有效。

行或列:属性面板中显示的行或列,由框架集的结构而定。

值:在其中可以输入选定行的高度或选定列的宽度。若要设置选定框架集的各行和各列的框架的大小,可单击"行列选定范围"区域左侧或顶部的标签,然后在值文本框中输入高度或宽度值。

单位:表示设置框架大小的单位。其下拉列表中包含像素、百分比和相对 3 个选项。

4.3.5.2　设置框架属性

选中一个框架,在属性面板中进行相关设置,如图 4-46 所示。

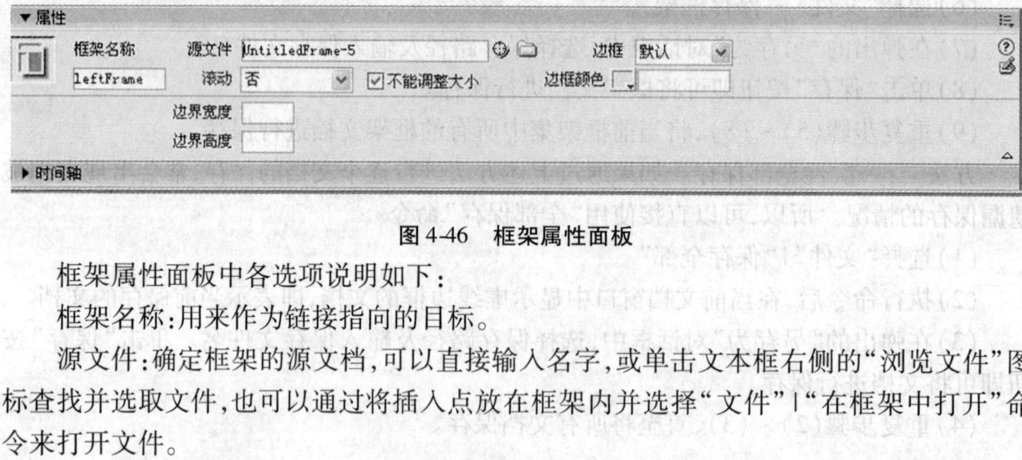

图 4-46　框架属性面板

框架属性面板中各选项说明如下:

框架名称:用来作为链接指向的目标。

源文件:确定框架的源文档,可以直接输入名字,或单击文本框右侧的"浏览文件"图标查找并选取文件,也可以通过将插入点放在框架内并选择"文件"|"在框架中打开"命令来打开文件。

滚动:确定当框架内的内容显示不下的时候是否出现滚动条。其下拉列表中的选项有是、否、自动和默认。

不能调整大小:限定框架尺寸,防止用户拖动框架边框。

边框:用来控制当前框架边框。其下拉列表中的选项有是、否和默认。

边框颜色:设置与当前框架相邻的所有框架的边框颜色。

边界宽度:设置以像素为单位的框架边框和内容之间的左右边距,以像素为单位。

边界高度:设置以像素为单位的框架边框和内容之间的上下边距,以像素为单位。

4.3.6　在框架中设置超级链接

在框架中使用超级链接是框架结构网页的最大亮点。单击框架中的超级链接,其内容显示在另一框架中。具体操作方法如图 4-47 所示。

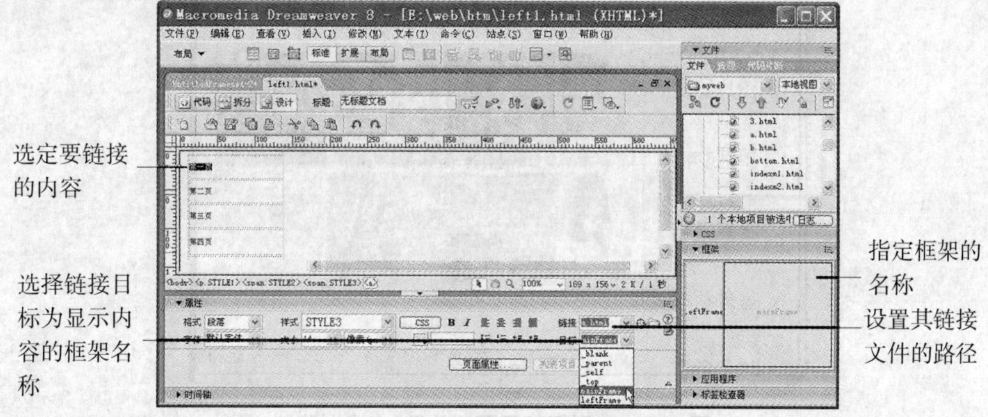

图 4-47　为超级链接指定目标框架

(1)打开框架面板,选择其中需要显示内容的框架,此时被选中的框架边框显示黑色。通过属性面板,输入该框架的框架名称。

(2)在框架中选择要链接的文本。

(3)在属性面板中设置其链接路径。

(4)选择链接的目标为用来显示内容的框架名称。

_blank:表示打开一个新窗口,显示链接文档内容,当前窗口保持不变。

_parent:表示在该框架的父级框架集中,打开并显示链接文档内容,同时替换整个框架集。

_self:表示在当前框架中,打开并显示链接文档内容,同时替换该框架中内容。

_top:表示在当前浏览器窗口中,打开并显示链接文档内容,同时替换所有框架集。

如果链接需在框架页之外打开,使用目标为_blank,如图 4-48 所示。

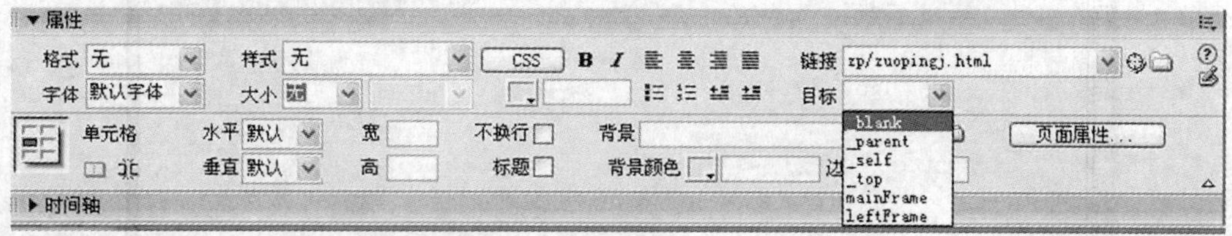

图 4-48　在属性面板中设置目标

4.3.7　框架实例

下面是一个典型的利用框架制作的页面(图 4-49),主体结构为上下结构,上面是主导航区,下面该是频道的内容。下部又被分为左右两个子框架,左侧为主要栏目,右侧为具体内容。

图 4-49　典型框架页面的效果(点击浏览)

4.3.7.1　建立一个简单的框架

启动程序，点击"新建",选择框架集中上方固定,左侧嵌套,就可以得到其框架页面(图 4-50)。将主框架体文件命名为 myframe. htm。

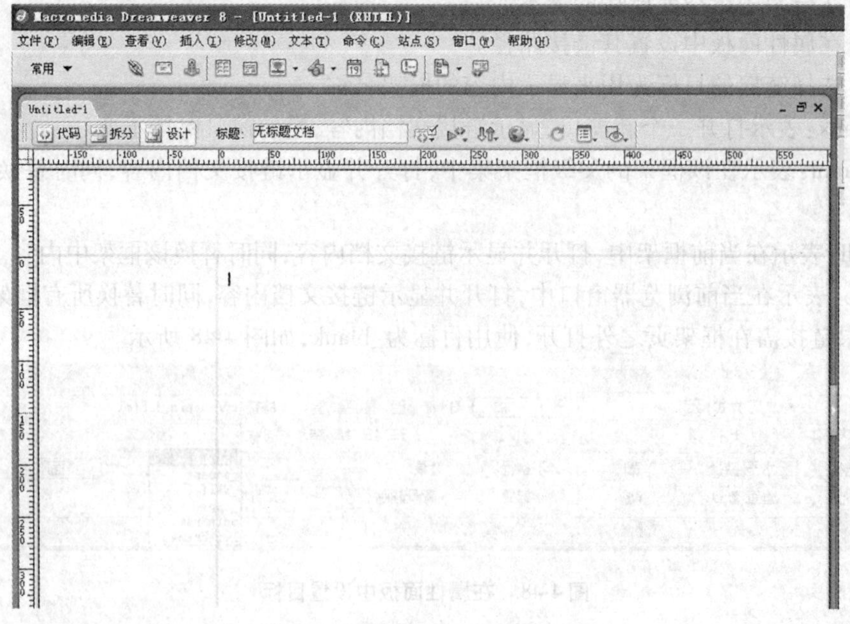

图 4-50　框架页面

4.3.7.2　框架属性的设置

接下来我们向框架中添加网页内容(图 4-51)。

我们先制作好 4 个网页,分别为 top. htm,用于显示在上部框架中;left. htm,用于显示在下部左框架中;001. htm、002. htm,分别用于显示在下部右侧框架中(图 4-52)。

图 4-51　向框架添加网页内容

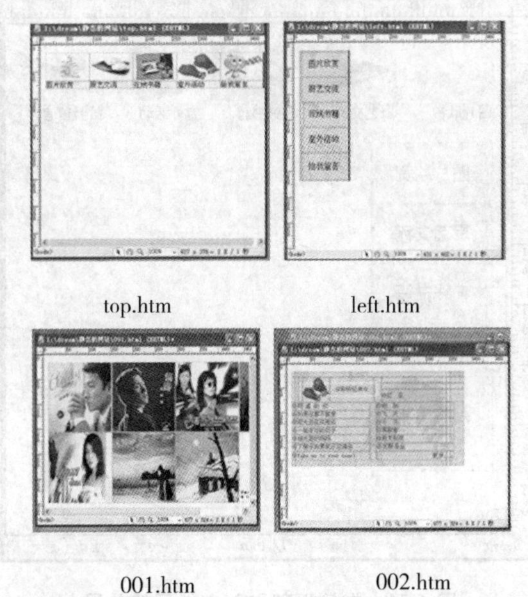

图4-52　事先做好的 4 个页面(点击查看网页效果)

单击 Frame 视窗中的 topFrame,将上面的框架选定,此时可以看到编辑页面中此框架边界以虚线包围(图 4-53)。

调出属性面板,可以看到此框架的缺省名字为 topFrame,接下来指定此框架中的源文件。单击"源文件"输入框左面的文件图标,选择事先制作好的文件"top. htm",按住 ALT 键,单击左侧的框架,选中 leftFrame 框架,调整框架宽度,网页效果如图 4-54 所示。

最后我们选中右侧的框架,框架名为"myframe_main",将其源文件设为 001. htm。因

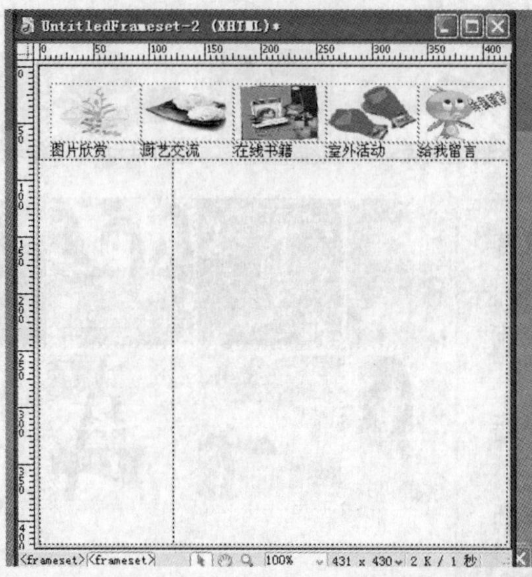

图 4-53　上面框架引入文件后的效果

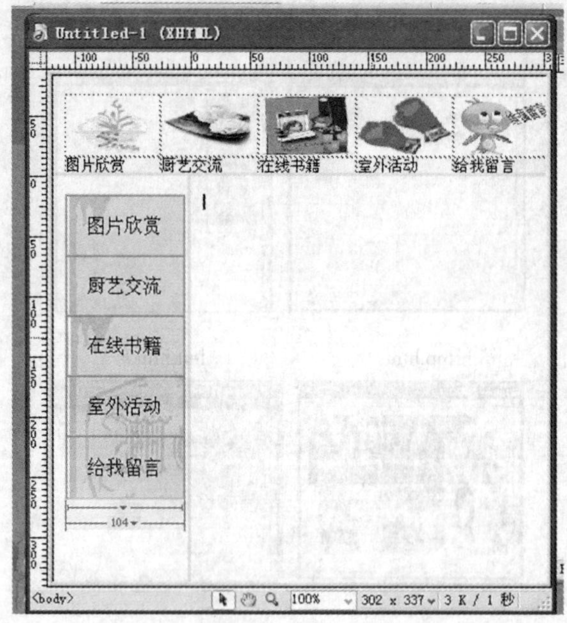

图 4-54　左侧框架引入文件后的效果

为右侧框架内容可能比较多,可以让此框架存在滚动条(图 4-55)。在属性面板中,在“滚动”列表中选择“Auto”。

4.3.7.3　框架间的链接

选中左侧的第三个条目“在线书籍”,调出属性面板,在连接框中选择相应的文件,这里我们选择 002. htm,再单击“目标”列表框,从中选择要显示此内容的框架名,这里选择“mainFrame”,表示链接在框架 mainFrame 中打开(图 4-56)。

预览效果如图 4-57 所示。其他的连接方法一样。

图 4-55　右侧框架引入文件后的效果

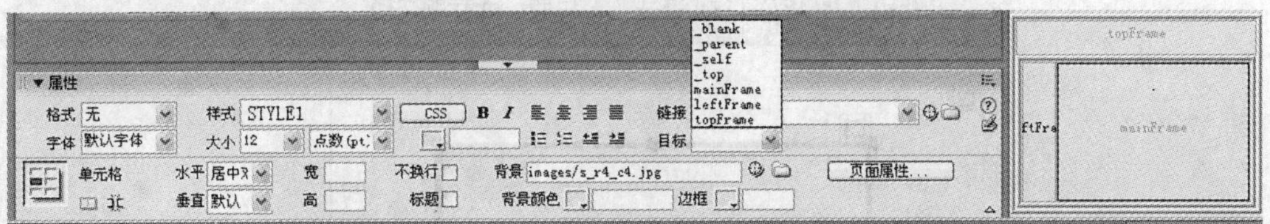

图 4-56　选择打开文件的目标框架

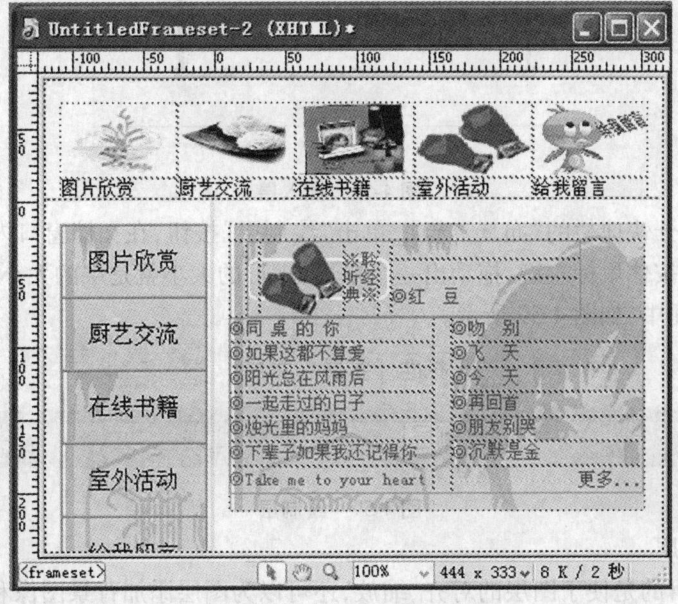

图 4-57　预览效果

4.4 图　层

用表格来对页面进行排版非常方便,但有时需要在文字上放一些图片之类的应用,表格就不能胜任了,这时就需要图层来排版。层(Layer)是一种 HTML 页面元素,可以将它定位在页面上的任意位置。文本、图像、表格等元素只能固定其位置,不能互相叠加在一起,而层可以放置在网页文档内的任何一个位置,层内可以放置网页文档中的其他构成元素,层可以自由移动,层与层之间还可以重叠。层是 CSS 中的定位技术,在 Dreamweaver 中对其进行了可视化操作。

4.4.1　层的基本操作

4.4.1.1　插入层

方法一:选择菜单栏“插入”|“布局对象”|“层”命令,即可将层插入到页面中去。

使用这种方法插入层,层的位置由光标所在的位置决定,光标放置在什么位置,层就在什么位置出现。选中层会出现 6 个小手柄,拖动小手柄可以改变层的大小(见图 4-58)。

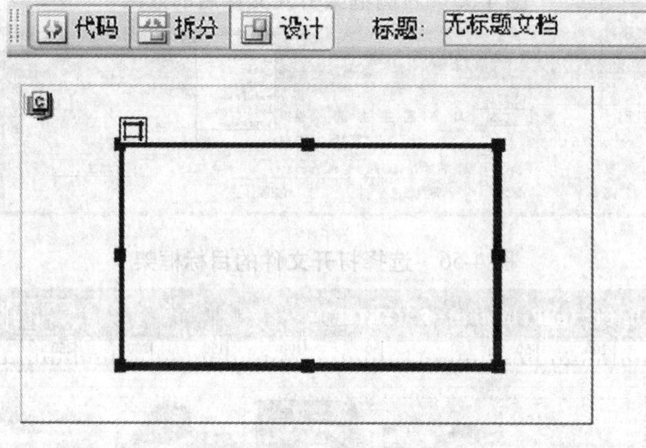

图 4-58　插入层

方法二:打开快捷栏的“布局”选项,单击“绘制层”按钮,在文档窗口内鼠标光标变成十字光标,然后按住鼠标左键,拖动出一个矩形,矩形的大小就是层的大小,释放鼠标后层就会出现在页面中,如图 4-59 所示。

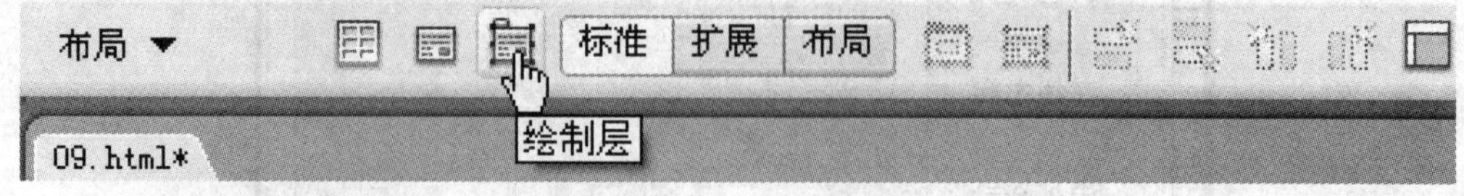

图 4-59　绘制层

4.4.1.2　选择层

选择层的目的是便于图层的对齐、缩放,还可以为图层添加背景图像和背景颜色。下面利用属性面板同时设置 4 个层的大小,操作步骤如下:

(1)按下 Shift 键,单击多个图层。

(2)在属性面板中,设置宽为90px、高为90px,如图4-60所示。

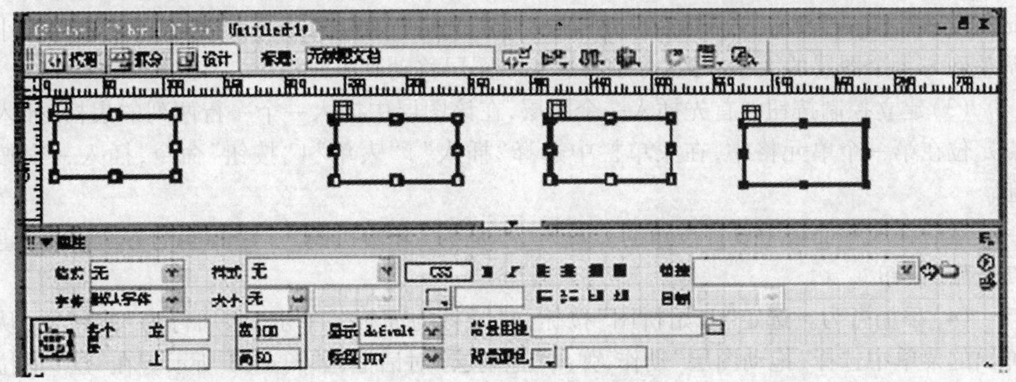

图4-60　设置层的宽和高

4.4.1.3　对齐图层

当页面有多个图层时,可以选择这些图层,然后使用层对齐命令使被选择的图层与最后选择的图层对齐。

选择多个图层,选择菜单栏的“修改”|“对齐”命令,选择对齐方式的一种,如图4-61所示。如图4-62所示为所有的图层与最后选择的图层对齐。

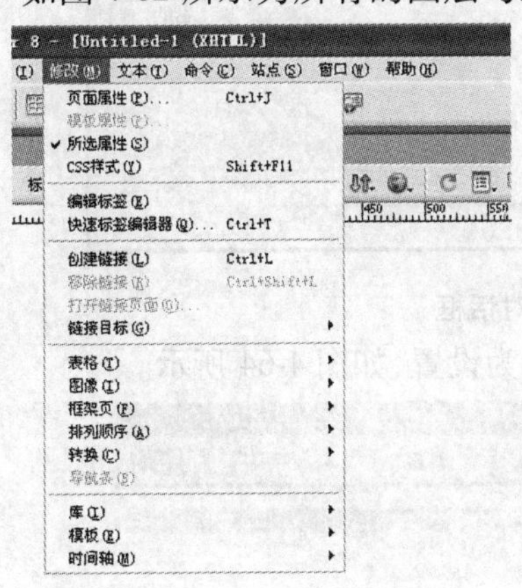

图4-61　选择对齐方式

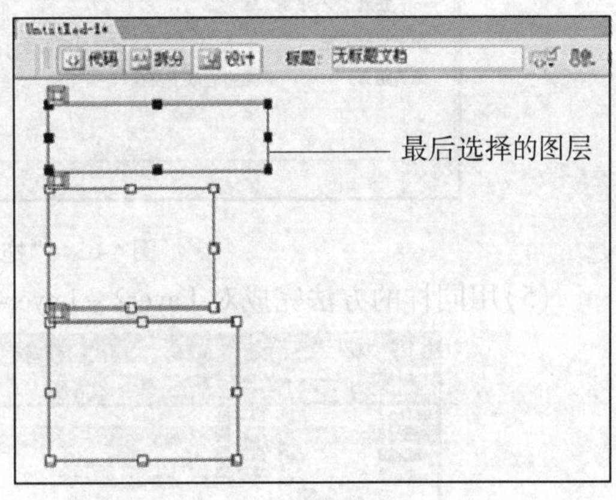

图4-62　所有的图层与最后选择的图层对齐

4.4.1.4　拖动图层

利用拖动图层这一行为,可以在网页上任意地对图层进行拖动,创建类似于拼图游戏之类的网页。但在使用这一行为之前,必须在网页上插入图层,只有页面中有图层,拖动图层才可选。

设计目标:完成拼图游戏。

素材准备:一张准备好的图片。

操作步骤:

(1)裁剪图像。这里的裁剪工具可以是Photoshop CS,也可以是Fireworks。

(2)定位图像。首先插入一个两行两列的表格,将裁剪好的图片一一放置在表格的9

个单元格中，选择“修改”|“转换”|“表格到图层”菜单命令，形成 4 个图层，分别为 Layer1、Layer2、Layer3、Layer4。然后新建图层，再建立一个两行两列的表格，将单元格的大小调整到与 4 个图层的大小一致，分别将这 4 个图层移动到单元格中。

(3)建立控制按钮。首先插入一个图层，在该图层中插入一个一行两列的表格，插入点定位在第一个单元格中，在菜单栏中选择“插入”|“表单”|“按钮”命令，插入一个按钮。

然后在属性面板中设置按钮的 Label 文本框为“开始拼图”。用相同的方法设置“重新开始”按钮。

(4)添加行为。选定“开始拼图”按钮，打开行为面板。单击“添加行为”按钮 +，从弹出的菜单中选择“拖动图层”动作，弹出“拖动层”对话框，如图 4-63 所示。在“层”下拉列表框中选择 Layer1。在“移动”列表框中选择“不限制”。在“放下目标”对话框中单击获取当前位置，使图层最终移动到这个位置。在“靠齐”对话框中设置距离，单击“确定”按钮完成对 Layer1 行为的添加。

图 4-63 “拖动层”对话框

(5)用同样的方法完成对 Layer2 ~ Layer4 的行为设置，如图 4-64 所示。

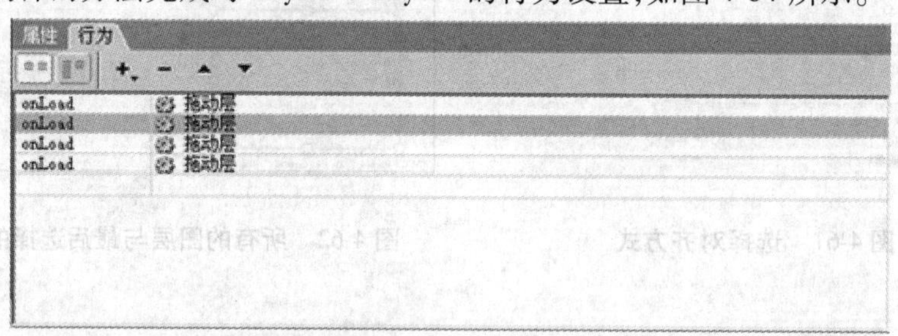

图 4-64 设置 Layer2 ~ Layer4 行为

(6)设置拼图的初始状态。将 Layer1 ~ Layer4 的顺序打乱，随意摆放在网页中，便于重新开始拼图，并将该网页保存。

(7)保存。测试网页。

4.4.2 设置层的属性

选中要设置的层，就可以在属性面板中设置层的属性了。层的属性面板如图 4-65 所示。

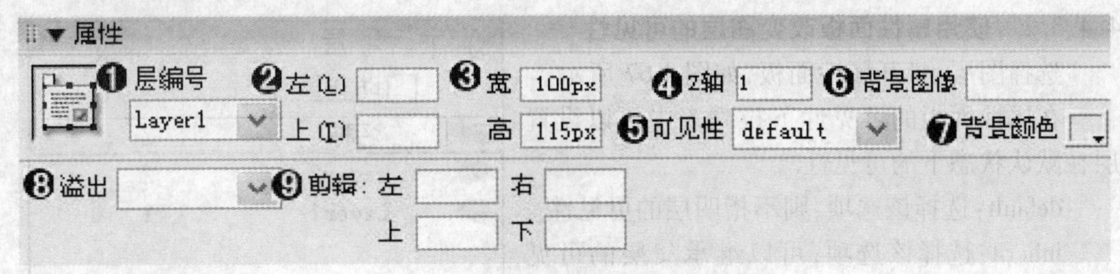

图4-65　层的属性面板

(1)层编号:给层命名,以便在层面板和 JavaScript 代码中标识该层。

(2)左、上:指定层的左上角相对于页面(如果嵌套,则为父层)左上角的位置。

(3)宽、高:指定层的宽度和高度。如果层的内容超过指定大小,层的底边缘(按照在 Dreamweaver 设计视图中的显示)会延伸以容纳这些内容。如果溢出属性没有设置为可见,那么当层在浏览器中出现时,底边缘将不会延伸。

(4)Z 轴:设置层的层次属性。在浏览器中,编号较大的层出现在编号较小的层的前面。值可以为正,也可以为负。当更改层的堆叠顺序时,使用层面板要比输入特定的 Z 轴值更为简便。

(5)可见性:在可见性下拉列表中,设置层的可见性。使用脚本语言如 JavaScript 可以控制层的动态显示和隐藏。

(6)背景颜色:用来设置层的背景颜色。

(7)背景图像:用来设置层的背景图像。

(8)溢出:选择当层内容超过层的大小时的处理方式。有4个选项:

visible(显示):选择该选项,当层内容超出层的范围时,可自动增加层尺寸。

hidden(隐藏):选择该选项,当层内容超出层的范围时,保持层尺寸不变,隐藏超出部分的内容。

scroll(滚动条):选择该选项,则无论层内容是否超出层的范围,都会自动增加滚动条。

auto(自动):选择该选项,当层内容超出层的范围时,自动增加滚动条(默认)。

(9)剪辑:设置层的可视区域。通过上、下、左、右文本框设置可视区域与层边界的像素值。层经过剪辑后,只有指定的矩形区域才是可见的。

注意:位置和大小的默认单位为像素(px),也可以指定以下单位:pc(pica)、pt(点)、in(英寸)、mm(毫米)、cm(厘米)或%(父层相应值的百分比)。缩写必须紧跟在值之后,中间不留空格。

4.4.3　图层的可见性

层有隐藏和显示的属性。这是层的一个重要属性,主要配合行为,设计动态网页效果。可以使用图层面板中属性面板改变图层的可见性。

4.4.3.1　使用图层面板改变图层的可见性

单击层面板列表的左边,可以打开、关闭眼睛。眼睛睁开和关闭表示层的显示和隐藏,如图4-66所示。

4.4.3.2　使用属性面板改变图层的可见性

选择图层,打开属性面板,如图 4-67 所示。

在属性面板的可见性下拉列表中可以设置层在默认状态下的可见性。

default:选择该选项,则不指明层的可见性。

inherit:选择该选项,可以继承父层的可见性。

visible:选择该选项,可以显示层及其包含的内容,无论其父级层是否可见。

hidden:选择该选项,可以隐藏层及其包含的内容,无论其父级层是否可见。

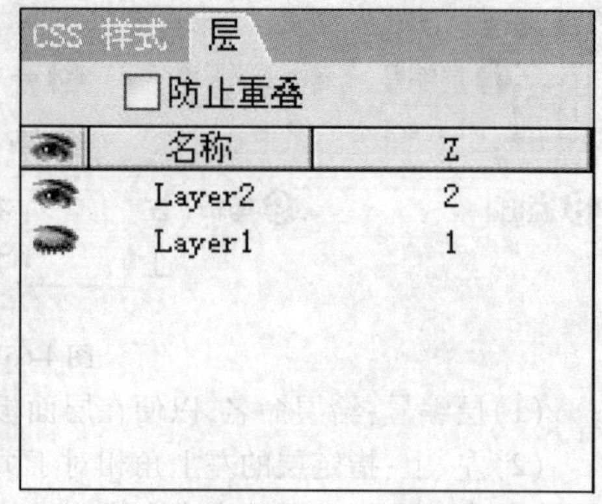

图 4-66　通过图层面板改变可见性

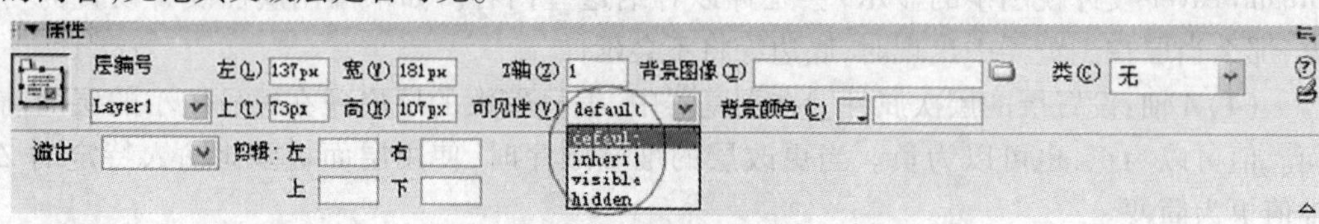

图 4-67　通过层属性面板改变可见性

4.4.3.3　使用层制作特效

在创建网页的时候,发现层可以在网页上随意改变位置,在设定层的属性时,可以知道层有显示隐藏的功能,通过这两个特点可以实现很多网页动态效果。

下面通过一个显示隐藏图层的实例,介绍改变图层可见性的使用方法。

例:鼠标移到图片时显示隐含图层。

设计目标:实现图层隐现效果。当鼠标分别移动到 4 个图片上时,其下方将显示图书简介。

技能分析:使用“显示 - 隐藏层”行为命令制作一个精品图书网站。将图书简介放到不同图层中,通过对图片添加“显示 - 隐藏层”行为,并结合 onMouseOver(鼠标移至)和 onMouseOut(鼠标移开)来触发层的“显示层 - 隐藏”行为事件,当鼠标移到图书图片上时即显示图书对应的简介。

素材准备:准备一个完整的页面,包含需添加行为的图片。

实现步骤:

(1)打开准备好的页面,选择菜单栏“插入”|“布局对象”|“层”命令,在文档中插入 3 个层,分别为 Layer1、Layer2、Layer3,如图 4-68 所示。

注意:这里创建的 3 个层是独立的层。

(2)选中第一张图片即(必备指南)图片,执行“窗口”|“行为”命令,在行为面板中单击 + 按钮,在弹出的菜单中选择“显示 - 隐藏层”命令(图 4-69)。

(3)在弹出的对话框中设置 Layer 显示,单击“确定”按钮,完成行为的添加,如图 4-70 所示。

(4)在行为面板中设置触发事件为 onMouseOver,如图 4-71 所示。

(5)再次单击“添加行为”按钮。选中“显示 - 隐藏层”,在弹出的对话框中设置

图 4-68　插入 3 个层

Layer1 隐藏，单击“确定”按钮，如图 4-72 所示。

(6) 在行为面板中设置触发事件为 onMouseOut，如图 4-73 所示。

(7) 添加更多行为。分别选择另外两幅图片，分别设置 Layer2、Layer3 的显示和隐藏状态。重复步骤(2) ~ (6)，分别在 Layer1、Layer2、Layer3 中输入文字“ERP 必备指南简介”、“3DMAX 白金手册简介”、“挑战 C++简介”。

(8) 打开层面板，使 Layer1、Layer2、Layer3 为隐藏状态，如图 4-74 所示。

(9) 保存网页。按 F12 键测试。

例：下拉菜单的实现。

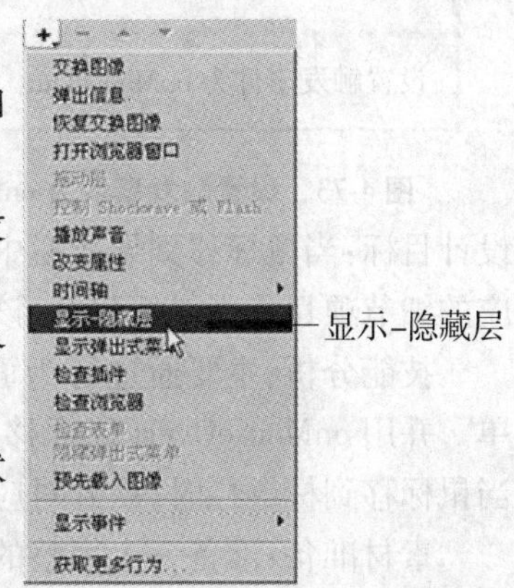

图 4-69　添加显示 – 隐藏层动作

图 4-70　设置 Layer1 显示

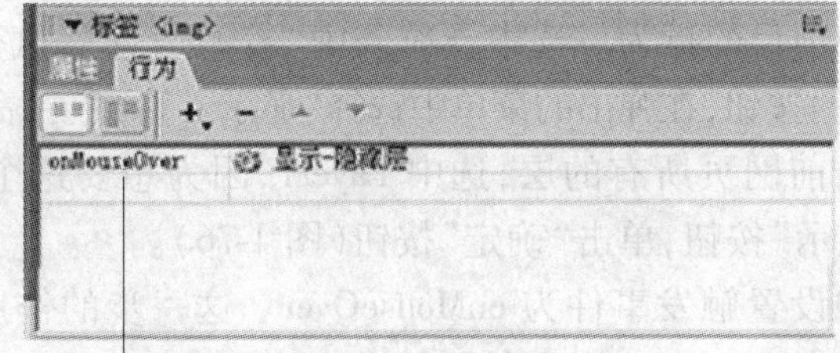

图 4-71　设置触发事件为 onMouseOver

图 4-72　设置 Layer1 隐藏

图 4-73　设置触发事件为 onMouseOut

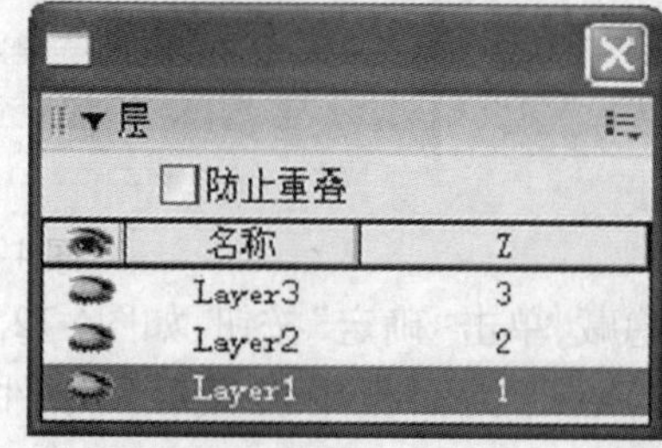

图 4-74　设置图层属性为隐藏

设计目标:当鼠标移到导航栏中的导航栏目上时,便会出现下拉菜单,并在菜单中列出对应的细节项目。当鼠标移开,该菜单会消失。

技能分析:主要通过行为面板中的"显示 - 隐藏层"行为制作一个下拉式导航栏菜单。并用 onMouseOver(鼠标移至)和 onMouseOut(鼠标移开)来触发层的隐藏和显示,即当鼠标移到标题栏时,展开对应的下拉菜单;当鼠标移开时,隐藏对应的下拉菜单。

素材准备:准备一个完整的页面,包含一个需要添加行为的导航栏。

实现步骤:

(1)打开需要添加下拉菜单的页面。

(2)在页面中插入层。选择菜单栏"插入"|"布局对象"|"层"命令,在页面中插入 4 个独立的层到前面做好的导航条的下方,分别为 Layer1、Layer2、Layer3、Layer4。

(3)在图层中插入表格。选择插入表格命令分别在各个层中插入表格,再在插入的表格内输入相应的文字,如图 4-75 所示。

注意:下拉菜单所在的层(Layer1、Layer2、Layer3)的位置非常重要(由左和上两个参数决定)。它们的上边线应该紧贴导航条的下边线,这样才能保证后面的菜单能正常使用。因为如果远离导航条的话,鼠标一离开导航条,菜单就消失了。

(4)设置导航栏中项目的行为。选中导航条中"校园信息",执行"窗口"|"行为"命令,在行为面板中单击 +. 按钮,在弹出的菜单中选择"显示 - 隐藏层"命令。弹出的"显示 - 隐藏层"框中会列出当前网页所有的层,选中 Layer1,因为想要这个层对"校园信息"响应。然后点下面的"显示"按钮,单击"确定"按钮(图 4-76)。

(5)在行为面板中设置触发事件为 onMouseOver。这一步的作用是实现当鼠标移至第一个单元格时,下拉菜单 Layer1 的状态变为显示,如图 4-77 所示。

(6)再次单击"添加行为"按钮。选中"显示 - 隐藏层",在弹出的对话框中设置 Layer1隐藏,单击"确定"按钮,如图 4-78 所示。

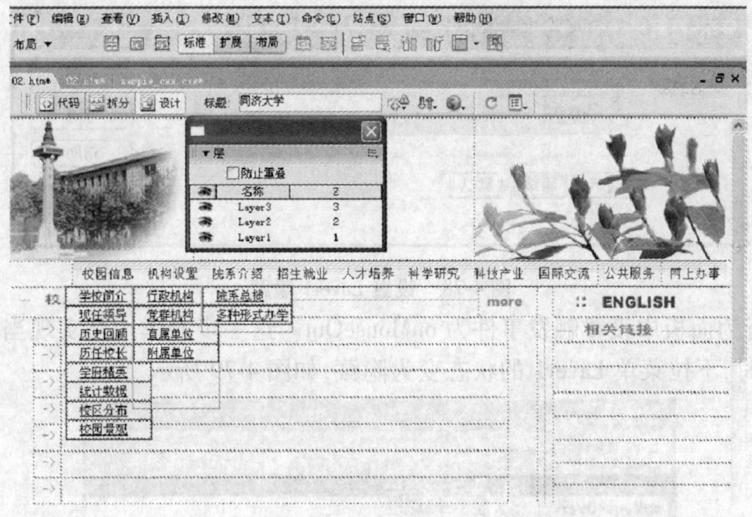

图 4-75　填充图层内容

图 4-76　设置 Layer1 显示

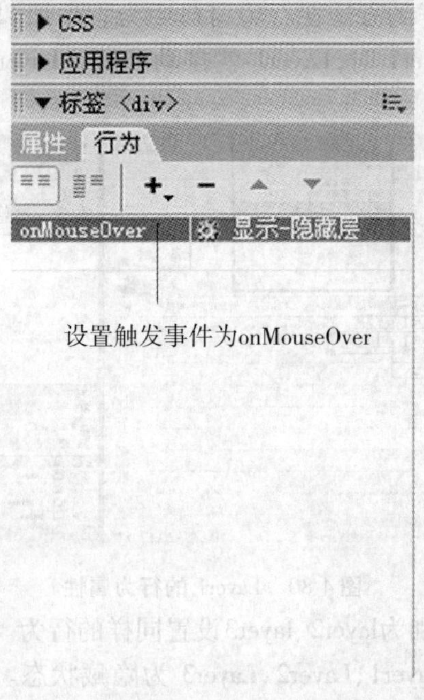

图4-77　设置触发事件为 onMouseOver

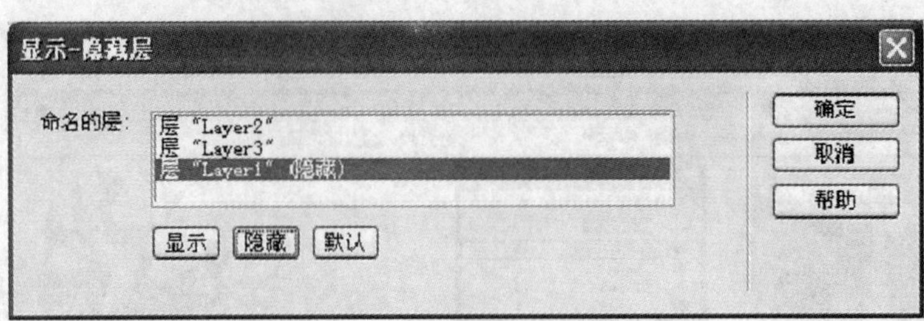

图 4-78　设置 Layer1 隐藏

(7)在行为面板中设置触发事件为 onMouseOut。这一步的作用是实现当鼠标离开第一个单元格时,下拉菜单 Layer1 的状态变为隐藏,如图 4-79 所示。

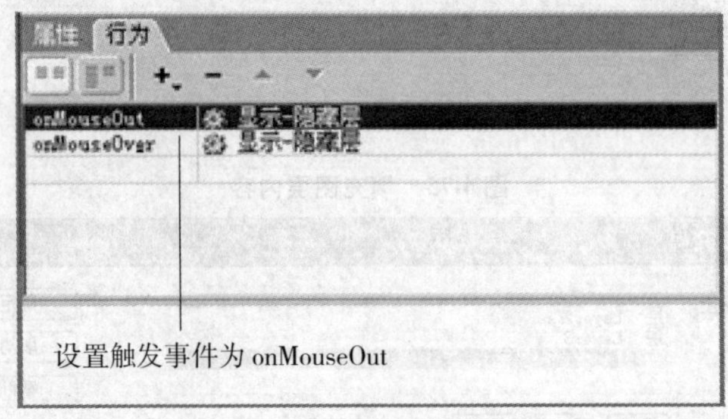

图 4-79　设置触发事件为 onMouseOut

(8)设置菜单隐藏行为及触发事件。参照步骤(4)~(7),再为导航栏中的"机构设置"、"院系介绍"添加"显示 - 隐藏层"行为并设置触发事件。

(9)选中 Layer1,用同样的方法在行为窗口中为它添加"显示 - 隐藏层"的命令。这样的效果是当鼠标移出 Layer1 时,Layer1 就自动隐藏。Layer1 的行为属性如图 4-80 所示。

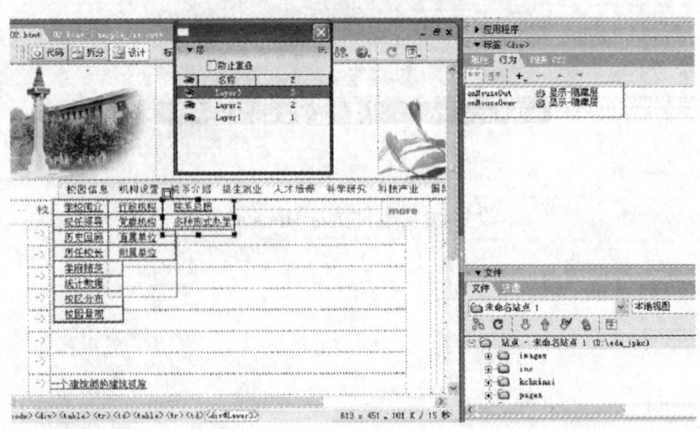

图 4-80　Layer1 的行为属性

(10)重复步骤(9),分别为layer2、layer3设置同样的行为。

(11)打开层面板,使 Layer1、Layer2、Layer3 为隐藏状态。操作这一步是因为下拉菜单的初始状态是不可见的。

(12)保存网页。按 F12 键测试。

4.4.4　使用层的嵌套

层还有一种父子关系,也就是隶属关系。在层面板中是这样表示的,如图 4-81 所示。

图 4-81　嵌套层

图中 Layer2 挂在 Layer1 的下面。Layer1 为父层,Layer2 为子层。在页面中拖动 Layer1,Layer2 也跟着动起来。因为它们已经链接在一起了,并且 Layer2 隶属于 Layer1,父层移动会影响到子层。但移动 Layer2,Layer1 不动,也就是说,子层不会影响到父层。这种关系就是图层嵌套,指的是在一个图层的内部创建另一个图层。下面来建立这种嵌套层。

创建嵌套层就是在一个层内插入另外的层。

方法一:将光标放在某层内,选择菜单栏"插入"|"布局对象"|"层"命令,即可在该层内插入一个层。

方法二:打开层面板,从中选择需要嵌套的层,此时按住 Ctrl 键同时拖动该层到另外一个层上,直到出现如图 4-82 所示图标后,释放 Ctrl 键和鼠标,这样普通层就转换为嵌套层了。

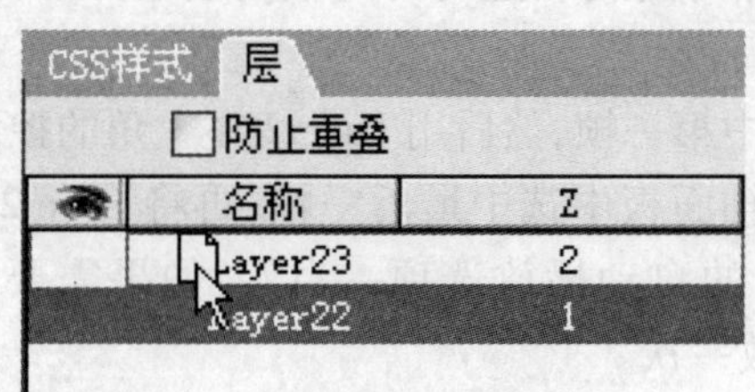

图 4-82　建立层嵌套(方法二)

方法三:直接将布局面板中的"绘制层"按钮拖曳到要嵌套的图层中,如图 4-83 所示。

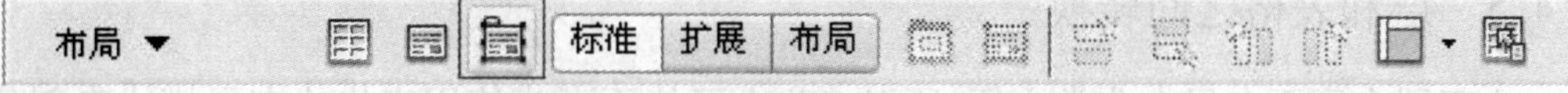

图 4-83　建立层嵌套(方法三)

例:利用嵌套层制作滚动看板。

通过创建嵌套图层,并配合时间线的应用,可以设计出生动的页面效果。

设计目标:制作一个滚动字幕,面板上的文字一行行从下往上滚动并循环出现。

技能分析:要实现这个效果首先需要两个层:一个是父层,作为"遮罩层";另一个是子层,用来放置滚动内容,并且子层要嵌套在父层之中。

实现步骤:

(1)选择菜单栏"插入"|"布局对象"|"层"命令,在页面中插入两个层,分别为Layer1 和 Layer2,其中 Layer2 作为子层,在这一层中可以任意放置内容,包括文本、图片、链接等,如图 4-84 所示。

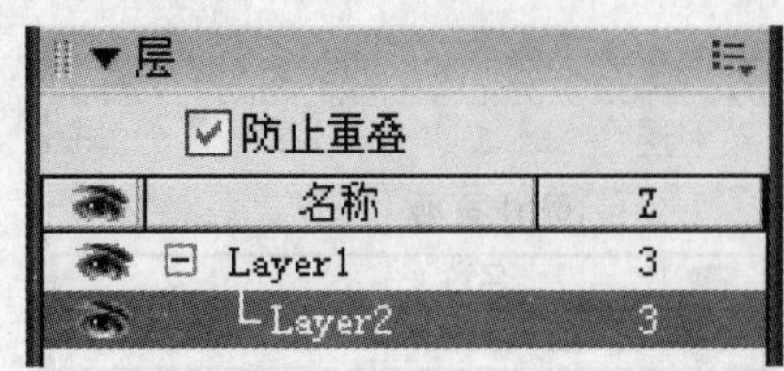

图 4-84　选择"层"命令插入两个层

注意:子层的宽度一定不能大于即将创建的父层的宽度(这时高度不受限制)。如果做的是水平滚动的看板,那就要保证子层的高度不可以大于父层的高度(此时宽度不受限制)。

(2)设置图层的可见范围,即 Layer1 变为"遮罩层"。先选中 Layer1,打开属性面板,选择剪辑属性(这个属性是设定层的可见范围的)。将左和上的值都设成 0,右的值设成和 Layer1 的宽度一样,下的值设成和 Layer1 的高度一样,这样 Layer1 的可见范围就和 Layer1 本身一样大。如图 4-85 所示。

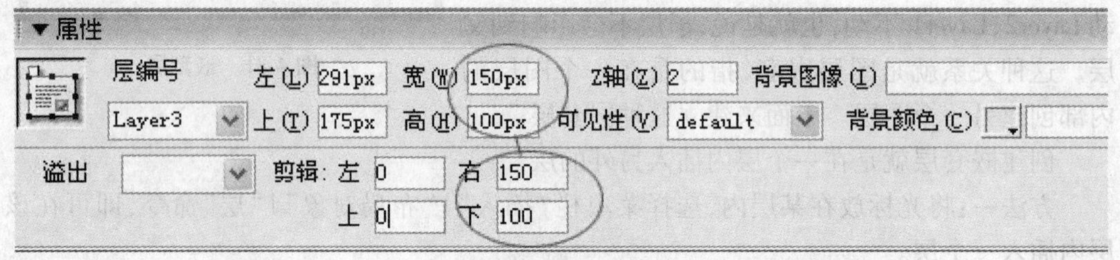

图 4-85　设置图层的可见范围

(3)让 Layer2 滚动。先选中 Layer2,右键单击 Layer2 左上角的控制柄(那个小方框),在弹出的菜单中选择"添加时间线",这时时间轴面板被打开,并且可以看到 Layer2 被加入到时间线 1 中。

先在时间轴面板中选中第一帧,然后用 Layer2 左上角的控制柄将 Layer2 拖放到开始播放的位置。接着在时间轴面板中选中最后一帧,再将 Layer2 拖放到结束播放的位置。最后勾选上时间轴面板中的自动播放选项。当然,如果需要看板循环播放,还要勾选 Loop 这一项,否则将只播放一次。

注意:可以左右拖动时间轴 1 的最后一帧来控制合适的播放速度。

(4)保存。在浏览器里看效果。

4.4.5　层和表格之间转换

由于层在网页布局上非常方便,所以一些人可能不喜欢使用表格或布局模式来创建自己的页面,而是喜欢通过层来进行设计。Dreamweaver 8 可以使用层来创建自己的布局,然后将它们转换为表格。

在转换为表格之前,请确保层没有重叠。请执行以下操作:选择菜单栏"修改"|"转换"|"层到表格"命令,即可显示"转换层为表格"对话框。选择所需的选项,单击"确定"按钮,如图 4-86 所示。

若要将表转换为层,请选择菜单栏"修改"|"转换"|"表格到层"命令,即可显示"转换表格为层"对话框。选择所需的选项,单击"确定"按钮,如图 4-87 所示。

注意:隐藏的图层不能转换成表格;在图层转换为表格的过程中,如果层之间发生重叠,会出现警告消息框,告诉有哪些图层是重叠的。因为表格单元格是不能重叠的,所以不允许将重叠的图层转换成表格。

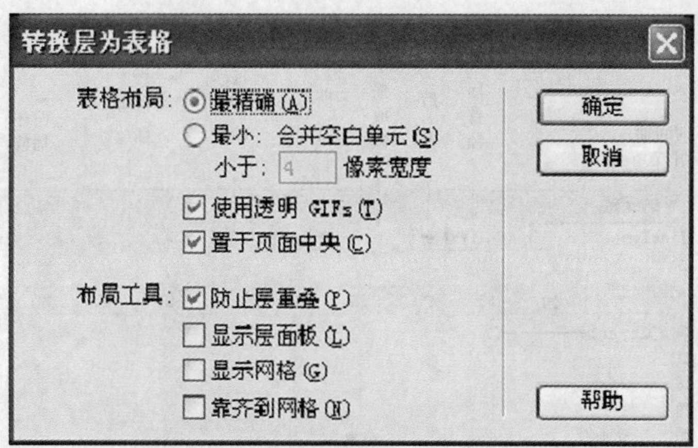

图 4-86　“转换层为表格”对话框

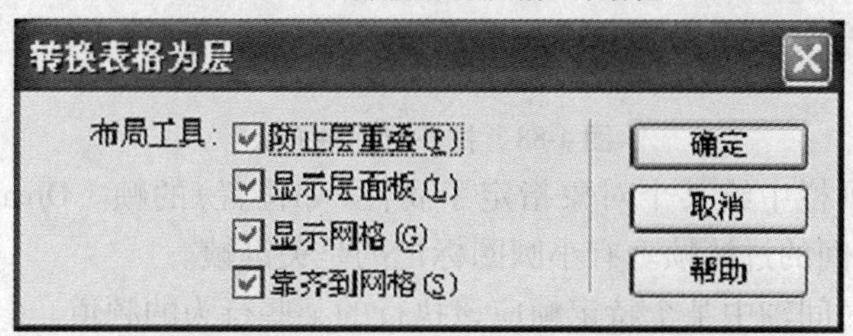

图 4-87　“转换表格为层”对话框

4.5　时间轴

时间轴动画是网页设计的动态效果的一个重要组成部分，利用时间轴面板可以制作网页动画，还可以改变一幅图片的源文件，以及在指定的时间执行行为。时间轴通过改变层在不同时间的位置、大小、可见性和叠放顺序来创建动画，可以用来制作丰富多彩的网页效果。

4.5.1　认识时间轴

时间轴（Timeline）面板主要描绘了层和图片随时间变化的属性。将变化的属性用工具连续播放，就实现了动画效果。而时间轴就是这样的一个工具。动画的基本单位叫做帧。打开时间轴面板，可以使用菜单栏“窗口”|“时间轴”命令，或者直接按下 Alt + F9 快捷键，打开时间轴面板，如图 4-88 所示。

现把时间轴检查器中各选项的作用说明如下：

播放头：指示页面上当前显示的是时间轴的哪一帧。

时间轴弹出菜单：指定当前文档的哪个时间轴显示在时间轴检查器中。

动画频道：显示层和图像的动画栏。

动画栏：显示每个对象的持续时间。一行可以包含多个代表不同对象的动画栏。在同一帧中，不同的动画栏不能控制相同的对象。

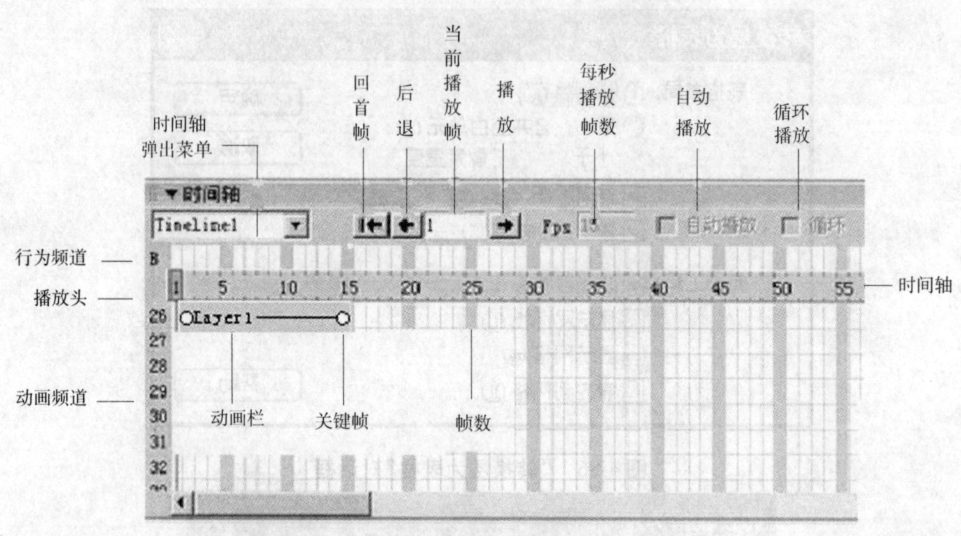

图 4-88　打开时间轴面板

关键帧:是动画栏中给某个对象指定了属性(如位置)的帧。Dreamweaver 可以自动生成两个关键帧之间的过渡帧。有小圆圈标记的是关键帧。

行为频道:是时间轴中某个特定帧应该执行的某些行为的频道。

帧数:表示每个动画栏占有的帧数(如果动画栏不是从第 1 帧开始,帧数是最后帧与起始帧之差)。在“后退”和“播放”按钮之间的数字是当前播放帧。通过设置总帧数和每秒帧数(fps),可以控制动画的持续时间。默认的设置是每秒 15 帧,这是运行在 Windows 系统上的大多数测览器可以达到的平均速度。

回首帧:将播放头移动到时间轴的首帧。

后退:将播放头向左移动一帧。单击“后退”按钮并按住鼠标左键不放,可以反向播放时间轴。

播放:将播放头向右移动一帧。单击“播放”按钮并按住鼠标左键不放,可以连续播放时间轴。

自动播放:选择自动播放复选框,使当前页面在载入浏览器时自动开始播放时间轴。自动播放实际上是给页面的 Body 标记附加一种行为,使页面在载入时执行播放时间轴(Play Timeline)动作。

循环:选择循环复选框,使页面在浏览器中打开时当前时间轴可以无限循环播放。实际上是在动画末帧之后的 Behavior channel(行为频道)中插入 Go to Timeline Fram(转到时间轴帧)行为。双击此帧中的标记可以编辑行为参数和改变循环次数。

在时间轴面板右击,会弹出一个快捷菜单,该菜单中包括了所有与时间轴相关的命令;在时间轴面板中单击右上角的按钮,也可以打开同一个菜单。利用该菜单中的相关命令,可以制作时间轴动画。

使用时间轴可以通过不同的时间改变层的位置、大小、可见性和叠放顺序等来创建动画,时间轴不能直接控制页面中的对象,它控制的是放置这些对象的层,这就是说,使用时间轴来制作动画的时候,必须将对象置于层中。下面通过四个时间轴动画的制作过程,对时间轴动画的制作进行详细介绍。

4.5.2　通过移动层的位置创建时间轴动画。

设计目标:移动层位置创建一个直线运动的时间轴动画。

素材准备:本实例需要准备放在本地站点下的 Image 文件夹下的一个图像文件(pig.jpg)。

实现步骤:

(1)新建一个网页文件,并保存。

(2)在页面中插入一个新的图层,在图层中插入准备好的图像,然后将层移动到动画的起始位置。如图 4-89 所示。

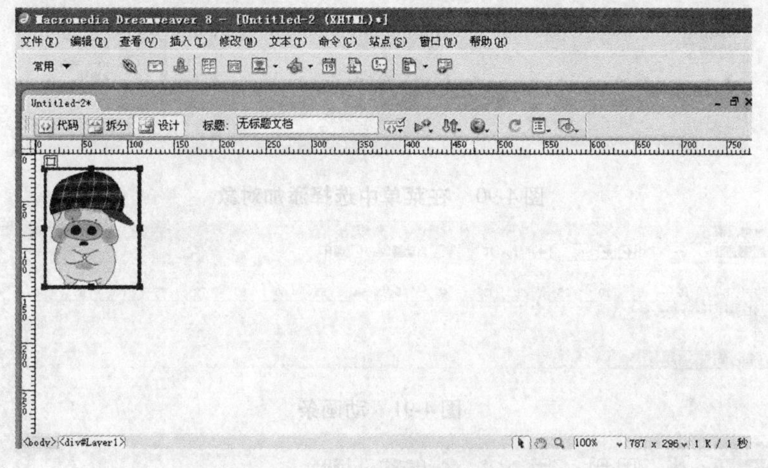

图 4-89　插入图像到起始位置

(3)选择菜单栏“窗口”|“时间轴”命令,打开时间轴面板,再选择需要创建动画的层1,单击时间轴面板的弹出式菜单按钮,在弹出的菜单中选择添加对象,如图 4-90 所示。

(4)第一次添加对象的时候,会弹出提示框,提示操作者可以改变该层的大小、位置、层顺序等,单击“好”按钮,此时时间轴通道中将出现一个紫色动画条,动画条中显示层的名称,如图 4-91 所示。

(5)一般来讲,动画的长度为 15 帧,如果操作者需要较长时间动画的时候,可以按住动画结束帧向后拖动延长动画时间,如把动画的长度延长到第 30 帧,如图 4-92 所示。

(6)单击动画条尾部的关键帧,将动画层移动到动画结束的位置。这时从动画起始位置到动画结束位置有一条线显示,这就是层的运动轨迹,如图 4-93 所示。

(7)按下“播放”按钮,可以直接在网页中预览动画,再选中“自动播放”和“循环”两个复选框,将动画设置成自动播放和重复播放。

(8)保存网页并测试。

4.5.3　通过拖动层轨迹制作曲线运动的动画

设计目标:将直线运动的时间轴动画,改成曲线运动。

页面分析:直线运动关注起始和结束位置,曲线运动需要在直线运动的基础上添加关

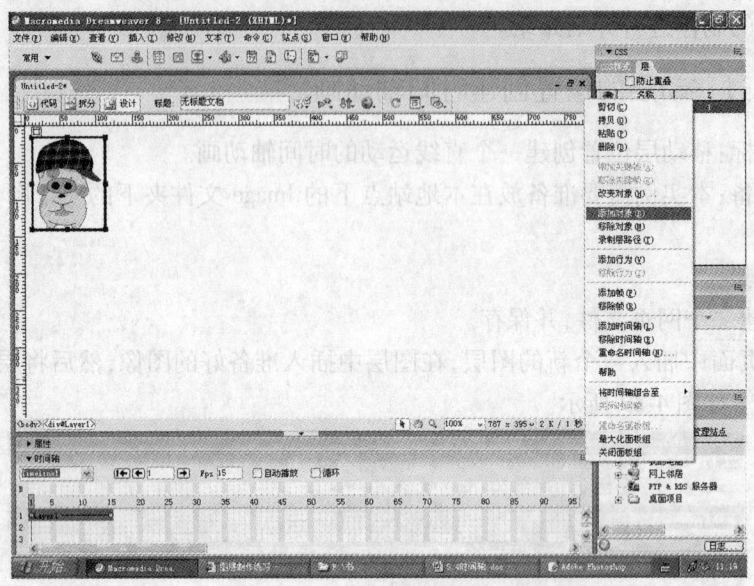

图 4-90　在菜单中选择添加对象

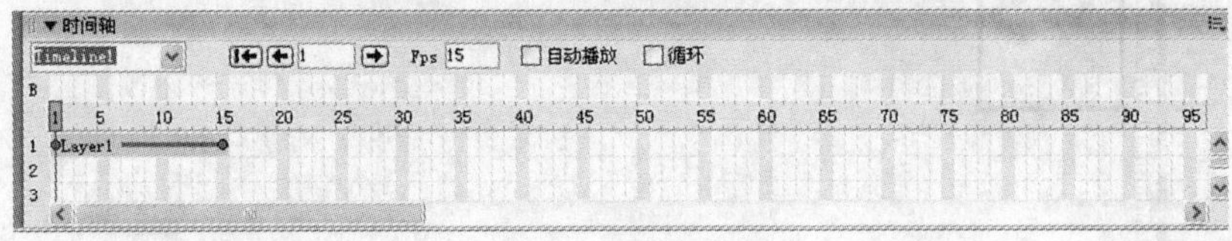

图 4-91　动画条

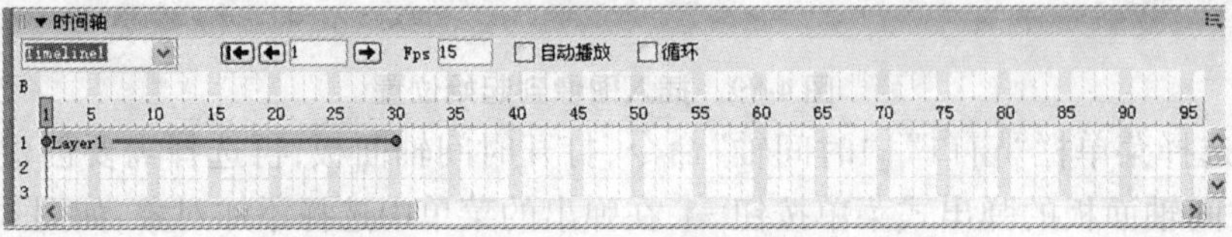

图 4-92　把动画的长度延长到第 30 帧

键帧。

实现步骤：

(1)打开 4.5.2 小节保存的文件,另外保存一个文件。

(2)打开时间轴面板,将“循环”复选框勾选去掉。

(3)用鼠标拖动动画右边的关键帧,将动画延长到第 45 帧。

(4)选中动画条的第 15 帧,单击鼠标右键,从弹出的快捷菜单中选择“增加关键帧”,在第 15 帧上添加一个关键帧,如图 4-94 所示。

(5)移动层使层运动轨迹呈曲线状,如图 4-95 所示。

(6)同样的在第 30 帧也添加一个关键帧,移动层使动画轨迹呈曲线状,如图 4-96 所示。

(7)将时间轴面板上的“循环”复选框勾选上,预览动画效果。

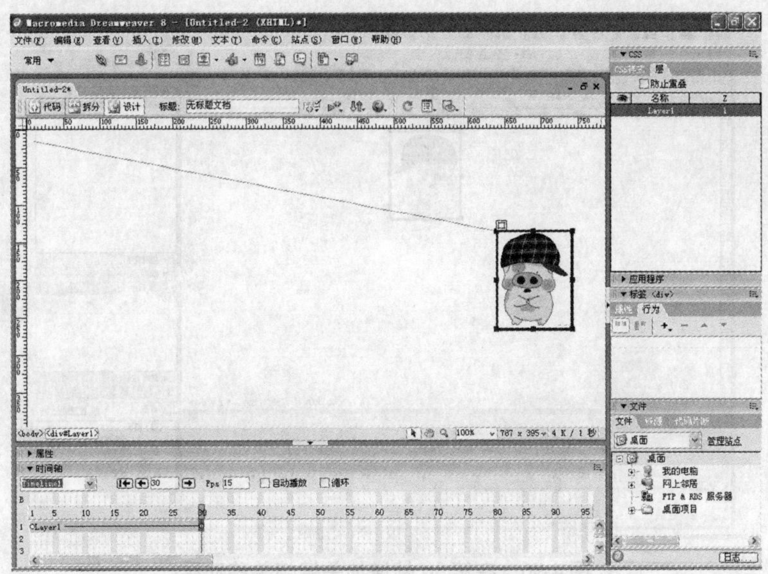

图 4-93　灰色的线表示运动轨迹

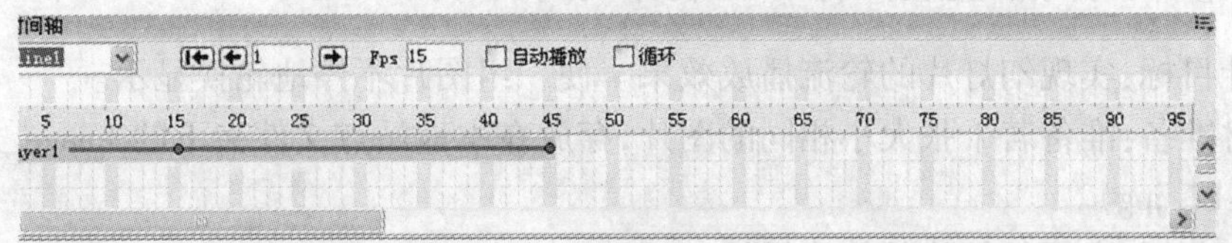

图 4-94　增加关键帧

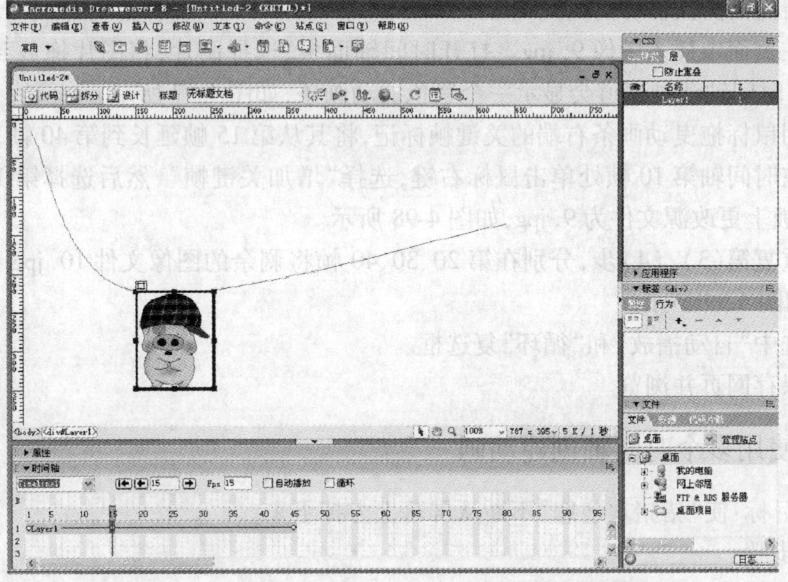

图 4-95　移动层使轨迹呈曲线状

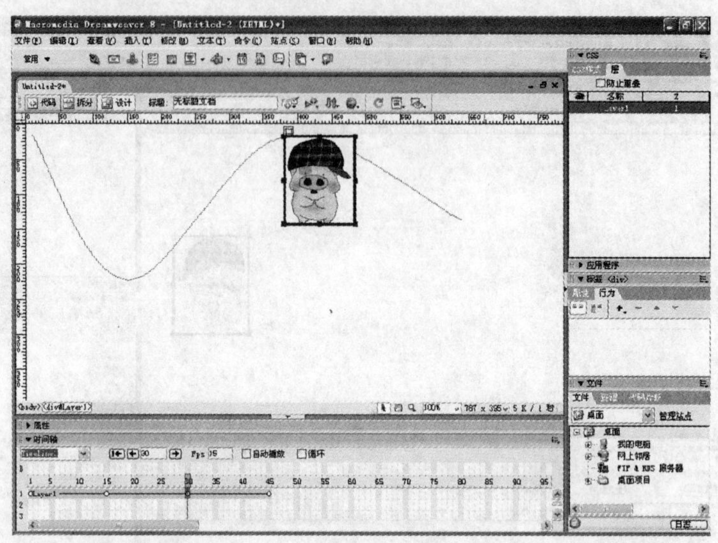

图 4-96　在第 30 帧增加关键帧并移动层

4.5.4　修改时间轴更改图像——制作幻灯片效果

设计目标:实现幻灯片的轮流播放效果。使一组图片不停地轮换显示。

素材准备:准备若干张大小相同的图片,存放在本地站点文件夹下的 Image 文件夹中(9. jpg ~ 12. jpg)。

页面分析:实现幻灯片的轮流播放。

实现步骤:

(1)新建网页文件,并保存。

(2)在页面中插入图像 9. jpg。打开时间轴面板,选择图片,将图片拖放到时间轴动画通道内,时间轴动画通道会显示一个紫色的动画条,如图 4-97 所示。

(3)用鼠标拖曳动画条右端的关键帧标记,将其从第 15 帧延长到第 40 帧。

(4)在时间轴第 10 帧处单击鼠标右键,选择"增加关键帧",然后选择第 10 帧,在页面属性面板上更改源文件为 9. jpg,如图 4-98 所示。

(5)重复第(3)、(4)步,分别在第 20、30、40 帧将剩余的图像文件 10. jpg ~ 12. jpg 更改完毕,如图 4-99 所示。

(6)选中"自动播放"和"循环"复选框。

(7)保存网页并浏览。

4.5.5　使用多个时间轴创建动画

设计目标:使"猪猪欢迎您"不断从屏幕上方掉下来。

实现步骤:

(1)新建网页文件,并保存。

(2)把光标放到页面左上方的位置,在插入面板选择"布局"|"绘制层",创建 5 个层。分别输入文字"猪"、"猪"、"欢"、"迎"、"您",将图层排列在适当的位置,如

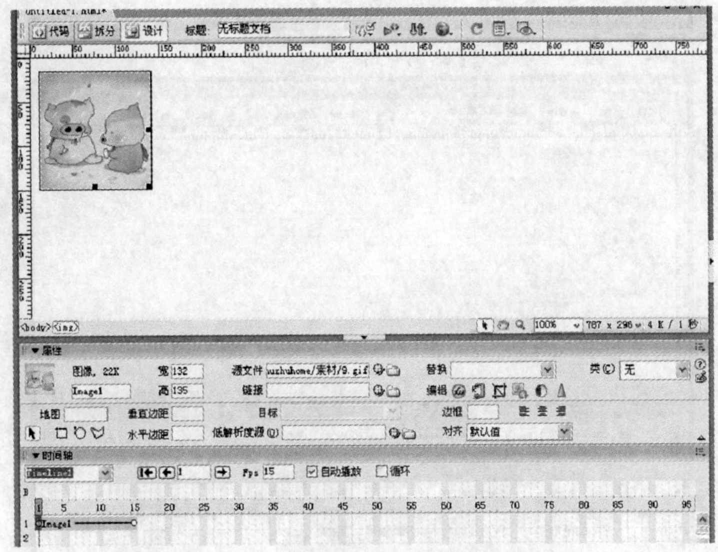

图 4-97　拖放到时间轴动画通道

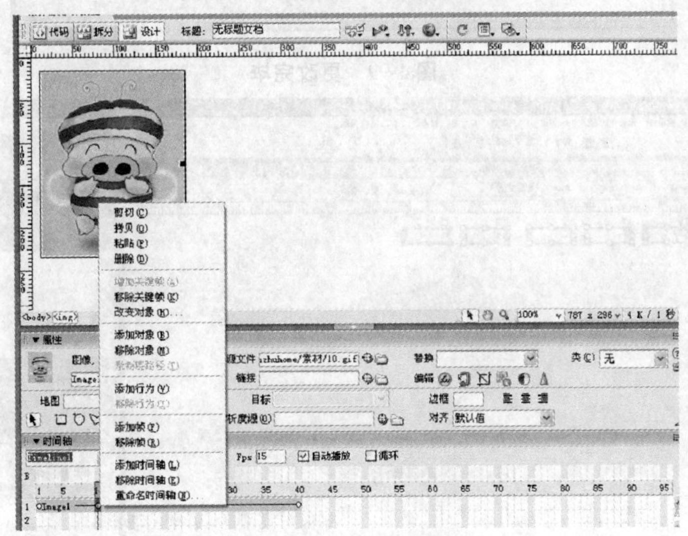

图 4-98　增加关键帧

图 4-100 所示。

(3)打开时间轴。选择 Layer1 后,拖动到时间轴的第 1 行上,如图 4-101 所示。

(4)用同样的方法,把包含有其他文字的层也根据文字的顺序拖动到时间轴的第 2 ~ 5 行上,如图 4-102 所示。为了减慢文字移动的速度,把时间轴中的 15 帧全部扩展为 25 帧。

(5)在时间轴中选择 Layer1 的第 1 帧,在属性面板的顶端坐标值(上)中输入 –50,这样可以把文字放置到上侧,如图 4-103 所示。

用同样的方法选择其余层的第 1 帧后,把顶端坐标值(上)统一设定为 –50。

(6)为了每隔一段时间下落一个文字,从第二个动画条开始向后移动 5 帧。勾选“自动播放”选项,如图 4-104 所示。

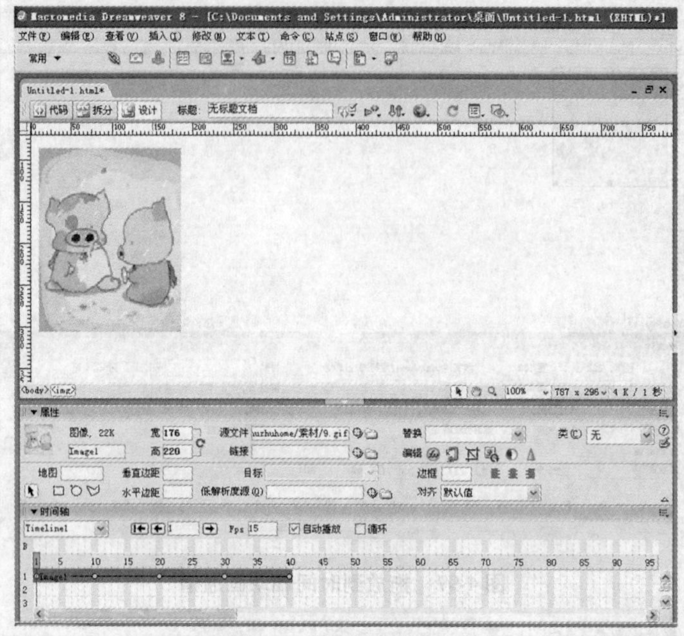

图 4-99　更改完毕

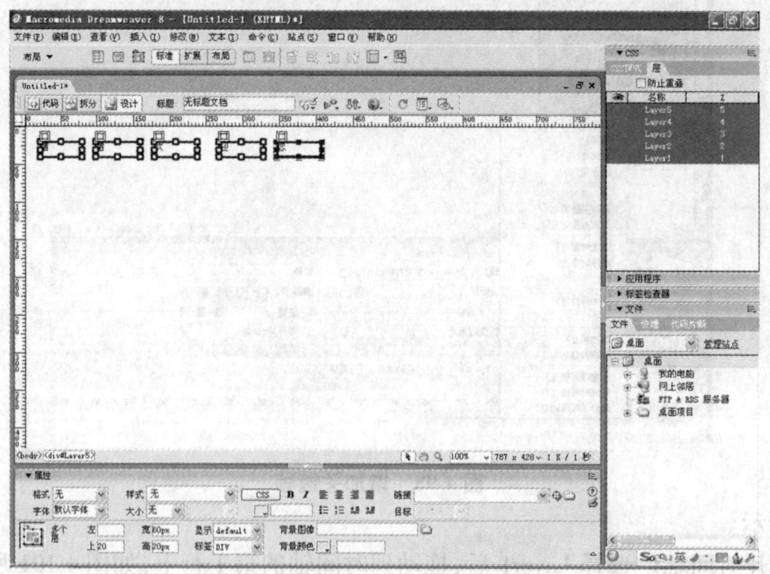

图 4-100　排列图层

(7)保存网页并按 F12 键浏览效果。

4.5.6　图层和时间轴综合实例

图层结合时间轴和行为,可以做出许多效果,例如网页动画、动态导航、动态按钮,甚至是交互游戏。下面介绍用层结合时间轴做成一个动态的例子——飘动的新闻公告栏。

(1)新建一个 HTML 页面。

(2)在网页中间绘制一个层。选择“插入”|“布局对象”|“层”,插入一个默认大小的

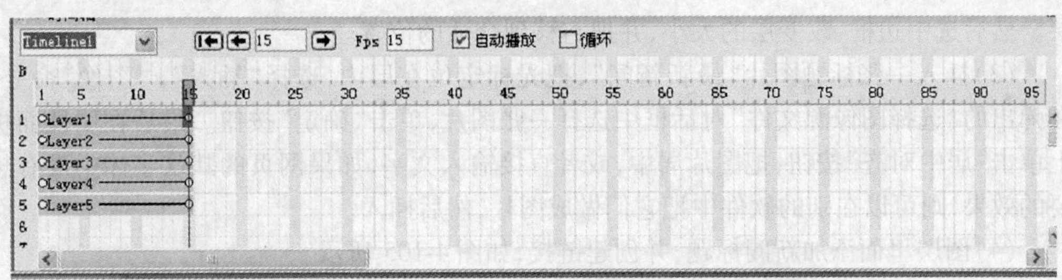
图4-101　拖动 Layer1 到时间轴第1行

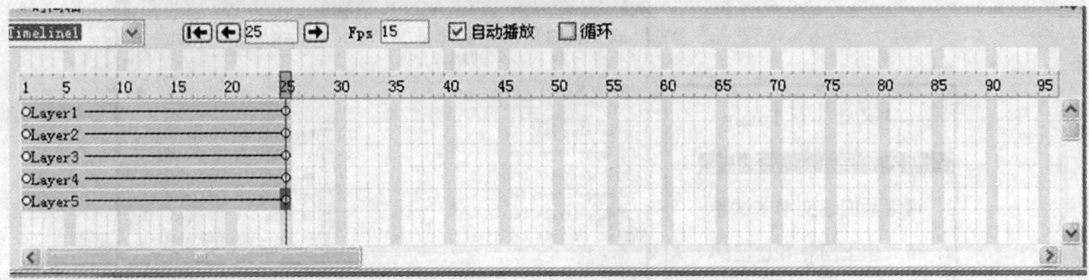
图4-102　拖动其他层到时间轴第2～5行

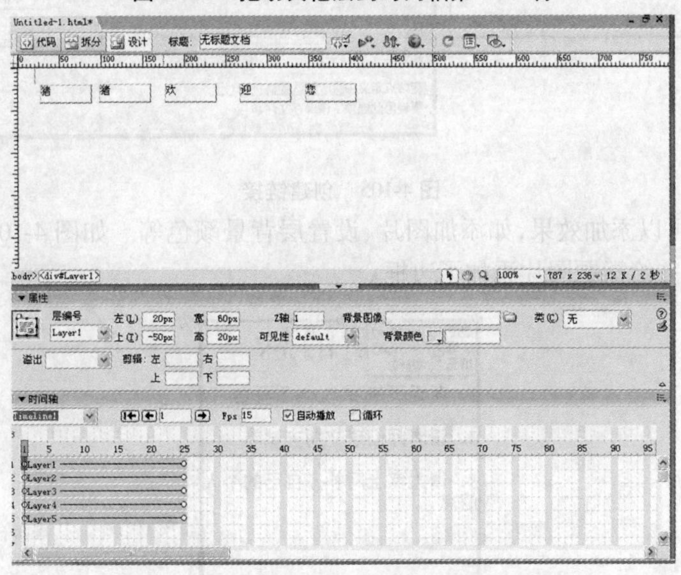
图4-103　输入顶端坐标值

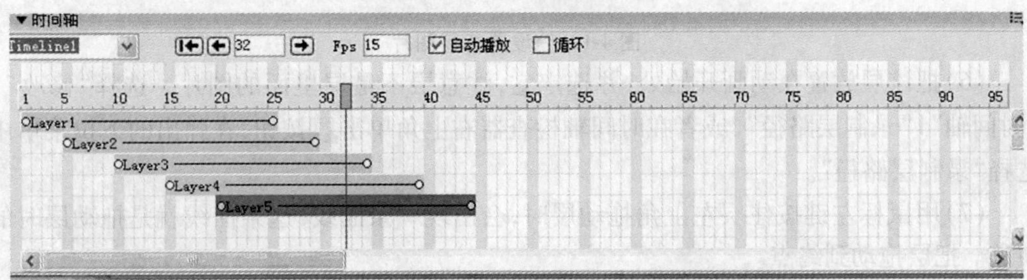
图4-104　依次移动5帧并勾选"自动播放"选项

层。然后选中边框，改变层的大小，并把它移到合适的位置。

(3)插入一张标题图片“最新新闻”，把光标定位在层内，选择“插入”|“图像”命令。在弹出的“选择图像源文件”对话框中选择一张图片，单击“确定”按钮。最后在属性面板上单击“居中对齐”按钮，把图片居中，或者直接输入文字，如果网页的默认字体中没有想要的效果，则可以在别的软件中把它们做成图片，然后插入。

(4)图层里面添加新闻标题，并创建链接，如图 4-105 所示。

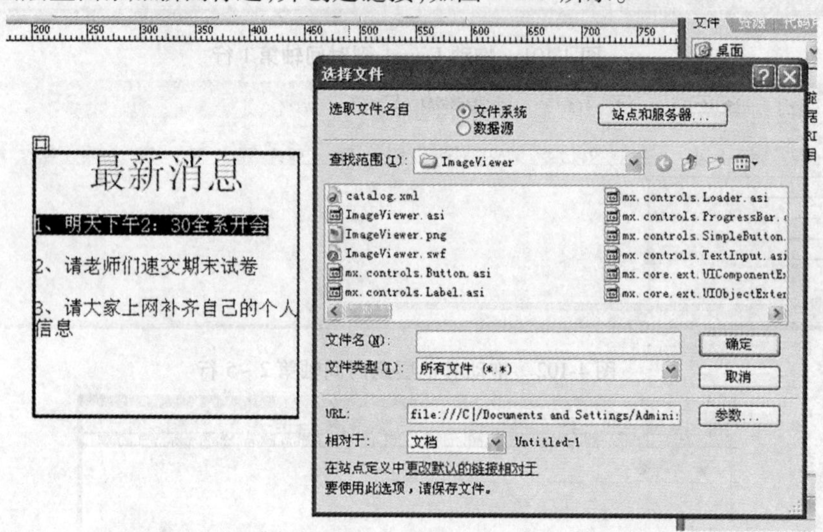

图 4-105　创建链接

(5)此外，可以添加效果，如添加图片、设置层背景颜色等。如图 4-106 所示，为层设置了背景图片，并给标题图片添加了边框。

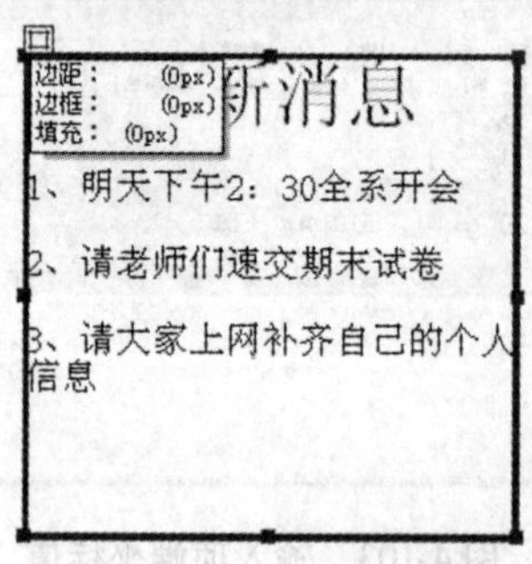

图 4-106　设置背景图片

(6)把该层放置在动画开始处，并选定它，注意层不是层里面的图片。选择“修改”|“时间轴”|“录制层路径”，或者在时间轴检查器右上角单击按钮，在弹出的下拉菜单中选择“录制层路径”。

(7)用鼠标左键按住层左上角拖动层时，会出现一条曲线，这条曲线就是拖动层时的轨迹。把层拖动到终点。

(8)放开鼠标左键，就会在时间轴检查器里生成一条深色的时间轴，创建动画成功，如图 4-107 所示。

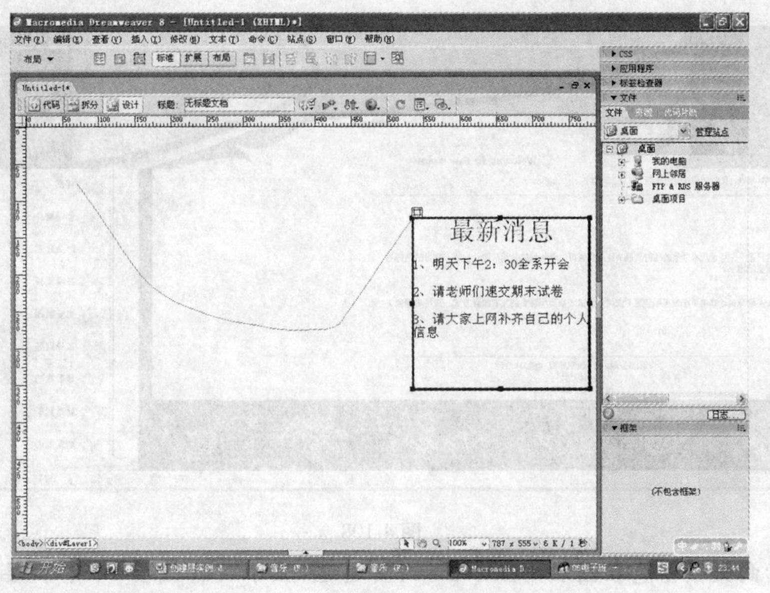

图 4-107　创建动画

本章小结

要想制作出显示丰富的网页,既要使用除最基本网页元素以外的一些网页显示功能,这些功能使得网页更具吸引力,也要显示出专业的网页技术。层的展现使得网页具备了三维的概念;框架使得页面布局更加与众不同,同时其结构功能在某些方面也是不可替代的。

习题与实训

一、习题

1. 创建框架网页有哪两种方法?

2. 如何保存框架集网页?

3. 如何判断框架被选中?

4. 如何设置图层的背景图像? 如何在图层中插入图像? 两者有何区别?

5. 如何判断图层之间是否存在嵌套关系?

6. 要使动画的播放速度变慢,应该调整时间轴窗口中的哪个参数?

二、上机实训

1. 练习上方及右侧嵌套框架页面的制作,效果如图 4-108 所示。

提示:分别在上方、左侧和右侧插入框架。在上方的框架中显示页面的 logo,在左侧框架创建显示页面的主体内容信息,在右侧框架中显示页面的导航信息。

2. 练习图层的插入、图层状态的设置及行为控制事件的添加。重点练习如何完成图

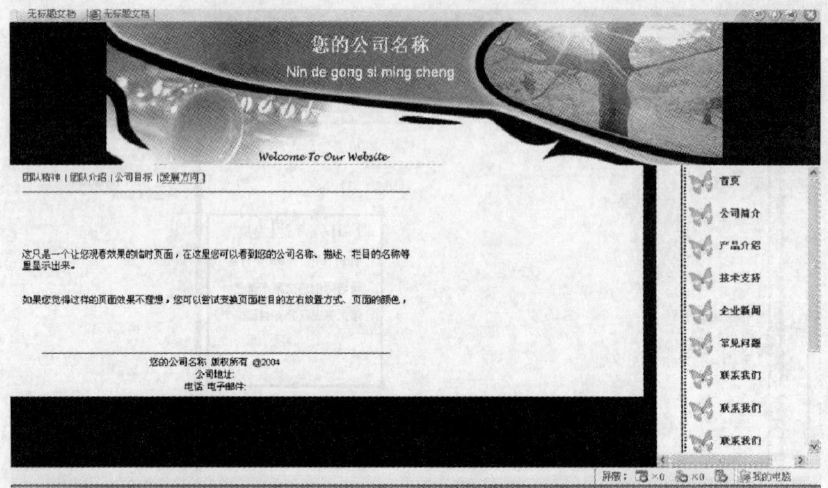

图 4-108

像热区所指向链接信息在图层中显示出来，要通过“显示 - 隐藏层”命令和层的结合使用来达到这一效果。最终效果如图 4-109 所示。

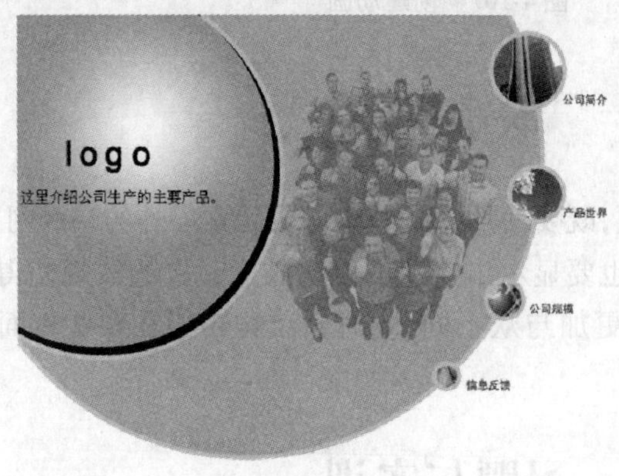

图 4-109

第 5 章　网页配色方案

【内容简介】

本章主要介绍色彩的基本知识和网页中主要的配色方案。

5.1　色彩基础知识

网页的色彩是树立网站形象的关键之一,色彩搭配却是网友们感到头疼的问题。网页的背景、文字、图标、边框、超链接等,应该采用什么样的色彩,应该搭配什么色彩才能最好地表达出预想的内涵呢?

(1)颜色是因为光的折射而产生的。

(2)红、黄、蓝是三原色,其他的色彩都可以用这 3 种色彩调和而成。网页 HTML 语言中的色彩表达即是用这 3 种颜色的数值表示的。例如,红色是 color(255,0,0),十六进制的表示方法为(FF0000),白色为(FFFFFF)。我们经常看到的"bgColor = #FFFFFF"就是指背景色为白色。

(3)颜色分非彩色和彩色两类。

非彩色是指黑、白、灰系统色。

彩色是指除非彩色以外的所有色彩。

(4)任何色彩都有饱和度和透明度的属性,属性的变化产生不同的色相,所以至少可以制作几百万种色彩。

网页制作用彩色还是非彩色好呢?专业研究机构的研究结果表明,彩色的记忆效果是黑白的 3.5 倍,也就是说,在一般情况下,彩色页面较完全黑白页面更加吸引人。

通常的做法是:主要内容文字用非彩色(黑色),边框、背景、图片用彩色。这样页面从整体上看不单调,看主要内容也不会眼花。

非彩色的搭配:黑白是最基本和最简单的搭配,白字黑底、黑字白底都非常清晰明了。灰色是万能色,可以和任何色彩搭配,也可以帮助两种对立的色彩和谐过渡。如果实在找不出合适的色彩,那么用灰色试试,效果绝对不会太差。

色彩的搭配:色彩千变万化,色彩的搭配是研究的重点,本书将在后文介绍。

5.2　色彩搭配原理

随着网页制作经验的积累,用色有这样的一个趋势:单色—五彩缤纷—标准色—单色。一开始因为技术和知识缺乏,只能制作出简单的网页,色彩单一;在有一定基础和材料后,希望制作一个漂亮的网页,将自己收集的最好图片、最满意的色彩堆砌在页面上,但是时间一长,却发现色彩杂乱,没有个性和风格;第三次重新定位自己的网站,选择好切合自己的色彩,推出的站点往往比较成功;当最后设计理念和技术达到顶峰时,则又返璞归真,用单一色彩甚至非彩色就可以设计出简洁精美的站点。在应用色彩的时候要注意以下几个方面:

(1)色彩的鲜明性。网页的色彩要鲜艳,容易引人注目。

(2)色彩的独特性。要有与众不同的色彩,使得大家对网页的印象强烈。

(3)色彩的合适性。也就是说,色彩和网页表达的内容气氛相适合,如用粉色体现女性站点的柔性。

(4)色彩的联想性。不同色彩会让人产生不同的联想,如蓝色让人联想到天空,黑色让人联想到黑夜,红色让人联想到喜事等。选择色彩要和网页的内涵相关联。

5.3 色彩搭配方案

5.3.1 色彩搭配的基本概念

网页页面总是由具有某种内在联系的各种色彩组成一个完整统一的整体,形成画面色彩总的趋向,称为色调,也可以理解为色彩状态。色彩给人的感觉与氛围,是影响配色视觉效果的决定因素。

为了使网页的整体画面呈现稳定协调的感觉,以便充分地掌握其规律来更好地分析学习,可以把视觉角色主次位置分为如下几个概念,以便在网页设计配色时更容易操纵主动权。

(1)主色调。即页面色彩的主要色调、总趋势,其他配色不能超过该主要色调的视觉面积(背景白色不一定根据视觉面积决定,可以根据页面的感觉需要决定)。

(2)辅色调。即仅次于主色调的视觉面积的辅助色,是烘托主色调、支持主色调、起到融合主色调效果的辅助色调。

(3)点睛色。在小范围内点上强烈的颜色来突出主题效果,使页面更加鲜明生动。

(4)背景色。即衬托环抱整体的色调,起协调、支配整体的作用。以上各色调在网页中的具体表现见图 5-1。

一个页面的色彩主要是根据其面积的多少来区别主次关系、达到最终目的的。当不同的颜色使用的面积相当时,这个页面容易呈现枯燥单调之感,而没有局部细节的变化。当一个页面使用的颜色过多、面积大小用得过于琐碎时,这个页面容易呈现花哨、主次不分、没有整体的感觉。为页面设计配色的时候,应根据主题内容、主次需要确定配色方案。各颜色有其各自的功能角色。网页配色原则是:面积使用的搭配,加上冷暖色的适度安排、纯度明度的合理变化。遵循这条原则,网页配色定能得心应手。

5.3.2 色彩对比

在一定条件下,不同色彩之间的对比会有不同的效果。在不同的环境下,多色彩给人

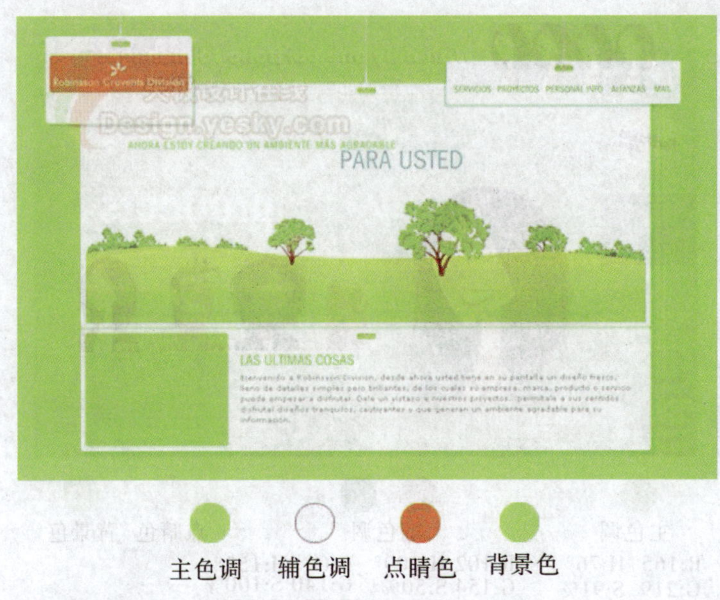

图 5-1　网页中的主色调、辅色调、点睛色、背景色

一种印象，色彩单一给人另一种印象。

各种纯色的对比会产生鲜明的色彩效果，很容易给人带来视觉与心理的满足。红、黄、蓝 3 种颜色是最极端的色彩，它们之间对比，哪一种颜色也无法影响对方。

很多人都以为色彩对比主要是红绿、橙蓝、黄紫色的对比，实际色彩对比范畴不局限于这些，是指各种色彩的界面构成中的面积、形状、位置以及色相、明度、纯度之间的差别，使网页色彩配合增添了许多变化，页面更加丰富多彩。

色彩的对比规律大致有以下几点：

(1) 色相对比。色相对比是指因色相之间的差别形成的对比。当主色相确定后，必须考虑其他色彩与主色相是什么关系，要表现什么内容及效果等，这样才能增强其表现力。不同色相对比取得的效果有所不同，两色越接近，对比效果越柔和；越接近补色，对比效果越强烈。

色相对比分析：主要是绿色与蓝色之间的色相对比。从 HSB 数值上可看出，嫩绿色的 S 纯度高，B 亮度也很高，因此艳丽的颜色作为背景与前景纯度稍低的墨绿色和钴蓝色形成色相之间的对比。前景的墨绿色虽然纯度达到最高值 100%，比主色调高不少，但是因为亮度低，因此色彩显示没有主色调明艳。图 5-2 所示页面色相的对比，主要作用于前景与背景的对比、局部与整体的对比。

(2) 明度对比。明度对比可分为彩色差的明度对比及非彩色差的明度对比。明度对比是指色彩之间明暗程度的差别而形成的对比，是页面形成恰当的黑、白、灰效果的主要手段。明度对比在视觉上对色彩层次和空间关系影响较大，例如柠檬黄明度高，蓝紫色的明度低，橙色和绿色属中明度，红色与蓝色属中低明度，如图 5-3 所示。

明度对比分析（非彩色差）：严格来说，图 5-3 所示页面应该是由黑白灰色非色彩构成

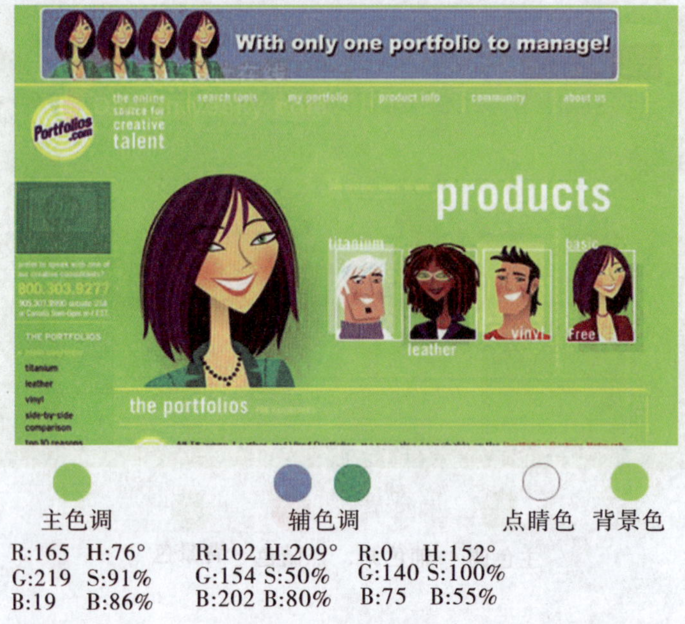

图 5-2　色相对比分析

图 5-3　明度对比分析

的，摄影图片中的人物衣服为灰色，相对单纯的黑白对比柔和舒适，能使页面显得更单纯、统一，形成另一道独特的风景。

5.3.3　网页设计配色应用——色彩的调和

前面介绍了色调的视觉角色主次位置的几个概念，也介绍了色彩的对比。下面介绍色彩的调和。

两种或两种以上的色彩合理搭配，产生统一协调的效果，称为色彩调和。色彩调和是求得视觉统一，达到人们心理平衡的重要手段。

调和就是统一，下面介绍的 4 种方法能够达到调和页面色彩的目的。

(1)同种色的调和。即相同色相、不同明度和纯度的色彩调和，使之产生秩序的渐进，在明度、纯度的变化上，弥补同种色相的单调感。

同种色的调和分析：同种色给人的感觉是相当协调的。它们通常在同一个色相里，通过明度的黑白灰或者纯度的不同来稍微加以区别，产生了极其微妙的韵律美。为了不至于让整个页面过于单调平淡，有些页面则是加入极其小的其他颜色做点缀。图 5-4 所示页面使用了同种色的黄色系，淡黄、柠檬黄、中黄，通过明度、纯度的微妙变化产生缓和的节奏美感。

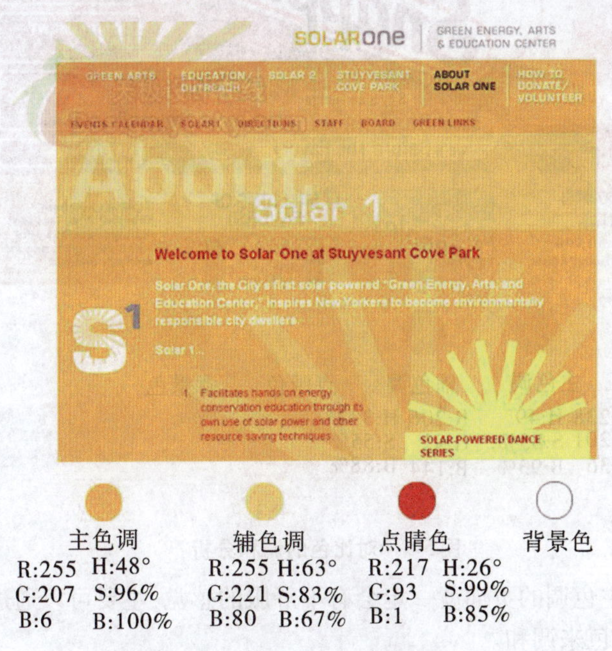

图 5-4　同种色的调和分析

(2)类似色的调和。在色环中，色相越靠近越调和。类似色的调和主要靠类似色之间的共同色来产生作用。

类似色的调和分析：类似色相对于同类色来说，色彩之间的可搭配度要大些，颜色丰富，富于变化。

(3)对比色的调和。调和方法有：①提高或降低对比色的纯度；②在对比色之间插入分割色(金、银、黑、白、灰等)；③采用双方面积大小不同的处理方法；④在对比色之间加入相近的类似色。

对比色的调和分析：基本上可以说是黄色和紫色的对比色做页面的主要色调。黄色紫色组合在网页中使用率较低，原因是这组颜色适用范围相对其他两组对比色要小很多，配色难度也较其他两组大。

图 5-5 所示页面，黄色加入了红色呈中黄色，紫色加入了红色，偏玫瑰色，所以这组颜色不是严格意义上的对比色，因此也使这组颜色看起来协调、舒服。这个页面调低了亮度，使整体降低了纯度，缓和视觉刺激。白色是这组对比色里加入的协调色。

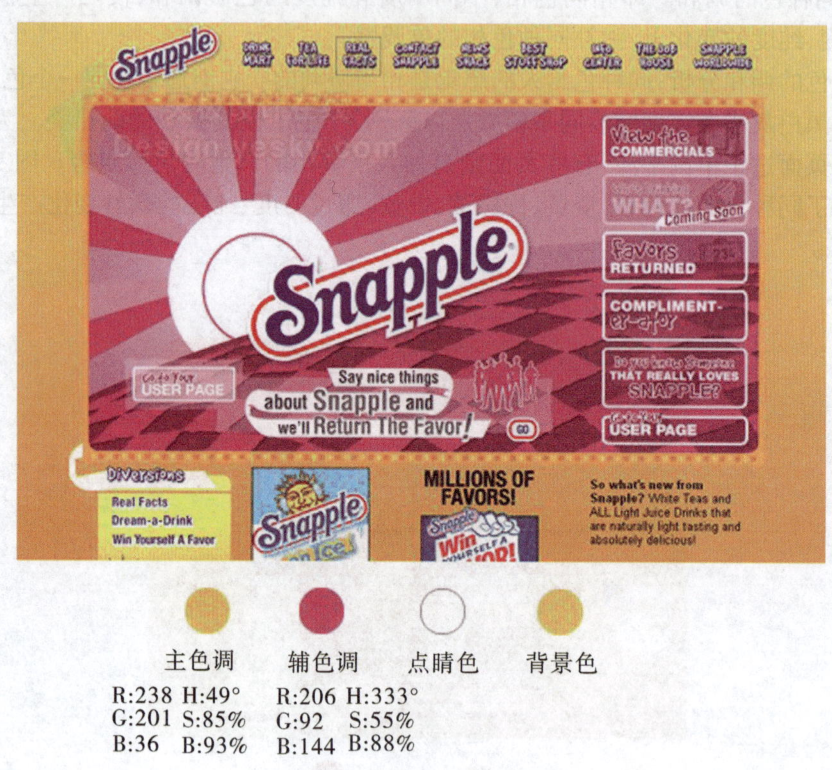

图 5-5　对比色的调和分析

不是对比色为主色调的页面就一定会有不舒服的感觉，主要可以通过调低亮度、降低饱和度、加入少许白色来调和。

(4)渐变色的调和。渐变色实际是一种调和方法的运用，是颜色按层次逐渐变化的现象。色彩渐变就像两种颜色间的混色，可以有规律地在多种颜色中进行。暗色和亮色之间的渐变会产生远近感和三维的视觉效果。

渐变色的调和分析：图 5-6 所示页面背景使用了渐变的效果，增加了视觉空间感。在导航栏、广告区域、产品技术的大标题块，都使用了渐变的技术手法来表达，产生三维的视觉效果，统一了整个页面的设计语言，也是区别于其他网站页面的个性体现，达到让人印象深刻的目的。

渐变色能够达到柔和视觉、增强空间感、体现节奏和韵律美感、统一整个页面的目的。除了统一当然也可以起到变化页面视觉形式的作用。

以上方法可在适当的时候使用。例如当页面平淡单调，需要用对比手法做些变化来丰富页面的色彩设计；当页面变化过多，显得刺眼、凌乱，可以通过以上介绍的调和方法进行调整，使得页面看起来更统一协调。

图 5-6　渐变色的调和分析

● 主要是通过面积大小、冷暖对比来体现页面的主次关系、中心思想。

● 颜色平淡可加入适当类似色、对比色来使页面产生变化。颜色凌乱可以适当加入同类色或者类似色、白色、黑色、灰色达到统一调配的目的。

● 对比色的搭配并不是说绝对值的红或绿、蓝或橙、黄或紫。对比色的第一视觉倾向越明显，配色难度就越大，也就是说，越难调和；反之，倾向越不明显的对比色越容易调和。请参照对比色调和页面分析例子方法。

● 不是一种色彩面积用得越多或者越少，纯度、明度越高，就越能突出主体的主角色，而主要是根据色彩相互之间的搭配关系来体现的。

● 一个页面中单纯绝对地使用某种颜色或是使用很多种颜色搭配，容易产生个性效果，但仅限于色彩运用得非常熟练的朋友使用，不推荐初学者使用。

5.3.4　几种常用的配色方案

下面介绍几种常用的配色方案：

(1)暖色调，即红色、橙色、黄色、赭色等色彩的搭配。这种色调的运用，可使主页呈现温馨、和煦、热情的氛围。

(2)冷色调，即青色、绿色、紫色等色彩的搭配。这种色调的运用，可使主页呈现宁静、清凉、高雅的氛围。

(3)对比色调，即把色性完全相反的色彩搭配在同一个空间里，例如红与绿、黄与紫、橙与蓝等。这种色彩的搭配，可以产生强烈的视觉效果，给人亮丽、鲜艳、喜庆的感觉。当然,对比色调如果用得不好,会适得其反,产生俗气、刺眼的不良效果。这就要把握“大调和,小对比”这一个重要原则,即总体的色调应该是统一和谐的,局部的地方可以有一些小的强烈对比。

最后,还要考虑主页底色(背景色)的深、浅,这里借用摄影中的一个术语,就是“高调”和“低调”。底色浅的称为高调,底色深的称为低调。底色深的,文字的颜色就要浅一些,以深色的背景衬托浅色的内容(文字或图片);反之,底色淡的,文字的颜色就要深些,以浅色的背景衬托深色的内容(文字或图片)。这种深浅的变化在色彩学中称为“明度变化”。有些主页,底色是黑的,但文字也选用了较深的色彩,由于色彩的明度比较接近,读者在阅览时,就会感觉眼睛很吃力,影响了阅读效果。当然,色彩的明度也不能变化太大,否则屏幕上的亮度反差太强,同样也会使读者的眼睛受不了。

5.3.5 红、黄、蓝、绿、紫、白色的使用

- 红色的色感温暖,性格刚烈而外向,是一种对人刺激性很强的色。红色容易引起人的注意,也容易使人兴奋、激动、紧张、冲动,还是一种容易造成人视觉疲劳的色。

(1)在红色中加入少量的黄,会使其热力强盛,趋于躁动、不安。

(2)在红色中加入少量的蓝,会使其热性减弱,趋于文雅、柔和。

(3)在红色中加入少量的黑,会使其性格变得沉稳,趋于厚重、朴实。

(4)在红中加入少量的白,会使其性格变得温柔,趋于含蓄、羞涩、娇嫩。

- 黄色的性格冷漠、高傲、敏感,具有扩张和不安宁的视觉印象。黄色是各种色彩中最为娇气的一种色。只要在纯黄色中混入少量的其他色,其色感和性格均会发生较大程度的变化。

(1)在黄色中加入少量的蓝,会使其转化为一种鲜嫩的绿色。其高傲的性格也随之消失,趋于一种平和、潮润的感觉。

(2)在黄色中加入少量的红,则具有明显的橙色感觉,其性格也会从冷漠、高傲转化为一种有分寸感的热情、温暖。

(3)在黄色中加入少量的黑,其色感和性格变化最大,成为一种具有明显橄榄绿的复色印象,其色性也变得成熟、随和。

(4)在黄色中加入少量的白,其色感变得柔和,其性格中的冷漠、高傲被淡化,趋于含蓄,易于接近。

- 蓝色的色感冷,性格朴实而内向,是一种有助于人头脑冷静的色。蓝色的朴实、内向性格,常为那些性格活跃、具有较强扩张力的色彩,提供一个深远、广阔、平静的空间,成为衬托活跃色彩的友善而谦虚的朋友。蓝色还是一种在淡化后仍然能保持较强个性的色。如果在蓝色中分别加入少量的红、黄、黑、橙、白等色,均不会对蓝色的性格构成较明显的影响力。

(1)如果在蓝色中黄的成分较多,其性格趋于甜美、亮丽、芳香。

(2)在蓝色中混入少量的白,可使其感觉趋于焦躁、无力。

- 绿色是具有黄色和蓝色两种成分的色,在绿色中,将黄色的扩张感和蓝色的收缩感相中和,将黄色的温暖感与蓝色的寒冷感相抵消,这样使得绿色的性格最为平和、安稳,是

一种柔顺、恬静、优美的色。

(1)在绿色中黄的成分较多时，其性格就趋于活泼、友善，具有幼稚性。

(2)在绿色中加入少量的黑，其性格就趋于庄重、老练、成熟。

(3)在绿色中加入少量的白，其性格就趋于洁净、清爽、鲜嫩。

• 紫色的明度在有彩色的色料中是最低的。紫色的低明度给人一种沉闷、神秘的感觉。

(1)在紫色中红的成分较多时，其感觉具有压抑感、威胁感。

(2)在紫色中加入少量的黑，其感觉就趋于沉闷、伤感、恐怖。

(3)在紫色中加入白，可使紫色沉闷的性格消失，变得优雅、娇气，并充满女性的魅力。

• 白色的色感光明，性格朴实、纯洁、快乐。白色具有圣洁的不容侵犯性。如果在白色中加入其他任何色，都会影响其纯洁性，使其性格变得含蓄。

(1)在白色中混入少量的红，就成为淡淡的粉色，鲜嫩而充满诱惑。

(2)在白色中混入少量的黄，则成为一种乳黄色，给人一种香腻的印象。

(3)在白色中混入少量的蓝，给人感觉清冷、洁净。

(4)在白色中混入少量的橙，有一种干燥的气氛。

(5)在白色中混入少量的绿，给人一种稚嫩、柔和的感觉。

(6)在白色中混入少量的紫，可诱导人联想到淡淡的芳香。

各种色彩的性格如图 5-7 所示。

图 5-7　各种色彩的性格

本章小结

颜色的使用在网页制作中起着非常关键的作用,有很多网站以其成功的色彩搭配令人过目不忘。但是对于刚学习制作网页的人来说,往往不容易驾驭好网页的颜色搭配。除学习各种色彩理论和方法外,多借鉴一些著名网站的用色方法,对于设计网页可以起到事半功倍的作用。

习题与实训

一、习题

1. 网页色彩搭配有哪些原理?

2. 常见的色彩搭配方案有哪些?

二、上机实训(略)

第 6 章　网页特效制作

【内容简介】

本章主要介绍 JavaScript 代码的编写方法和网页中常使用的特效，其中主要介绍了网页的文字特效、鼠标特效、菜单特效、页面特效及其他特效 5 个方面，从而方便设计者在网页设计中熟练掌握网页特效的使用，使自己设计的网页更加完美。

6.1　编写 JavaScript 代码

与其他许多编程语言一样，Microsoft JavaScript 是用文本方式编写的，并被组织成为语句、由相关的语句集组成的块以及注释。在一条语句内可以使用变量，比如字符串和数字（称为“文字”）的立即数以及表达式。

6.1.1　语句

JavaScript 程序是语句的集合。一条 JavaScript 语句相当于英语中的一个完整句。JavaScript 语句将表达式组合起来，完成一个任务。

一条语句由一个或多个表达式、关键字或者运算符（符号）组成。典型地，一条语句写一行，尽管一条语句可以超过两行或更多行。两条或更多条语句也可以写在同一行上，语句之间用分号“;”隔开。通常，每一新行开始一条新语句。不过显式地终止语句是一个好方法。这是用分号（;）来实现的，分号是 JavaScript 语句的终止字符。下面给出 JavaScript 语句的两隔示例。

```
aBird = "Robin"; //将文本"Robin"赋值给变量 aBird。
var today = new Date(); // 将今天的日期赋值给变量 today。
```

用大括号（{}）括起来的一组 JavaScript 语句称为一个语句块。分组到一个语句块中的语句通常可当做单条语句处理，这就是说，在 JavaScript 期望有一条单个语句的大多数地方可以使用语句块。应该注意以 for 和 while 打头的循环语句是例外情况。注意：语句块中的原始语句以分号结束，但语句块本身并不以分号结束。

通常，在函数和条件语句中使用语句块。注意：JavaScript 与 C++ 以及其他某些语言不同，它不认为语句块是一个新的范围；只有函数创建新范围。在下面的示例中，第一条语句开始定义一个函数，该函数包含一个 5 条语句组成的语句块。语句块后的 3 条语句没有用大括号括起来，这些语句不是一个语句块，所以就不是函数定义的一部分。

```
function convert(inches) {
    feet = inches / 12; // 这 5 条语句属于一个语句块。
    miles = feet / 5280;
```

```
    nauticalMiles = feet / 6080;
    cm = inches * 2.54;
    meters = inches / 39.37;
}
km = meters / 1000; // 这 3 条语句不在语句块内。
kradius = km;
mradius = miles;
```

6.1.2 注释

单行的 JavaScript 注释以一对正斜杠(//)开始。下面给出一个单行注释的示例。

aGoodIdea ="Comment your code thoroughly."; // 这是一个单行注释。

多行注释以一个正斜杠加一个星号的组合(/ *)开始,并以其逆向顺序 (*/)结束。

```
/*
这是一个用来解释前面的代码语句的多行注释。
该语句将一个值赋给 aGoodIdea 变量。
用引号包含的这种值称为一个文字。
文字显式地直接包含信息,而不是间接地引用信息(引号不属于该文字的内容)。
```

注意:如果试图将一个多行注释插入到另一个中,JavaScript 不能按正常的方式解释生成的多行注释。标明嵌入的多行注释结束的 */ 被认为是整个多行注释的结尾,这就意味着嵌入多行注释之后的文本不再被认为是注释,相应地,它将被解释为 JavaScript 代码,并会产生语法错误。

建议将所有的注释写为单行注释的语句块。这样以后就能够将大段的代码与多行注释区分开。

```
//这是另一种多行注释,写成一系列单行注释。
// 在执行完该语句后,可以使用 aGoodIdea 变量的名字来引用其内容。
// 如下一条语句那样,即采用连接操作将字符串文字添加到
// aGoodIdea 变量,以创建一个新的变量。
var extendedIdea = aGoodIdea + "You never know when you'll have to figure out what it does.";
```

6.1.3 赋值和相等

JavaScript 语句中使用等号 (=)给变量赋值,等号是赋值运算符。= 运算符左边的操作项总是一个 Lvalue。Lvalue 可以是:①变量;②数组元素;③对象属性。

= 运算符右边的操作项总是一个 Rvalue。Rvalue 可以是任何类型的一个任意值,包括表达式的值。下面给出一个 JavaScript 赋值语句的示例。

```
anInteger = 3;
```

JavaScript 编译器解释本语句的意义为:"将 3 赋给变量 anInteger"或"anInteger 的值为 3"。

应注意区分 = 运算符(赋值)和 == 运算符(相等)的差异。在比较两个值是否相等时,应使用两个等号(==)。

6.1.4 表达式

JavaScript 表达式是指 JavaScript 解释器能够计算生成值的 JavaScript"短语"。这个值可以是任何有效的 JavaScript 类型,如数字、字符串、对象等。最简单的表达式是文字。下面给出 JavaScript 文字表达式的一些示例。

```
3.9                          // 数字文字
"Hello!"                     // 字符串文字
false                        // 布尔文字
null                         // 文字空值
{x:1, y:2}                   // 对象文字
[1,2,3]                      // 数组文字
function(x){return x * x;}   // 函数文字
```

更多复杂的表达式中包含变量、函数、函数调用以及其他表达式。可以用运算符将表达式组合,创建复合表达式。运算符可以是:

```
+ // 加法
- // 减法
* // 乘法
/ // 除法
```

下面给出 JavaScript 复合表达式的一些示例。

```
var anExpression = 3 * (4 / 5) + 6;
var aSecondExpression = Math.PI * radius * radius;
var aThirdExpression = aSecondExpression +"%"+ anExpression;
var aFourthExpression = "(" + aSecondExpression + ") % (" + anExpression + ")";
```

6.2 文字特效

文字是网页上最基本的元素,使用网页文字特效不仅可以美化网站,而且可以带来一定的广告宣传效果。目前,网络动画更是层出不穷,用户不仅可以通过制作动画的工具来制作动画,而且可以通过 JavaScript 脚本制作出千变万化的文字特效,下面通过具体的实例来讲解文字特效在网页中的应用。

6.2.1 由远到近的文字特效

本节利用 for 循环语句实现由远到近的文字特效,如图 6-1 所示。

该特效的关键点在于利用 for 循环,反复地往页面上输出文字"计算机科学工程系",但同时不断地变化文字的位置、大小和颜色,从而得到类似的效果,代码如下所示:

```
<html>
```

图 6-1　由远到近的文字特效

```
<head>
<title>由远到近的文字</title>
<style type="text/css">
<!--
div{
    font-family:Arial;
    position:absolute;
}
-->
</style>
</head>
<body>
<script language="javascript">
for(var i=0;i<60;i++){
    //不断地变化位置、文字大小、颜色的 CSS 属性
    document.write('<div style="left:'+(200-i)+'px;top:'+(10+i/2)+'px;font-size:'+(i*2)+'px; color:rgb('+(256-i)+','+(256-i*2)+','+(i*2)+');">计算机科学工程系</div>');
}
</script>
<!-- 再输出最后一个位置上的文字,但换颜色 -->
<div style="left:140px;top:40px; font-size:120px; color:#FFFF44;">计算机科学工程系</div>
</body>
</html>
```

以上代码最主要的部分由 JavaScript 的 for 循环动态完成,将 <div> 标记的 CSS 属性设置为可变的参数,在屏幕上不断地绘制出连续变化的"计算机科学工程系"文字,从而

得到由远到近的效果。

当然,读者也可以根据自己的喜好调整不同的颜色,并且修改 JavaScript 中文字变化的各个参数。

经验总结:虽然 JavaScript 制作的由远到近文字效果十分绚丽,但在客户端运行时会耗费大量的系统资源,减缓用户浏览页面的速度。

6.2.2　跑马灯特效

JavaScript 中的跑马灯是一种很吸引眼球的特效,通常是通过改变 < input > 来实现的。如果更好地配合 CSS,便能得到更加的完美,效果如图 6-2 ~ 图 6-4 所示。

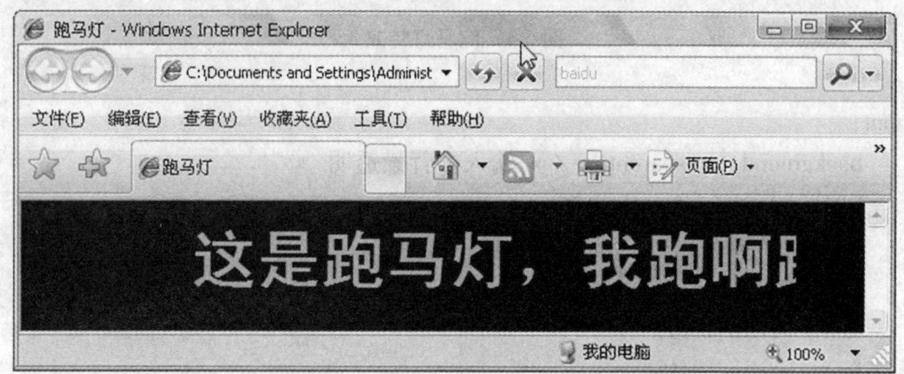

图 6-2　跑马灯特效 1

图 6-3　跑马灯特效 2

首先按照传统 JavaScript 的方法制作跑马灯的效果,包括设置文字内容、跑动速度,以及相应的输入框,代码如下所示:

```
<html>
<head>
<title>跑马灯</title>
<style type="text/css">
<! --
body{
    background-color:#000000;  /* 页面背景色 */
```

图 6-4　跑马灯特效 3

```
    }
    input{
        background:transparent;  /* 输入框背景透明 */
        border:none;  /* 无边框 */
        color:#ffb400;
        font - size:45px;
        font - weight:bold;
        font - family:黑体;
    }
    - - >
    </style >
    < script language ="javascript">
    var msg ="这是跑马灯,我跑啊跑啊跑";  //跑马灯的文字
    var interval = 400;  //跑动的速度
    var seq =0;
    function LenScroll( ) {
        document. nextForm. lenText. value = msg. substring( seq, msg. length) + " " +
msg;
        seq + +;
        if ( seq > msg. length )
            seq = 0;
        window. setTimeout("LenScroll( );", interval);
    }
    </script >
    </head >
    < body onLoad ="LenScroll( )">
    < center >
    < form name ="nextForm">
```

```
<input type="text" name="lenText">
</form>
</center>
</body>
</html>
```

上面代码中灵活地利用了 Msg 参数的设置以及 interval 函数的应用，读者可以根据自己的需要作适当的修改，以达到自己想要的效果。

6.3　鼠标特效

如今很多的网页上出现了一序列的鼠标特效，比较常见的是在很多人的 QQ 空间中就出现了鼠标的跟随特效，很吸引用户的注意力；还有在我们的操作系统中对鼠标的状态设置也有很多种，下面通过具体的实例来学习掌握鼠标特效。

6.3.1　鼠标文字跟随

鼠标文字跟随主要是通过 JavaScript 代码来实现的，如图 6-5 所示，其中添加了 CSS 来设置文字的样式。

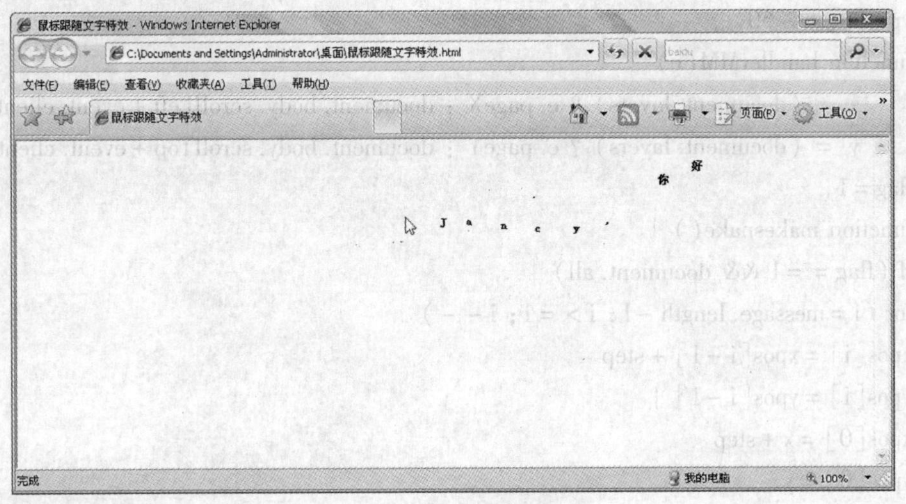

图 6-5　鼠标文字跟随特效

具体实现代码如下：

```
<html>
<head>
<title>鼠标跟随文字特效</title>
<style type="text/css">
.spanstyle {
    position:absolute;
    visibility:visible;
```

```
        top: -50px;
        font-size:9pt;
        color: #000000;
        font-weight:bold;
    } </style>
    </head>
    <script>
    var x,y
    var step =20
    var flag =0
    var message ="Jancy,你好"
    message = message.split("")
    var xpos = new Array()
    for (i=0;i<=message.length-1;i++) {
    xpos[i] = -50}
    var ypos = new Array()
    for (i=0;i<=message.length-1;i++) {
    ypos[i] = -50}
    function handlerMM(e){
        x = (document.layers) ? e.pageX : document.body.scrollLeft + event.clientX
        y = (document.layers) ? e.pageY : document.body.scrollTop + event.clientY
    flag =1}
    function makesnake() {
    if (flag==1 && document.all) {
    for (i=message.length-1; i>=1; i--) {
    xpos[i] =xpos[i-1] + step
    ypos[i] =ypos[i-1] }
    xpos[0] =x + step
    ypos[0] =y
    for (i=0; i<message.length-1; i++) {
    var thisspan = eval("span" + (i) + ".style")
    thisspan.posLeft =xpos[i]
    thisspan.posTop =ypos[i] } }
    else if (flag==1 && document.layers) {
    for (i=message.length-1; i>=1; i--) {
    xpos[i] =xpos[i-1] + step
    ypos[i] =ypos[i-1] }
    xpos[0] =x + step
```

```
ypos[0] = y
for (i = 0; i < message.length - 1; i + +) {
var thisspan  =  eval("document.span" + i)
thisspan.left = xpos[i]
thisspan.top = ypos[i]} }
var timer = setTimeout("makesnake()",30)}
</script>
<body onLoad = "makesnake()">
<script>
for (i = 0;i < = message.length - 1;i + +) {
document.write(" < span id = 'span" + i + "'class = 'spanstyle' >")
document.write(message[i])
document.write(" </span >")}
if (document.layers){
document.captureEvents(Event.MOUSEMOVE);}
document.onmousemove  =  handlerMM;
</script>
</body>
</html>
```

本例主要是通过 JavaScript 获取鼠标指针的位置,并且动态地调整文字的位置。文字通过 CSS 属性 position 的绝对定位,因此很容易得到调整。采用 CSS 的绝对定位是 JavaScript 调整页面元素的常用方法。

在网页设计中还有很多关于鼠标跟随的实例,大家可以由鼠标跟随文字的实例自行设计鼠标跟随图片的网页特效。

6.3.2　鼠标感应特效

为了提升网页的吸引力和增加点击力,很多网页设计者就利用了鼠标感应特效,有时候可能吸引读者点击进入下一页面,有时可能给予一些相关的信息,下面一个实例主要是用鼠标感应事件来对用户提一些警告信息,效果如图 6-6 所示:

具体实现代码如下:

```
<html>
<head> <title>鼠标感应事件特效 </title>
</head>
<body>
<a href onmouseover = "alert(^-^哈哈上当了,其实什么都没有!)" >想听笑话吗?
</a>
</body>
</html>
```

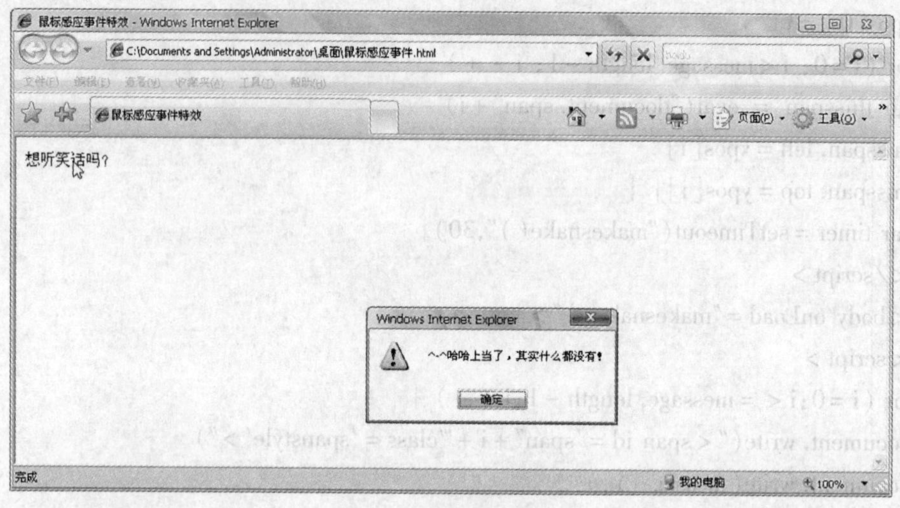

图 6-6　鼠标感应特效

本实例中主要是采用 JavaScript 中的 alert 方法来弹出一窗口。

6.4　菜单特效

Windows 程序操作界面强大的菜单能力和一些应用程序的导航菜单设计方法,使我们羡慕不已,而本节就着重从两个实例中介绍菜单的设计及控制方法。

6.4.1　左键弹出式菜单

对于习惯了使用 Windows 程序操作界面的用户来说,可以在网页中使用弹出下拉菜单无疑是一个很好的选择。所谓弹出下拉菜单是指类似于 Windows 应用程序的操作菜单,例如 Word 的主菜单。但是如何在网页中加入类似这样的弹出下拉菜单呢?运行本实例,点击鼠标左键将自动弹出与其相对应的下拉菜单,如图 6-7 所示。

其实现过程代码如下:

```
<html>
<head> <title>左键弹出式菜单特效 </title>
<style type ="text/css" >
body{font: 9pt "宋体"; margintop: 0px ; color: #ffffff; background: #000000}
a. { font: 9pt"宋体"; cursor: hand; font - size: 9pt ; color: #ffffff; text - decoration: none }
a:active{ font: 9pt"宋体"; cursor: hand; color: #FF0033 }
a. cc:hover{ font: 9pt"宋体"; cursor: hand; color: #FF0033}
. box{ font: 9pt"宋体"; position: absolute; background: #000000 }
</style >
</head >
<body >
```

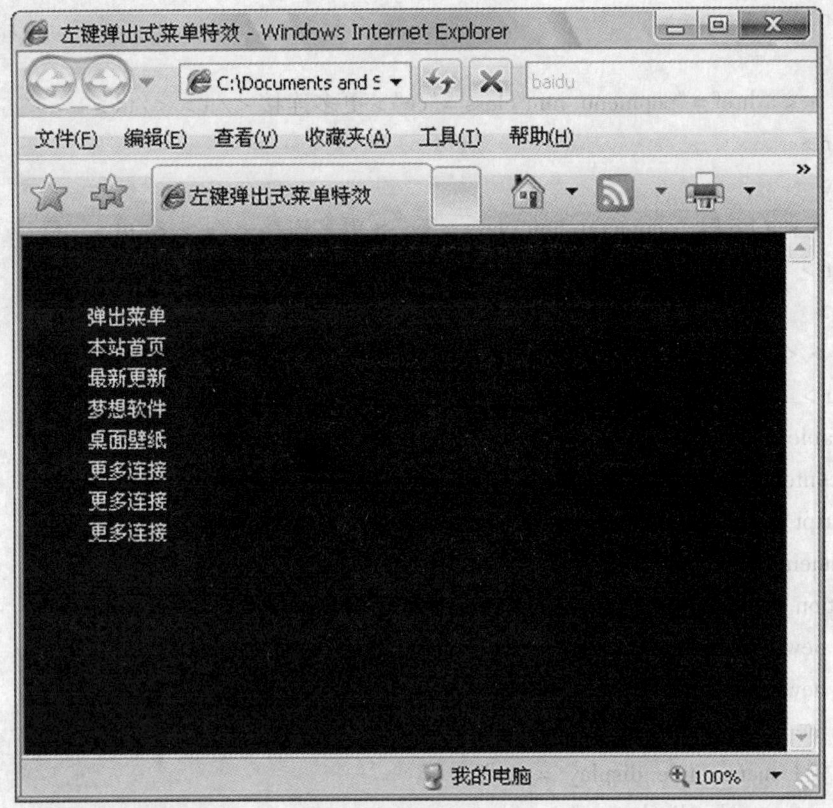

图6-7　左键弹出式菜单

```
<table id="itemopen" class="box" style="display:none">
<tr>
<td>弹出菜单</td>
</tr>
<tr>
<td><a href="./../../index.html" class="cc">本站首页</a></td>
</tr>
<tr>
<td><a href="../../navigation/newscript.htm"class="cc">最新更新</a>
</td>
</tr>
<tr>
<td><a href="../../navigation/applet/appletindex.htm"class="cc">梦想软件
</a></td>
</tr>
<tr>
<td><a href="../../../jsschool/index.htm" class="cc">桌面壁纸</a></td>
```

```
</tr>
<tr>
<td><a href="popmenu.htm"class="cc">更多连接</a></td>
</tr>
<tr>
<td><a href="popmenu.htm"class="cc">更多连接</a></td>
</tr>
<tr>
<td><a href="popmenu.htm"class="cc">更多连接</a></td>
</tr>
</table>
</center></div><! -- End of Popup Menu -->
<script language="JavaScript">
document.onclick = popUp
function popUp() {
    newX = window.event.x + document.body.scrollLeft
    newY = window.event.y + document.body.scrollTop
    menu = document.all.itemopen
    if ( menu.style.display == "") {
    menu.style.display ="none"}
    else {
    menu.style.display = ""}
    menu.style.pixelLeft = newX - 50
    menu.style.pixelTop = newY - 50
}
</script>
</body>
</html>
```

6.4.2 下拉式菜单

窗口中的下拉式在整个网站中充当着网络路标的作用，同时也可以提高程序或者软件的集成度，来吸引更多的用户。本实例主要是用来设计下拉菜单，实例效果如图 6-8 所示。

本实例实现过程如下：

```
<html>
<head><title>左键弹出式菜单特效</title>
</head>
<body>
```

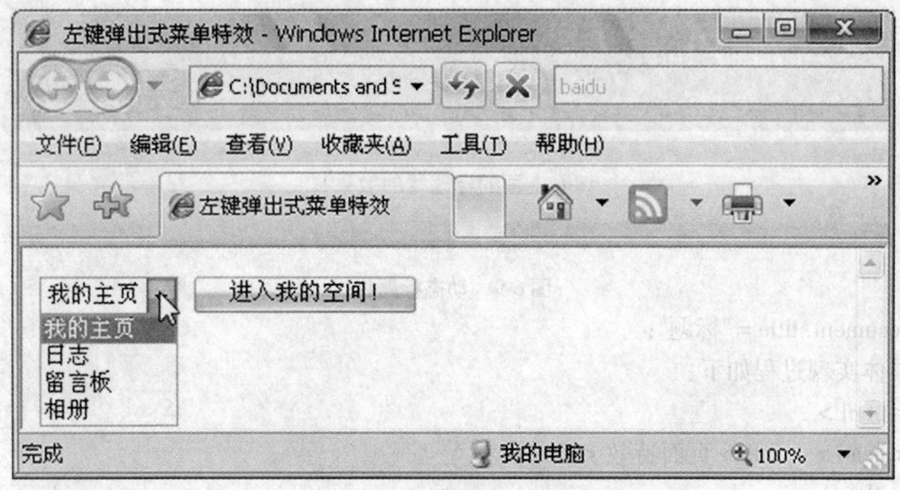

图 6-8　下拉式菜单

```
<FORM name="guideform">
<SELECT name="guidelinks">
<OPTION SELECTED value="http://qdjacky.126.com">我的主页
<OPTION value="http://place.com/page2.htm">日志
<OPTION value="http://place.com/page3.htm">留言板
<OPTION value="http://place.com/page4.htm">相册
</SELECT>
<INPUT type="button"name="go" value="进入我的空间!"
onClick="window.location=document.guideform.guidelinks.options[document.guideform.guidelinks.selectedIndex].value"> </FORM>
</body>
</html>
```

读者利用上面的实例还可以设计出浮动顶层的菜单以及推拉门式的菜单和导航式的菜单。

6.5　页面特效

增强和美化页面样式已经成了一道“工序”,合理地设计网站页面特效将会给网站带来勃勃生机。本节将通过具体的实例来介绍自定义页面特效的方法。

6.5.1　动态标题栏

通常,用户喜欢在网页中插入各种各样的动画,使自己的网页变得生动、活泼,一成不变的标题栏是不是可以有所改变呢? 本实例向读者讲解一个闪烁的动态标题栏,运行结果如图 6-9 所示。

技术要点:本实例主要应用 document.title 来设置或返回网页的标题。语法如下:

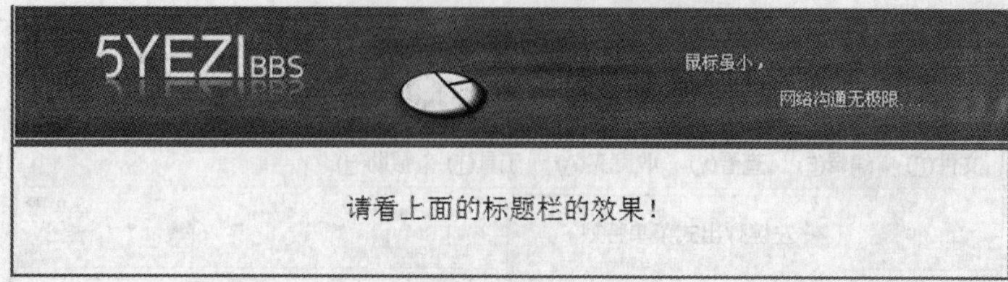

图 6-9　动态标题栏

document. title ="标题";

具体实现过程如下：

```
<html>
<head><title>页面特效<title>
</head>
<body>
<script language ="JavaScript">
step =0
function flash_title()
     {
          step++
          if (step ==3) {step =1}
          if (step ==1) {document. title ='☆★动态的标题栏★☆'}
          if (step ==2) {document. title ='★☆动态的标题栏☆★'}
          setTimeout("flash_title()",380);
     }
flash_title()
</script>
</body>
</html>
```

6.5.2　页面背景音乐特效

在很多网页中打开时就随即会跟有一些背景音乐，有些情况下用户也可以自己去设计，本实例具体实现过程如下，实例中主要是利用 document. write()来实现音乐的写入效果，用户可以调试：

```
<html>
<head>
<title>页面背景音乐特效</title>
</head>
<body>
<SCRIPT LANGUAGE ="JavaScript">
```

```
<! - - Begin
var MSIE = navigator. userAgent. indexOf("MSIE");
var NETS = navigator. userAgent. indexOf("Netscape");
var OPER = navigator. userAgent. indexOf("Opera");
if((MSIE > -1) || (OPER > -1)) {
document. write("<BGSOUND SRC = sound. mid LOOP = INFINITE >");
} else {
document. write("<EMBED SRC = sound2. mid AUTOSTART = TRUE");
document. write("HIDDEN = true VOLUME = 100 LOOP = TRUE >");
}
// End - - >
</SCRIPT>
</body>
</html>
```

读者利用上面的实例可以自己去设计一些关于页面的其他特效，比如页面自动刷新特效及页面跳转特效等。

6.6　其他特效

在网页中有很多的特效，除上述所介绍的特效外，还有图片特效、日期特效、窗体特效等，下面着重来介绍一个关于垂直滚动公告板的设计，运行本实例之后就会随之滚动页面上的一段文字，具体实例效果如图 6-10 所示。

本实例具体实现过程如下：

```
<html>
<head> <title>左键弹出式菜单特效</title>
<script>
<! - -
lstart = 200
loop = true
speed = 350
pr_step = 5
function makeObj(obj,nest){
nest = (! nest) ? '':'document. ' + nest + '. '
this. css = (document. layers) ? eval(nest + 'document. ' + obj):eval(obj + '. style')
this. scrollHeight = document. layers? this. css. document. height: eval (obj +'. offsetHeight')
this. up = goUp
this. obj = obj +"Object"
```

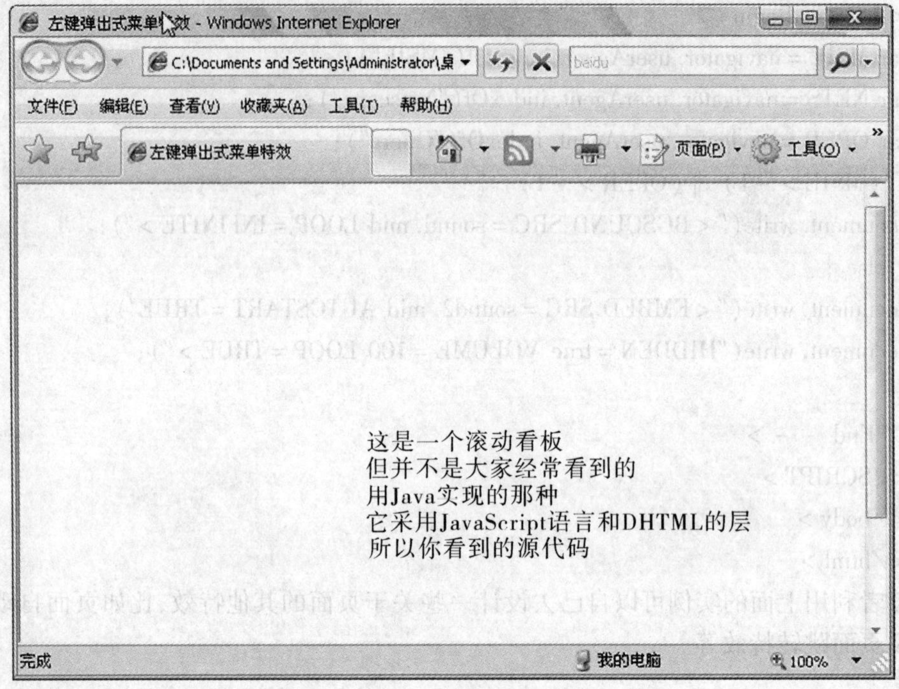

图 6-10　其他特效

```
eval( this. obj  + " = this")
return this
}
function goUp( speed) {
if( parseInt( this. css. top) > - this. scrollHeight) {
this. css. top = parseInt( this. css. top) - pr_step
setTimeout( this. obj + ". up(" + speed + ")", speed)

} else if( loop) {
this. css. top = lstart
eval( this. obj + ". up(" + speed + ")")
}
}
function slideInit( ) {
oSlide = makeObj( 'divNews', 'divCont')
oSlide. css. top = lstart
oSlide. up( speed)
}
onload = slideInit
// - - >
```

```
</script>
</head>
<body>
<div id="divCont"
style="position:absolute; width:300; height:100; top:120; left:280;
clip:rect(0,250,150,0)"> <div
id="divNews" style="position:absolute; top:0; left:0">
<p>这是一个滚动看板<br>
但并不是大家经常看到的<br>
用<font face="Arial">Java</font>实现的那种<br>
它采用<font face="Arial">JavaScript</font>语言和<font
face="Arial">DHTML</font>的层<br>
所以你看到的源代码<br>
不需要固定在 form 框里或者表格里<br>
它是用的<font face="Arial">&lt;div&gt;&lt;/div&gt;</font><br>
你可以把这段代码放在<font face="Arial">HTML<br>
</font>代码里的任何地方<br>
都不会影响它出现的位置</p>
<p>这是一个用处很大的程序<br>
可以用在网页里作广告或者告示板<br>
赶快<font face="Arial">Copy</font>到你的主页里试试吧！</p>
</div></div>
</body>
</html>
```

在上面实例中读者可以加入一些关于修改背景的代码,使页面更加具有实用性。

本章小结

本章着重通过具体的实例讲解了在网页设计过程中如何使用文字特效、鼠标特效、菜单特效、页面特效及其他特效,对其实现过程及原理作了详细的分析,在实例中也添加了一些修饰页面的 CSS 代码及其布局的设计代码。通过本章的学习,学生应能够将上面的一些特效应用到自己的网页设计当中,从而设计一些属于自己的网页特效。

习题与实训

一、习题

1. 简述 setInterval(object,methodName,interval[arg1,arg2,…,argn])函数中参数的具

体作用。

2. 简述如何在自己的网页中嵌入背景音乐。

二、上机实训

1. 利用文字特效功能,上机实现文字阴影效果。

2. 利用本章的知识点,结合 JavaScript 脚本实现鼠标图片跟随效果。

3. 设计一个自动隐藏菜单项的页面。

4. 结合本章的实例,利用所涉及的知识点设计一个带有动态特效的个人主页。

第 7 章　模板、库和插件的应用

【内容简介】

本章主要介绍模板的定义、模板的创建、如何利用模板创建网页，以及如何创建库项目及在网页中插入库。

为了体现网站的专业性，使站点中的文档具有相似风格是非常重要的。例如，可以在每个文档的左上角显示公司的徽标，在固定的位置显示站点的主题文字，这样不仅会加深用户对站点的印象，也有助于用户了解站点要说明的主题。利用常规的网页制作手段，要在多个文档中包含相同的内容，则不得不在每个文档中重复进行输入和编辑，这是很麻烦的。Dreamweaver 解决这个问题，它提供所谓的模板功能，可以帮助用户批量生成具有固定格式的文档。除了模板外，Dreamweaver 还可以利用库项目机制，快速在文档中输入具有相同格式和内容的文档元素组合。所谓库项目，实际上就是文档内容的任意组合，Dreamweaver 可以将文档中的任意内容存储为库项目，使它在其他地方被重复使用。

7.1　使用模板

利用模板，可以在 Dreamweaver 中批量生成具有相同风格的文档，本节将介绍如何在 Dreamweaver 中使用模板。模板技术可以创建具有相同页面布局的一系列文件，模板最大的好处还在于后期维护方便，可以快速地改变整个站点的布局和外观。

7.1.1　什么是模板

模板是指具有一定共性的文档样板，用于简化常规文档的创建工作。可以使用模板生成具有相似结构和外观的页面。其中包括网页设置、格式设置、网页元素等，用户可以根据它创建新的网页和站点。

另外，可以通过修改模板进而更新基于该模板的页面，从而大大提高网页制作效率，简化网站建设和维护工作（模板实际上也是文档，它是以 .dwt 为扩展名的文件）。

在制作网站的过程中，为了统一风格，很多页面会用到相同的布局、图片和文字元素。为了避免大量的重复劳动，可以使用 Dreamweaver 8 提供的模板功能，将具有相同版面结构的页面制作为模板，将相同的元素（如导航栏）制作为库项目，并存放在库中供随时调用。

7.1.2　创建模板

创建模板时必须指明哪些对象是可以编辑的，哪些对象是不可以编辑的。这样，在具体制作网页时，对于模板上可以编辑的对象，视具体情况做一些调整；对于模板上不可以编辑的对象，也可以在模板编辑状态下修改模板之后，使所有使用该模板的网页均会随着修改。这为修改大量网页的版式风格，提供了方便快捷的手段。

创建的模板文件保存在一个名为 Templates 的文件夹中。因为是默认文件夹，所以必须放在以这个文件名命名的文件夹内，否则，Dreamweaver 可能会找不到新建的模板。

用户可以从无到有创建空白的模板，然后在其中输入需要显示在所有文档中的内容，也可以将现有的文档存储为模板。模板实际上也是文档，只是它的扩展名是. dwt。当创建模板后，Dreamweaver 会自动在用户的本地站点目录中添加一个新的名为“Templates”的目录，然后将这些模板文件存储到该目录中。

创建模板有三种方法。

7.1.2.1　直接创建模板

（1）选择“窗口/资源”命令，打开“资源”面板，切换到模板子面板，如图 7-1 所示。

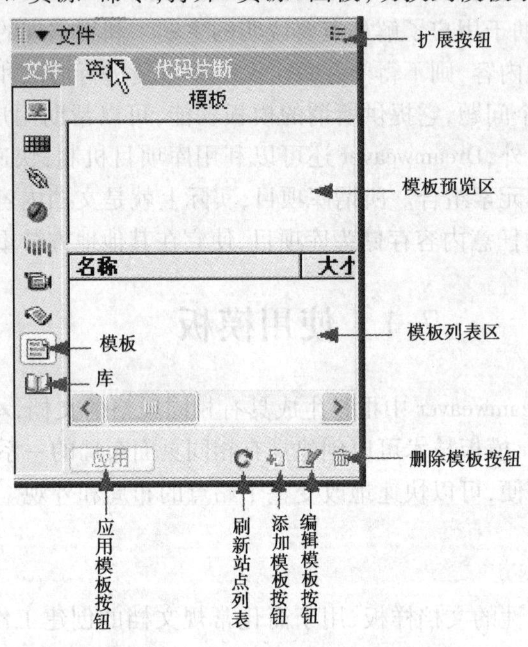

图 7-1　直接创建模板

（2）单击模板面板上的“扩展”按钮，在弹出菜单中选择“新建模板”，这时在浏览窗口出现一个未命名的模板文件，给模板命名，如图 7-2 所示。

（3）单击“编辑”按钮，打开模板进行编辑。编辑完成后，保存模板，完成模板建立。

7.1.2.2　将普通网页另存为模板

（1）打开一个已经制作完成的网页，删除网页中不需要的部分，保留几个网页共同需要的区域。

（2）选择“文件/另存为模板”命令将网页另存为模板。

（3）在弹出的“另存为模板”对话框中，“站点”下拉列表框用来设置模板保存的站点，可选择一个选项。“现存的模板”选框显示了当前站点的所有模板。“另存为”文本框

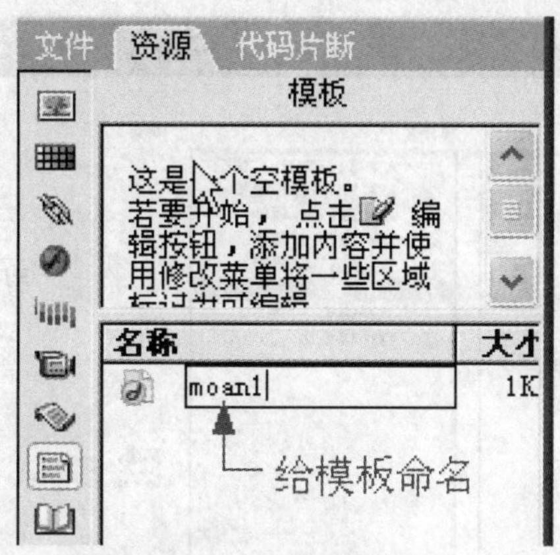

图 7-2　给模板命名

用来设置模板的命名。单击“另存为模板”对话框中的“保存”按钮,就把当前网页转换为了模板,同时将模板另存到选择的站点,如图 7-3 所示。

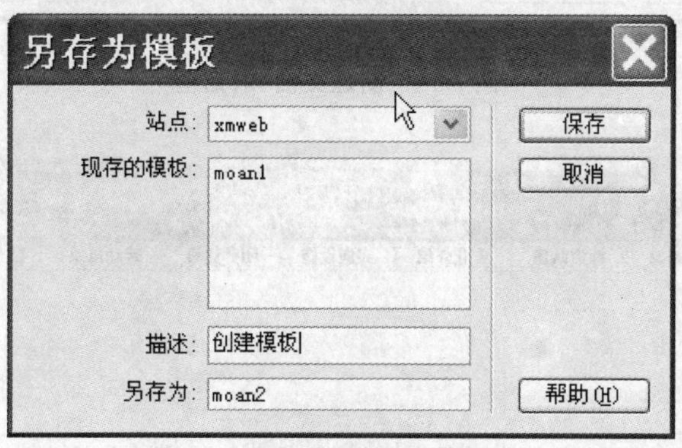

图 7-3　“另存为模板”对话框

(4)单击“保存”按钮,保存模板。系统将自动在根目录下创建 Templates 文件夹,并将创建的模板文件保存在该文件夹中。

在保存模板时,如果模板中没有定义任何可编辑区域,系统将显示警告信息。我们可以先单击“确定”按钮,以后再定义可编辑区域。

7.1.2.3　从文件菜单新建模板

选择“文件”|“新建”命令,打开“新建文档”对话框,然后在类别中选择“模板页”,并选取相关的模板类型,直接单击“创建”按钮即可,如图 7-4 所示。具体步骤如下:

(1)选择菜单“文件”|“新建”,选“模板页” ,单击“创建”按钮。

(2)在“资源”面板中单击“模板”按钮,然后单击“ + ”按钮。

(3)在打开的文档中单击“插入”面板|“模板”,创建模板。

例:将站点中的主页 index. htm 修改后另存为模板 index. dwt。

步骤 1:打开要作为模板的网页文档,如图 7-5 所示。

步骤 2:选择“文件”|“另存为模板”命令,打开“另存为模板”对话框, 如图 7-6 所示。

步骤 3:从“站点”下拉列表中选择一个用来保存模板的站点。在“另存为”文本框中设置要创建的模板的名称 index。

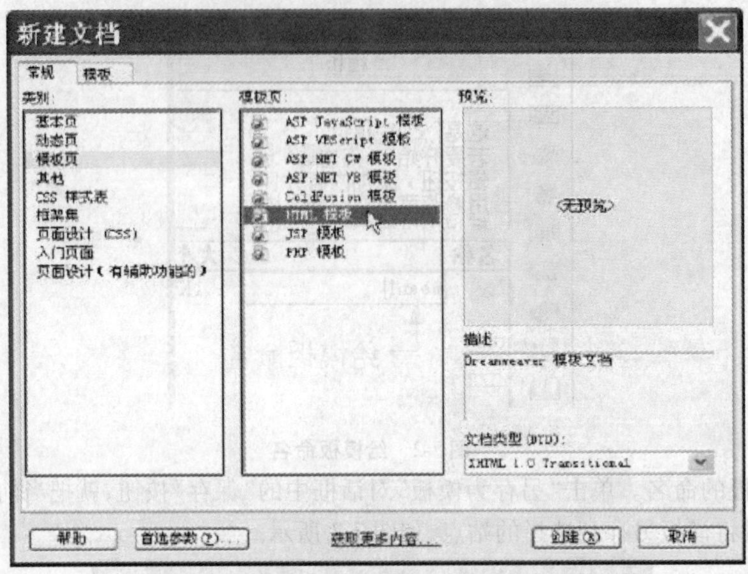

图 7-4 “新建文档”对话框

图 7-5 打开作为模板的网页文档

图 7-6 “另存为模板”对话框

步骤 4:单击“保存”按钮,模板文件被保存在指定站点的 Templates 文件夹中,文件格式名为. dwt,如图 7-7 所示。

另外,可在“插入栏”的“常用”选项卡中单击“模板”按钮,创建模板,如图 7-8 所示。

图 7-7　站点文件(包含 Templates 文件夹)

7.1.3　创建可编辑区域

可编辑区域是以模板为基准创建文档时,可以进行添加、修改、删除等操作的区域。将光标置于可编辑区内,单击“插入”|“模板”面板中的“可编辑”按钮,进行设置。

定义可编辑区域:模板创建好后,要在模板中建立可编辑区,只有在可编辑区里,才可以编辑网页内容。可以将网页上任意选中的区域设置为可编辑区域,但是最好是基于 HTML 代码的,这样在制作的时候更加清楚。

图 7-8　创建模板

方法一:在文档窗口中,选中需要设置为可编辑区域的部分,单击常用快捷栏的“模板”按钮,在弹出菜单中选择“可编辑区域”项。

方法二:选择“插入”|“模板对象”|“可编辑区域”命令,如图 7-9 所示,打开“新建可编辑区域”对话框,如图 7-10 所示。

在弹出的“新建可编辑区域”对话框中给该区域命名,然后单击“确定”按钮。新添加的可编辑区域有蓝色标签,标签上是可编辑区域的名称,如图 7-11 所示。

提示:如果希望删除可编辑区域,可以将光标置于要删除的可编辑区域内,选择“修改”|“模板”|“删除模板标记”命令,光标所在区域的可编辑区即被删除。

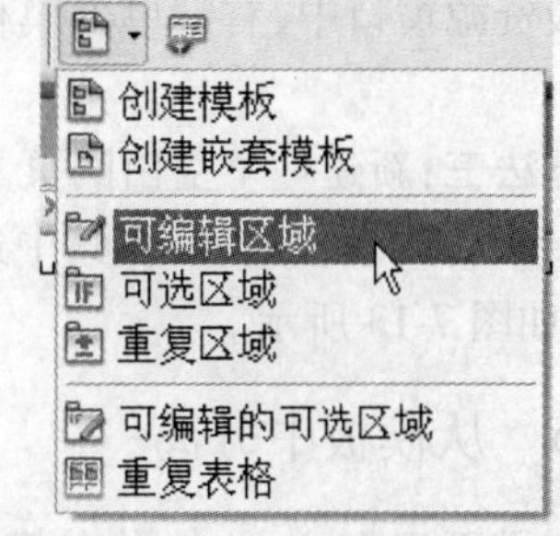

图 7-9　快捷菜单中“可编辑区域”命令

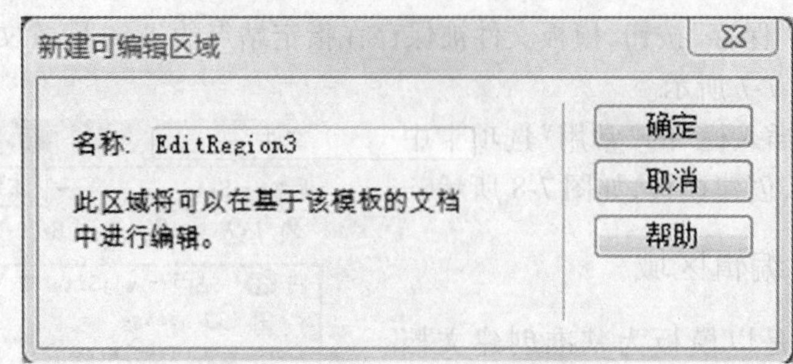

图 7-10 “新建可编辑区域”对话框

图 7-11 创建可编辑区域

这样模板文件就创建好了。

7.1.4 利用模板创建网页

应用了模板的文档一般称为附着模板文档,该文档与模板间就建立了一定的链接关系。修改模板后,系统自动更新附着模板的文档。

方法一:选择“文件”|“新建”命令,打开“新建文档”对话框。单击“模板”选项卡,在“模板用于”列表中,选择包含要使用模板的 Dreamweaver 站点,然后从右侧的列表中选择一个模板,单击“创建”按钮。新文档出现在窗口中,鼠标移到可编辑区域时,光标变为可编辑状态,而移到锁定区域时则变为不可编辑状态,如图 7-12 所示。

方法二:新建一个空白网页。选择“窗口”|“资源”|“模板”,打开模板资源窗口。在模板资源窗口中,右键单击模板的名称。选择“从模板新建”,文档即会在文档窗口中打开。

方法三:新建一个空白网页。选择“窗口”|“资源”命令,打开“资源”面板,单击“模板”按钮,打开模板列表,在其中选中要应用的模板,单击“应用”按钮,即在文档中可应用模板,如图 7-13 所示。

7.1.5 从模板中分离

如果不想在文档中附有模板,或不希望文档与模板有联系,可以选择“修改”|“模板”|“从模板中分离”命令,将文档与模板分离,分离后该文档中的任意区域都可编

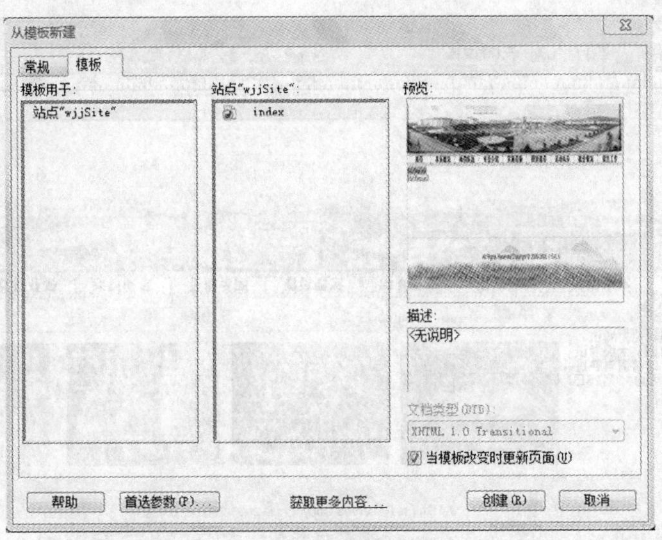

图 7-12　生成附着模板文档(方法一)

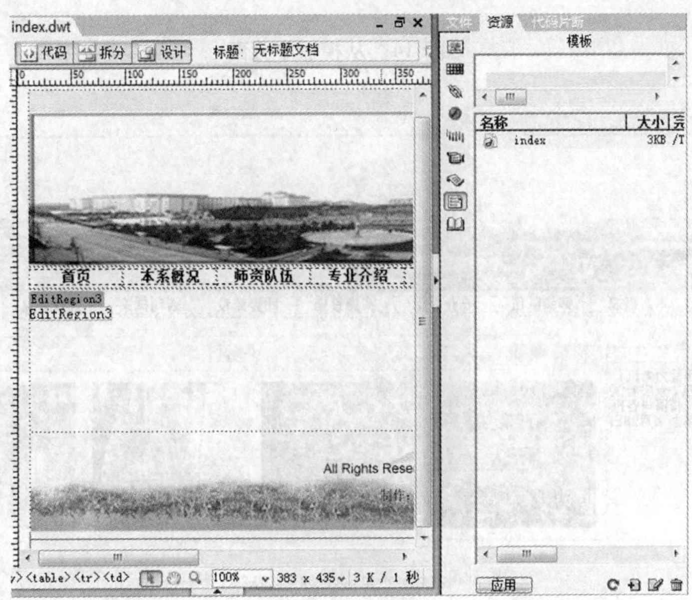

图 7-13　生成附着模板文档(方法三)

辑，如图 7-14 所示。

7.1.6　更新模板网页

打开要更新的模板，进行修改，如图 7-15 所示。

模板修改后，选择“文件”|“保存”命令保存模板时，Dreamweaver 会询问是否更新所有附着到该模板的文档，此时将打开“更新模板文件”对话框，如图 7-16 所示；也可以直接

图 7-14　从模板中分离

图 7-15　修改模板

选择“修改”|“模板”|“刷新页面”命令,更新所有附着模板的文件,更新页面如图 7-17 所示。

如果单击“不更新”按钮,则只是对修改后的模板进行保存。

提示:①模板必须存放于某个站点的以 Templates 命名的文件夹内;②所编辑模板同一个站点下有应用此模板的网页文件时才会跳出右侧对话框;③单击“更新”按钮,系统自动完成更新,并给出一份更新报告;④单击“关闭”按钮,完成站点中网页的更新。

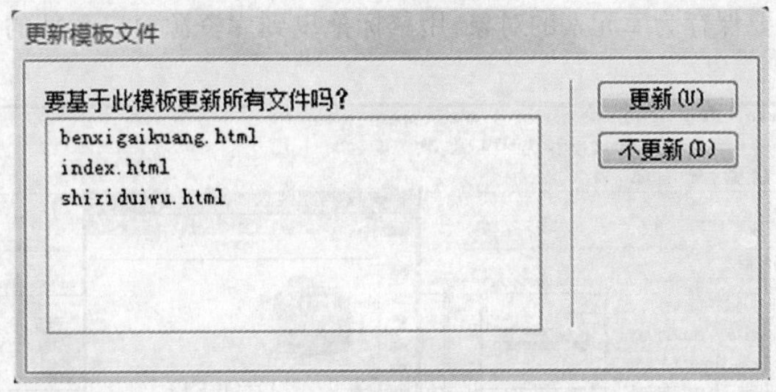

图 7-16　“更新模板文件”对话框

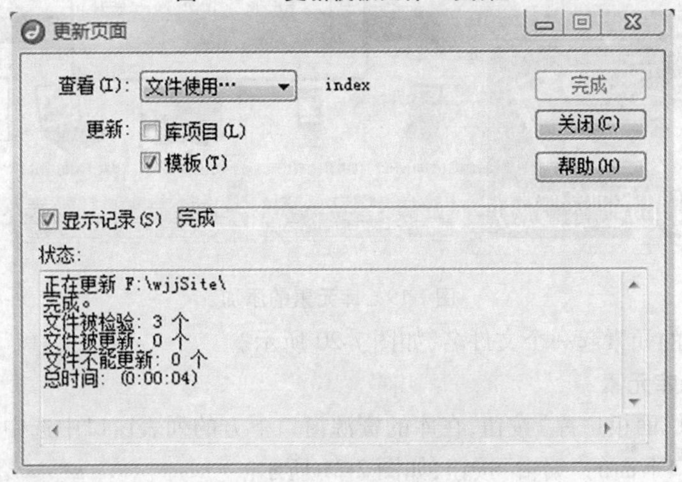

图 7-17　更新页面

7.2　使用库项目

库是一种网页对象的共享功能。在制作网页时，可以随时将网页上的各个对象加入到库中。一旦将对象加入到库中，该对象就成为了一个公用对象，这给重复利用这些对象提供了很大的方便。

每一个站点可以配备一个库，库中分门别类地存放着各类对象，如文本、表格、表单、图像、Java 小程序等。对于库中的对象，可以进行修改。修改之后，所有使用该对象的网页都会随之改动。

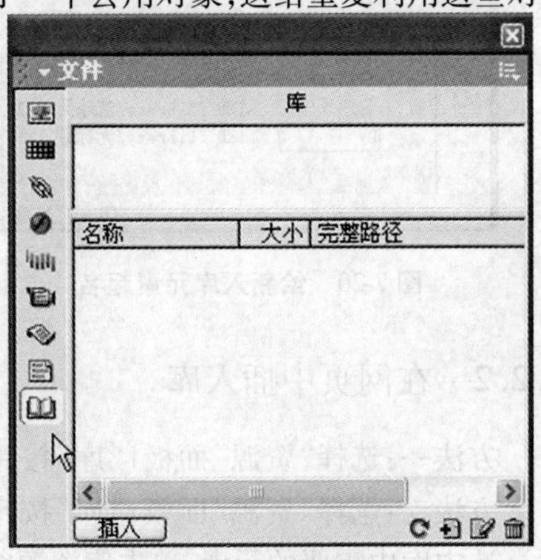

图 7-18　资源窗口

7.2.1　创建库项目

7.2.1.1　添加库元素

选择“窗口”|“资源”|“库”，如图 7-18 所示。

用 Dreamweaver 打开含有值得作为库元素

的网页,选择需要保存为库元素的对象,用鼠标拖曳到库资源窗口下部的列表窗口中,如图 7-19 所示。

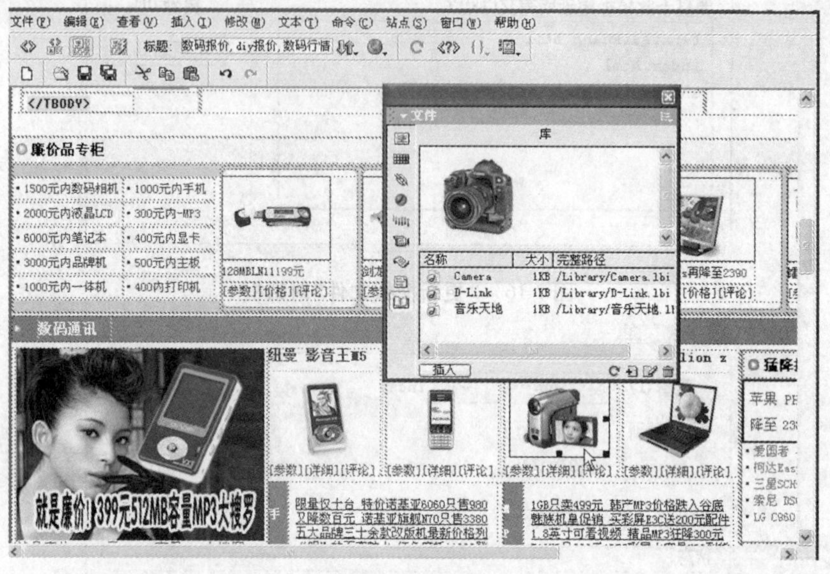

图 7-19　库元素的添加

给新入库的元素起一个文件名,如图 7-20 所示。

7.2.1.2　编辑库元素

选择"资源"面板|"库"按钮,在库的资源窗口下方的列表窗口中选中要编辑的元素,单击库资源窗口下面的"编辑"按钮,如图 7-21 所示。

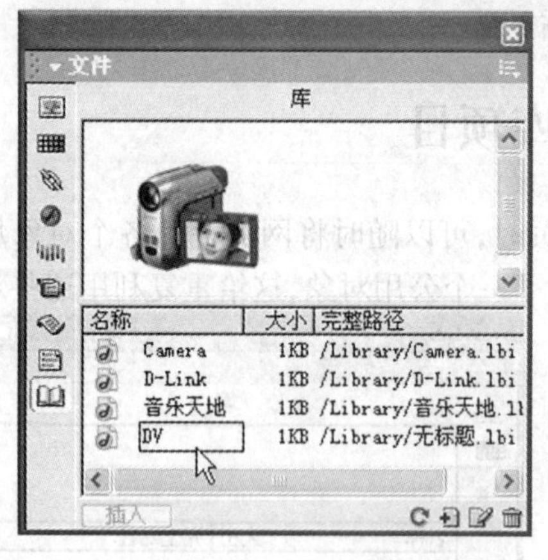

图 7-20　给新入库元素起名

图 7-21　编辑库元素

7.2.2　在网页中插入库

方法一:选择"资源"面板|"库"按钮,用鼠标将需要的库元素拖曳到页面上。

方法二:选择"资源"面板|"库"按钮,将光标移动到页面上的插入点。

选中库中需要的元素,单击库资源窗口左下方的"插入"按钮,如图 7-22 所示。

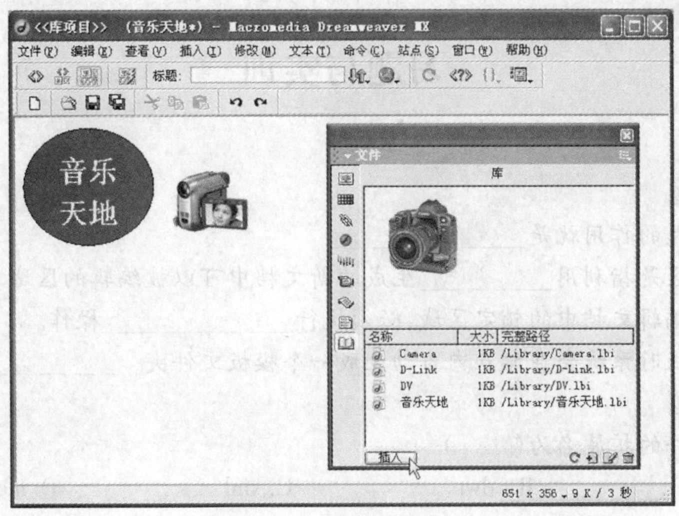

图 7-22　在网页中插入库

7.2.3　库元素的删除

选择“窗口”|“资源”|“库”按钮,选中需要删除的库元素,单击库资源窗口左下方的“删除”按钮,如图 7-23 所示。

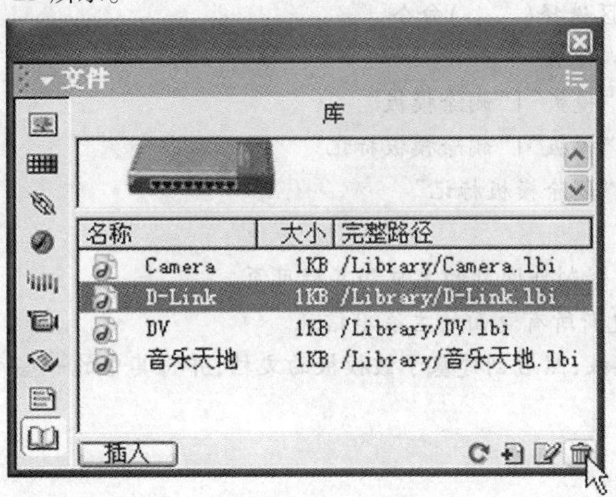

图 7-23　库元素的删除

本章小结

本章着重介绍了模板和库的创建、修改和应用。通过使用库项目和模板,可更方便地在整个站点或者多个站点上重复使用特定内容或设计元素。经过本章的学习,可以为读者在网页制作和网站维护方面又开启一道方便之门。

习题与实训

一、习题

(一)填空题

1. 模板最大的作用就是__________。

2. 可编辑区是指利用__________生成的新文档中可以被编辑的区域。

3. 如果要编辑文档中的锁定区域,必须执行__________操作。

4. 创建模板时系统会在站点内自动生成一个模板文件夹__________。

(二)选择题

1. 模板文件的扩展名为(　　)

A. htm　　B. dwt　　C. xml　　D. mov

2. 锁定区域是指模板的固定格式区域,是(　　)

A. 可编辑区域　　B. 不可编辑区域

C. 可移动区域　　D. 不可移动区域

3. 打开"资源"面板的快捷方式是按(　　)键。

A. F1　　B. F2　　C. F8　　D. F11

4. 删除可编辑区选择(　　)命令。

A. "修改"|"模板"

B. "修改"|"模板"|"删除模板"

C. "修改"|"模板"|"删除模板标记"

D. "修改"|"删除模板标记"

二、上机实训

1. 利用模板技术制作网站的主页和其栏目页。

要求:一次能更新所有页面的主菜单信息。

2. 创建一个模板,然后创建基于该模板的文档,并将其中的一些元素创建为库项目。

第 8 章　动态网站设计简介

【内容简介】

Dreamweaver 8 是一款专业的 HTML 编辑器,用于对 Web 站点、Web 页和 Web 应用程序进行设计、编码和开发。无论用户愿意享受手工编写 HTML 代码时的驾驭感还是偏爱在可视化编辑环境中工作,Dreamweaver 都会为用户提供有用的工具,使用户拥有更加完美的 Web 创作体验。Dreamweaver 可以使用服务器技术(例如 CFML、ASP. NET、ASP、JSP 和 PHP)生成由动态数据库支持的 Web 应用程序。

本章主要介绍建立 ASP 运行环境(安装、配置 IIS)、建立站点、建立数据库、Dreamweaver 与数据库的连接(使用 DSN 连接数据库)、显示数据库记录、插入数据库记录、修改数据库记录和删除数据库记录等内容,以实现 ASP 动态网站的全部设计过程。

8.1　常用技术

目前,网络上常见的动态网页编程语言有 ASP、JSP、PHP、Perl、CEML 等几种,其中最常用的是 ASP、JSP、PHP 3 种。这 3 种技术各有特色,本节只作简单介绍,帮助读者了解当前的动态网页所采用的语言特点。

8.1.1　ASP

ASP 是"Active Server Pages",即动态网页服务器的简称,是 Microsoft 公司推出来用来代替 CGI(公共网关接口)的,它被包含在个人网页服务器当中,它提供了一个服务器和脚本运行环境,使得用户可以使用脚本语言(VBScript ,JavaScript ,Perl 等)开发网络应用程序来代替 CGI,是一种操作简单、功能强大、可移植、可扩充的网络语言。

ASP 的特点是:易于使用,代码实现简单,占用内存和磁盘空间较少。

其缺点是:ASP 只能运行在 Microsoft 平台上;由于使用基本语言混合 HTML 编程,功能较弱,一些底层的操作只能通过组件来完成;缺乏完善的纠错、调试功能。

8.1.2　PHP

PHP 是一种易于学习和使用的服务器端脚本语言。用户只需要很少的编程知识就能使用 PHP 建立一个真正交互的 Web 站点。

PHP 是可以设计动态网页的工具之一。PHP 代表超文本预处理器(PHP: Hypertext Preprocessor)。PHP 是完全免费的,不用花钱,用户可以从 PHP 官方站点(http://www.php. net)自由下载。PHP 遵守 GNU 公共许可(GPL),在这一许可下诞生了许多流行的软件,诸如 Linux 和 Emacs。用户可以不受限制地获得源码,甚至可以从中加进自己需要的特色。PHP 在大多数 Unix 平台、GUN/Linux 和微软 Windows 平台上均可以运行。在 Windows 环境的 PC 机或 Unix 机上安装 PHP 的资料可以在 PHP 官方站点上找到,安装过程很简单。

PHP 的特点:开放源码,免费运行;在 Unix 平台、GUN/Linux 和微软 Windows 平台上均可以运行;跨平台,语言简单,效率高,执行速度快。

8.1.3　JSP

JSP 是 Java Server Pages,是一种以 Java 为主的跨平台 Web 开发语言。JSP 与微软的 Active Server Pages 兼容,但它使用类似 HTML 的卷标以及 Java 程序代码段而不是 VBScript。当用户所使用的网站服务器没有提供本地 ASP 支持,也就是 Apache 或 Netscape 服务器时,可以考虑使用 JSP。虽然用户可以取得这些服务器的 ASP 附加配备模块,但价格相当昂贵,而目前 Sun 并没有对用户所需要的 JSP 组件收取费用。对于 Solaris、Linux 以及 Windows,这些组件也都很容易取得。

注意:不要将 JSP 与服务器端的 JavaScript 混为一谈。网站服务器会自动将以 JSP 写成的 Java 程序代码段转换成 Java servlets。而许多先前必须以 Perl 手写程序或服务器特定的 API(如 ASP)控制的功能也都可通过 JSP 来自动化处理。

JSP 也具有上述两种语言的优点,这里不再赘述。

就发展来说,这 3 种动态网页都已经进入成熟阶段,基于 3 者技术构建的网站在网上都十分常见。在 2000 年左右,可以说网上 ASP 类的程序居多,但是现在由于 Java 对其 J2EE 技术的推广,许多大型商务应用网站都改为基于 JSP 的环境进行搭建,而 PHP 由于其免费的特性,也被许多中小型公司选用。

8.2　动态网页开发环境配置

8.2.1　IIS 的安装与配置

8.2.1.1　安装 IIS

若操作系统中还未安装 IIS 服务器,可打开“控制面板”,然后单击启动“添加/删除程序”,在弹出的对话框中选择“添加/删除 Windows 组件”,在 Windows 组件向导对话框中选中“Internet 信息服务(IIS)”,然后单击“下一步”,按向导指示,完成对 IIS 的安装,如图 8-1、图 8-2 所示。

8.2.1.2　启动 Internet 信息服务(IIS)

Internet 信息服务简称为 IIS,单击 Windows 开始菜单|所有程序|管理工具|Internet 信息服务(IIS)管理器,即可启动“Internet 信息服务”管理工具,如图 8-3 所示。

8.2.1.3　配置 IIS

IIS 安装后,系统自动创建了一个默认的 Web 站点,该站点的主目录默认为 C:\\Inetpub\\www.root。

用鼠标右键单击“默认 Web 站点”,在弹出的快捷菜单中选择“属性”,此时就可以打

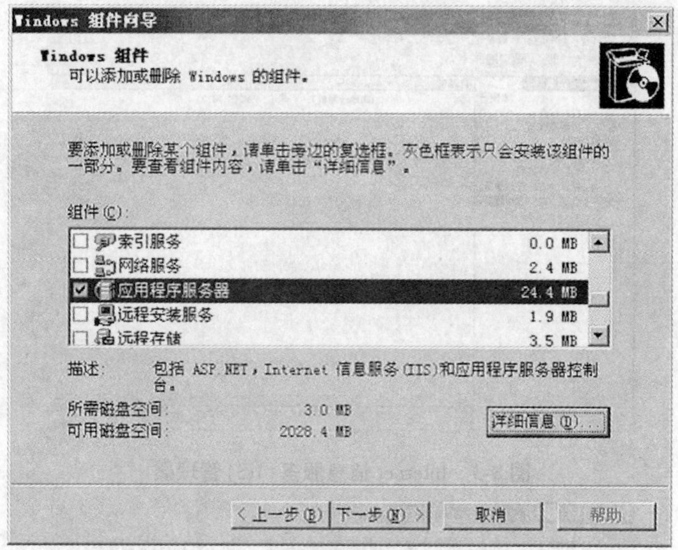

图 8-1　Windows 组件向导

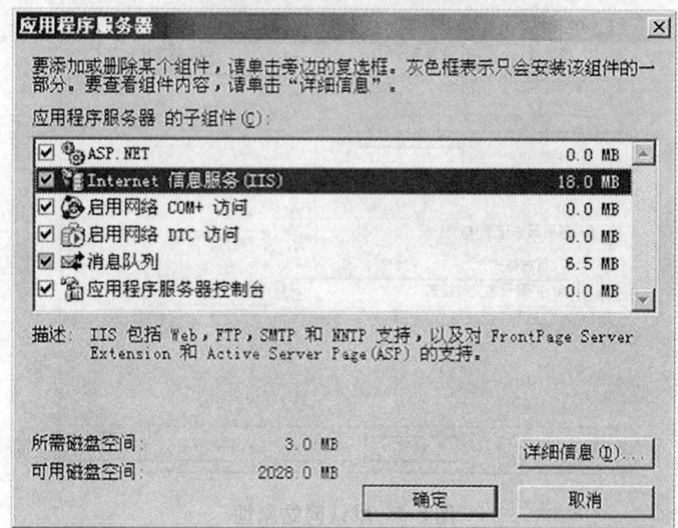

图 8-2　应用程序服务器

开默认网站属性对话框，如图 8-4 所示，在该对话框中，可完成对站点的全部配置。

8.2.1.4　主目录与启用父路径

单击"主目录"标签，切换到主目录设置页面，如图 8-5 所示，该页面可实现对主目录的更改或设置。注意检查启用父路径选项是否勾选，如未勾选将对以后的程序运行有部分影响，如图 8-6 所示。

8.2.1.5　设置主页文档

单击"文档"标签，可切换到对主页文档的设置页面，主页文档是在浏览器中键入网站域名，而未制定所要访问的网页文件时，系统默认访问的页面文件。常见的主页文件名有 index. htm、index. html、index. asp、index. php、index. jap、default. htm、default. html、de-

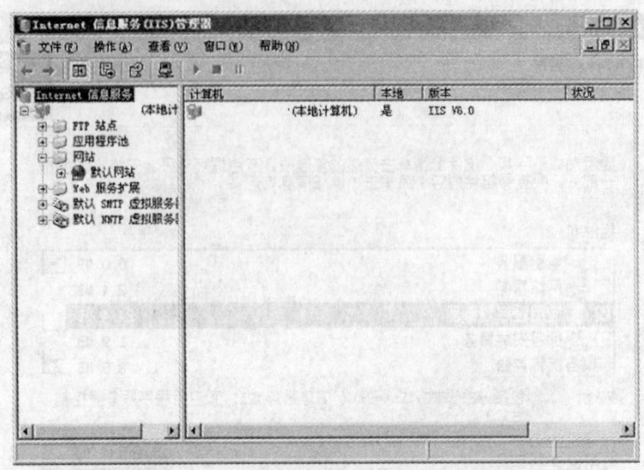

图 8-3　Internet 信息服务(IIS)管理器

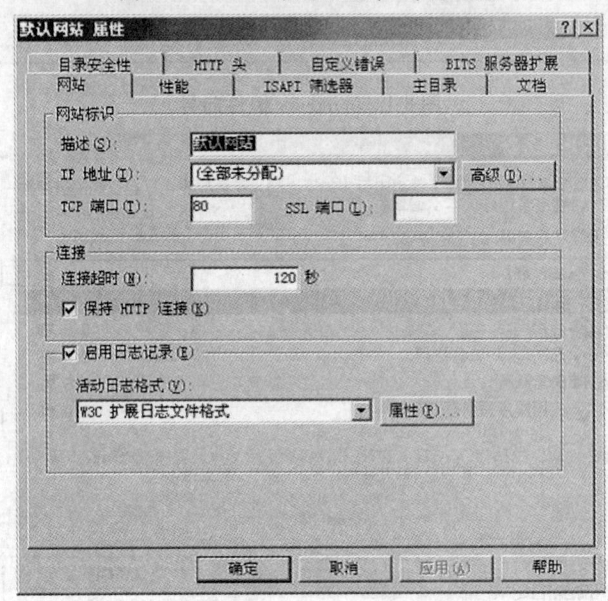

图 8-4　默认网站属性

fault. asp 等。

IIS 默认的主页文档只有 default. htm 和 default. asp,根据需要,利用“添加”和“删除”按钮,可为站点设置所能解析的主页文档。

8.2.1.6　启动与停止 IIS 服务

在 Internet 信息服务的工具栏中提供有启动与停止服务的功能。先点击“网站”中的“默认网站”,然后右击选择“启动”便可启动 IIS 服务器;反之,点击“停止”则停止 IIS 服务器。

8.2.2　建立站点

Macromedia Dreamweaver 8 是一个站点创建和管理工具,使用它不仅可以创建单独的文档,还可以创建完整的 Web 站点。

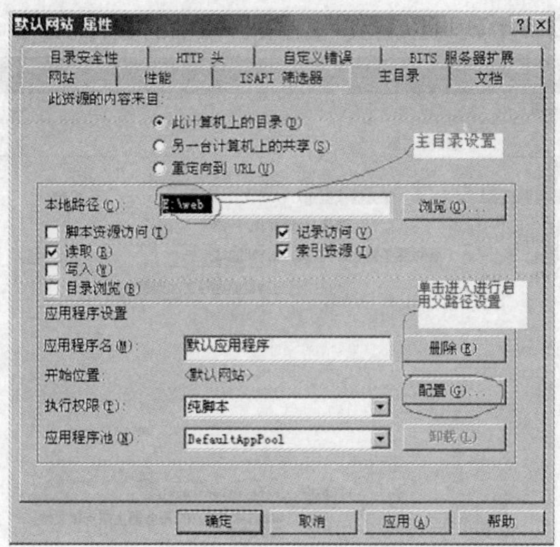

图 8-5　默认网站属性主目录设置

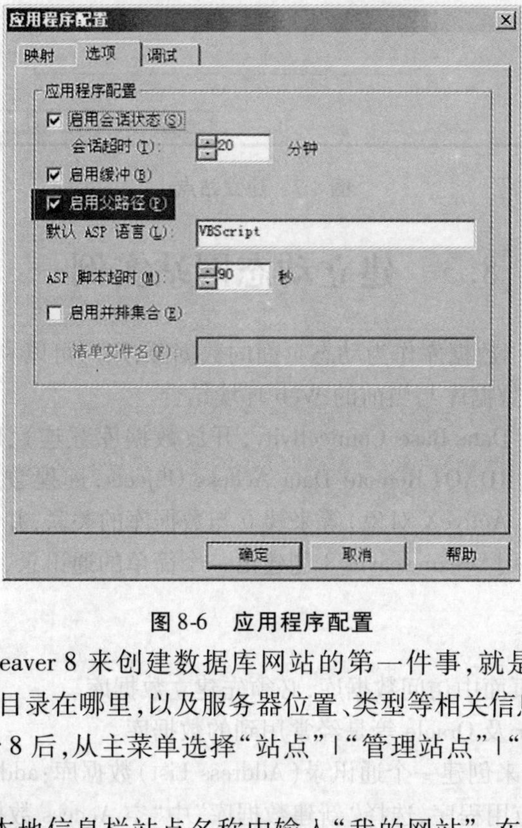

图 8-6　应用程序配置

开始使用 Dreamweaver 8 来创建数据库网站的第一件事,就是定义网站,必须告诉 Dreamweaver 8 网站根目录在哪里,以及服务器位置、类型等相关信息。

启动 Dreamweaver 8 后,从主菜单选择"站点"|"管理站点"|"新建…",定义一个新站点。

在弹出菜单中的本地信息栏站点名称中输入"我的网站",在本地根文件夹中选择"E:\我的网站",在 HTTP 地址项填写"HTTP:\\127.0.0.1\",其余各项保持不变。在"分类"处选择"测试服务器",在服务器模型处选择"ASP VBScript",在"访问"处选择"本地/网络",单击"确定"按钮,完成站点的定义,如图 8-7 所示。

这时在网站管理窗口中就可以看到网站根目录中的文件了。

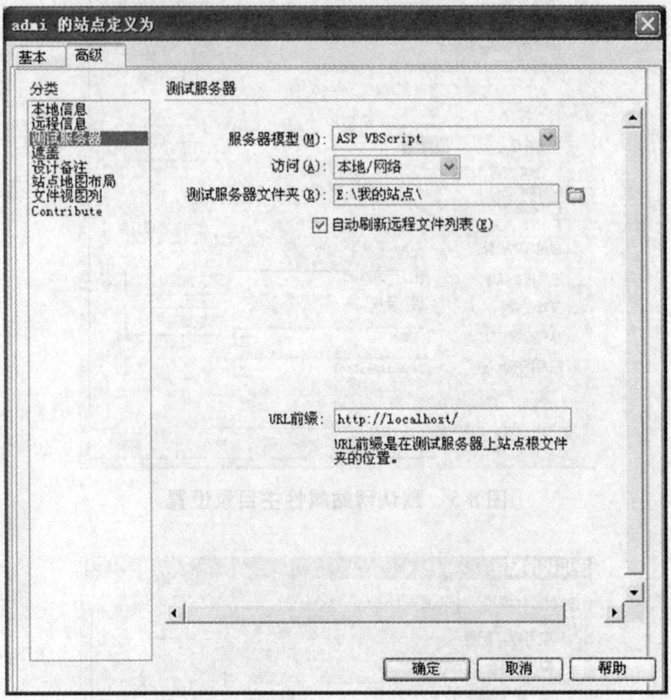

图 8-7　建立站点

8.3　建立动态网站实例一

Dreamweaver 8 使用数据库作为动态页面的数据源，用户可以利用简单的程序或脚本语言等技术，将现有的数据库与当前的 Web 环境结合。

通过 ODBC（Open Data Base Connectivity，开放数据库互连）、DAC（Data Access Objects，数据访问对象）、RDAO（Remote Data Access Objects，远程数据库访问对象）、ADO（ActiveX Data Objects ，ActiveX 对象）等来建立与数据库的关联，并读取数据库。

在这一节中，将利用 Dreamweaver 8 创建出一个简单的通讯录，如图 8-8 所示。

8.3.1　创建数据库

要在交互式动态页面中访问数据库，必须先建立数据库。

Access、SQL Server 及 Oracle 等是经常用到的数据库。

使用 Access 2000 来创建一个通讯录（Address List）数据库：addlist. mdb。

（1）运用 Access 应用程序，选择“新建数据库”中“空 Access 数据库”选项，并单击“确定”按钮，出现如图 8-9 所示对话框。

（2）选择保存位置，命名数据库：addlist（默认文件扩展名为. mdb），并单击“创建”按钮，出现如图 8-10 所示对话框。

（3）双击“使用设计器创建表”选项，创建新表，保存并命名为“data”，如图 8-11 所示。

通 讯 录

id	name	address	zip	phone	email	QQ
1	刘笑	武汉市	5223533	027－87825632	wsi@21cn.com	6666666
2	王雨	济南市	5238535	0531－5672365	wangyu@163.com	56624560
3	张哲	广州市	5236412	020－56235412	zhangzhe@sina.com	45686463
4	林小小	南京市	5236455	025－86954234	xiaoxiao@163.com	24568654
5	陈晨	北京市	5278963	010－68953217	chenc@tom.com	31864653
6	刘东	重庆市	5245633	023－58568565	liudong@sina.com	1856878
7	张天浩	上海市	5245637	021－65635361	tianhao@yahoo.com	5468468
8	刘秀梅	长沙市	5248523	0731－6985341	liu1222@163.com	3549876
9	王易	南昌市	5263412	0719－8563852	wangyi@163.com	68768764
10	李杉	西安市	710002	029-7596563	lishan@163.com	7856565

第一页 前一页 下一页 最后一页

图 8-8　通讯录

(4)在 data 表中输入数据,如图 8-12 所示。

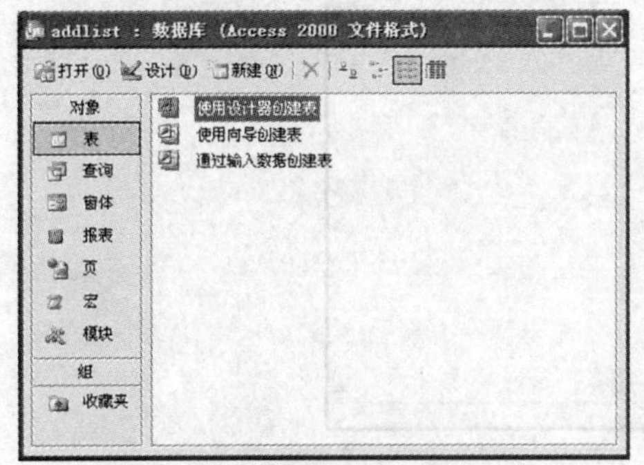

图 8-9　新建 Access 数据库

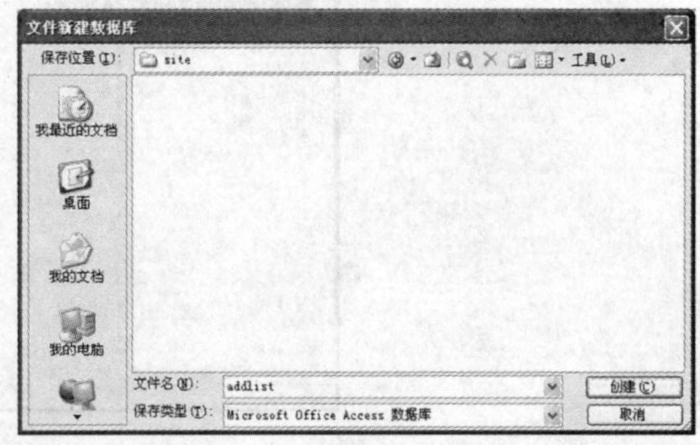

图 8-10　“文件新建数据库”对话框

data : 表

字段名称	数据类型	
id	数字	证件号码
name	文本	姓名
address	文本	家庭住址
zip	文本	邮政编码
phone	文本	联系电话
email	文本	电子邮件
QQ	数字	QQ号码

图 8-11　data 表的数据结构

8.3.2　配置 Web 服务器

要想自己的站点被外界访问,那么必须创建 Web 服务器,并将自己的站点放在 Web 服务器上。

data : 表

id	name	address	zip	phone	email	QQ
1	刘笑	武汉市	5223533	027-87825632	wsi@21cn.com	6666666
2	王雨	济南市	5238535	0531-5672365	wangyu@163.com	56624580
3	张哲	广州市	5236412	020-56235412	zhangzhe@sina.com	45686463
4	林小小	南京市	5236455	025-86954234	xiaoxiao@163.com	24568654
5	陈晨	北京市	5278963	010-68953217	chenc@tom.com	31864653
6	刘东	重庆市	5245633	023-58568565	liudong@sina.com	1856878
7	张天浩	上海市	5245637	021-65635361	tianhao@yahoo.com	5468468
8	刘秀梅	长沙市	5248523	0731-6985341	liu1222@163.com	3549876
9	王易	南昌市	5263412	0719-8563852	wangyi@163.com	38768764

记录: 9 共有记录数: 9

图 8-12　data 表的内容

常用的 Web 服务器有运行在 Windows 98 之上的 PWS(Personal Web Server)和运行在 Windows2000/XP/2003 之上的 IIS(Internet Information Server)。假定系统是 Windows XP Professional,并且已经安装 IIS,下面介绍如何配置 Web 服务器。

(1)运行"控制面板"|"性能和维护"|"管理工具"|"Internet 信息服务",如图 8-13 所示。

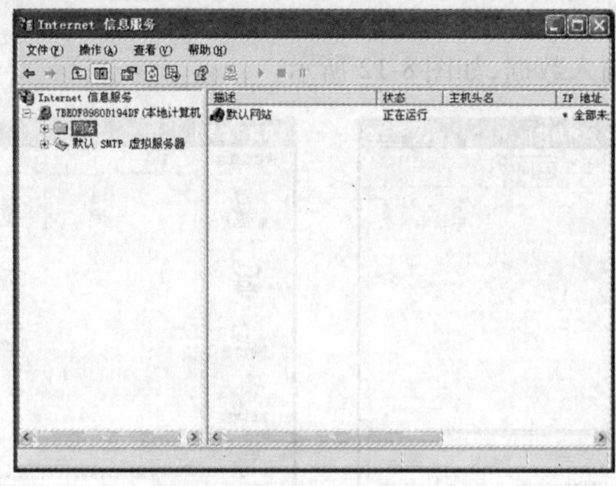

图 8-13　Internet 信息服务

(2)选择本地计算机下的网站。如图 8-14 所示,右边列表显示了网站的基本信息。

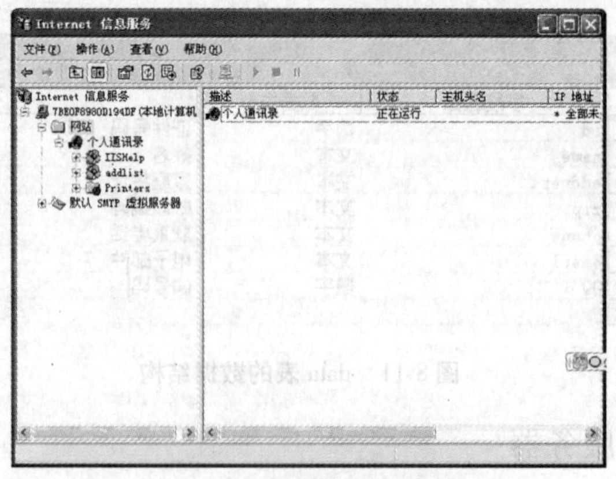

图 8-14　网站的基本信息

(3)右击显示的网站名称,在快捷菜单中选择"属性"命令。

(4)在“网站”选项卡,进行站点 IP 地址和端口等的设置,如果该计算机没有联入网络,则可设置默认 IP 地址为“127.0.0.1”,如图 8-15 所示。

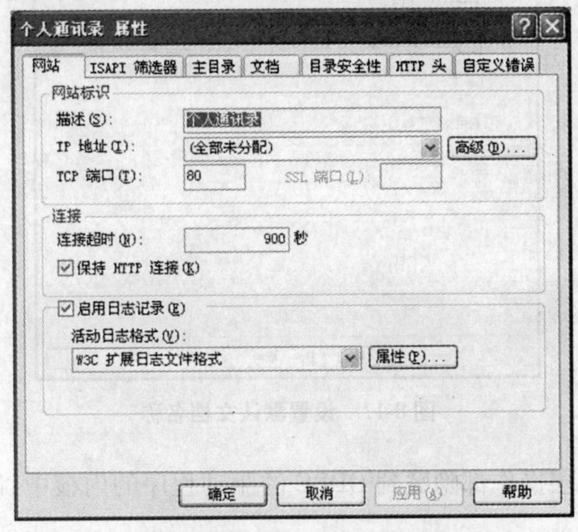

图 8-15　设置网站的 IP 地址和端口

(5)在“主目录”选项卡中设置本地路径,如图 8-16 所示,使用默认设置:C:\inetpub\wwwroot,并在 C:\inetpub\wwwroot 文件夹下建立 wqsite 文件夹,即 Dreamweaver 8 的 wqsite 站点,以后将有关文件都存放在 wqsite 文件夹中,基本的站点操作也将在 wqsite 站点中进行。

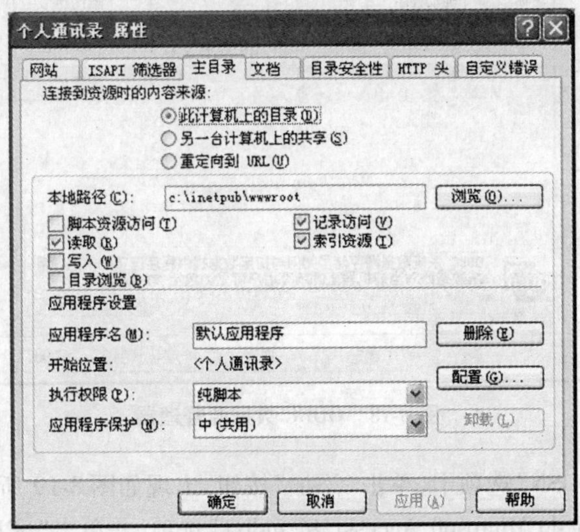

图 8-16　设置主目录

(6)在“文档”选项卡中设置默认文档名称,如图 8-17 所示,注意文档的先后排序。

8.3.3　建立系统 DSN

要在 Web 程序中使用数据库,首先要建立与数据库的连接,进行系统-DSN 的设置,

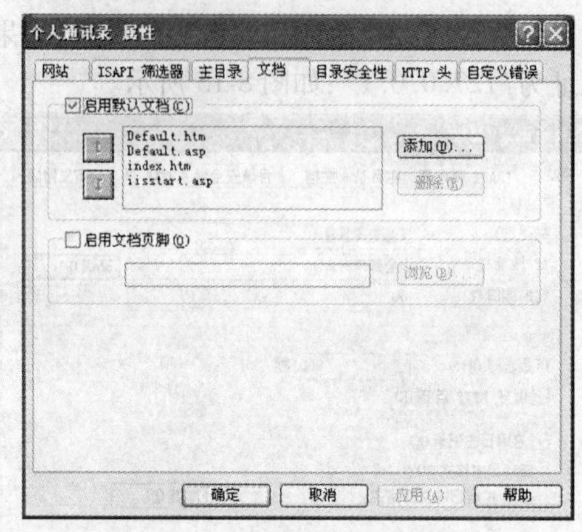

图 8-17　设置默认文档名称

将所有对数据库的底层操作都隐藏到 ODBC 的驱动程序的内核中,以方便用户通过动态页面访问数据库。

(1)运行“控制面板”|“性能和维护”|“管理工具”|“数据源(ODBC)”,如图 8-18 所示。

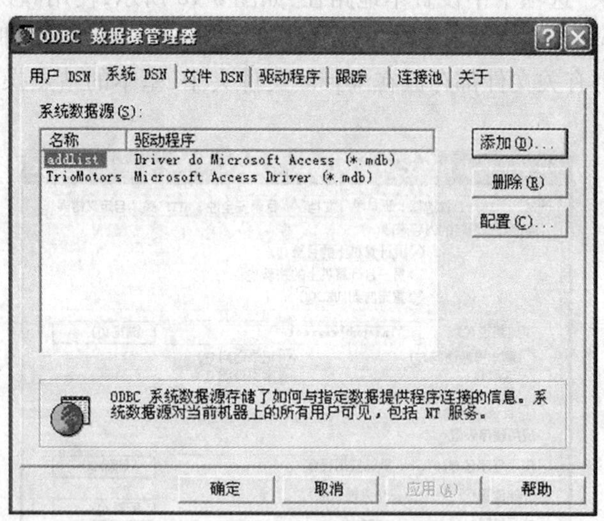

图 8-18　ODBC 数据源管理器

(2)选择“用户 DSN”选项卡,单击“添加”按钮,出现如图 8-19 所示的对话框。

(3)选择“Driver do Microsoft Access(*. mdb)”选项,并单击“完成”按钮。

(4)在如图 8-20 所示的对话框中输入数据源名“addlist”,以及说明“通讯录”,并单击“选择”按钮。

(5)在如图 8-21 所示的对话框中选择数据库:addlist. mdb,并单击“确定”按钮。

(6)在如图 8-21 所示的对话框中单击“确定”按钮,即建立一个系统 DSN。

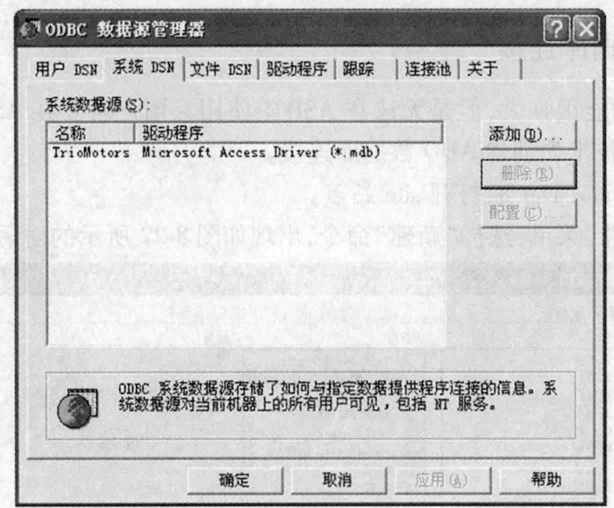

图 8-19　创建新数据源

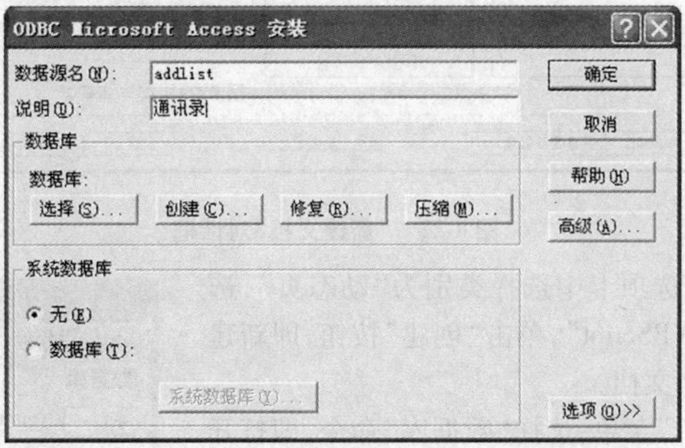

图 8-20　ODBC Microsoft Access 安装

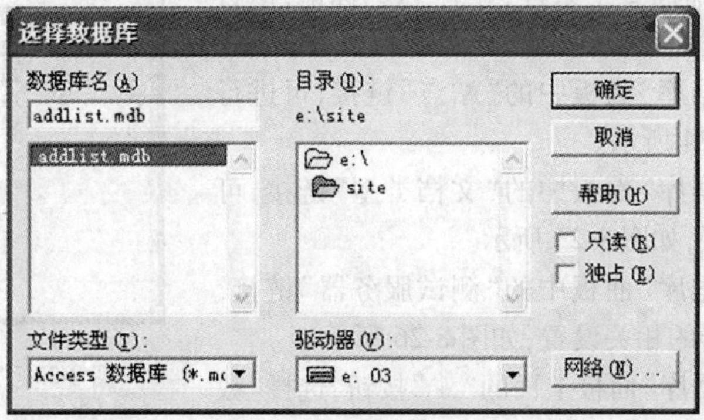

图 8-21　选择数据库

8.3.4　建立数据库连接

ODBC 虽然功能很强大,但是无法在 ASP 中使用。用户若要在 ASP 中访问数据库,则需要借助 ADO 技术先创建 ADO 数据库连接。

(1)启动 Dreamweaver 8,打开 site 站点。

(2)打开"文件"菜单,选择"新建"命令,出现如图 8-22 所示的对话框。

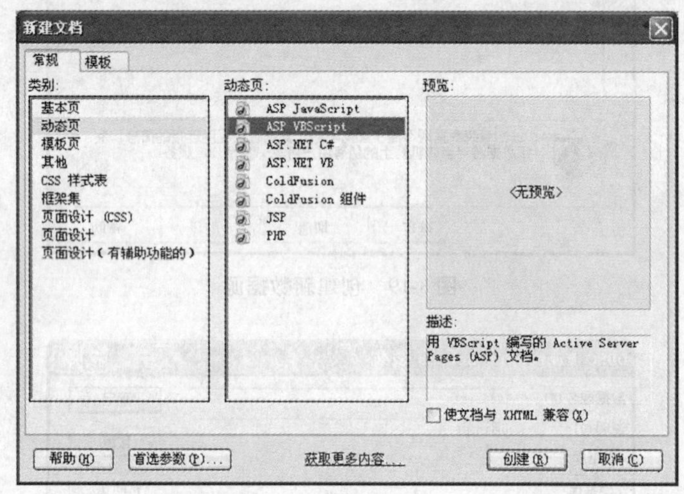

图 8-22　"新建文档"对话框

(3)在"常规"选项卡中选择类别为"动态页",选择动态页为"ASP VBScript",单击"创建"按钮,即新建了一个空白的 ASP 文档。

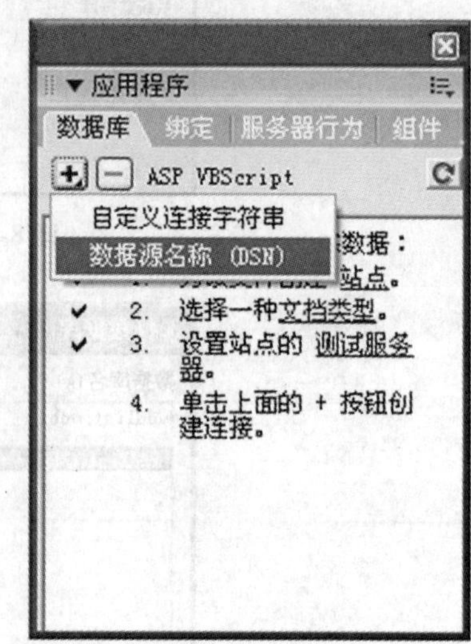

图 8-23　"数据库"面板

(4)打开"窗口"菜单,选择"数据库"命令,即打开"数据库"面板。图 8-23 中显示了创建数据库连接的 4 个条件,已满足了前面 2 个条件,并有"√"标记,但目前还没有任何数据库连接。

(5)单击"数据库"面板中的"站点"链接,可进行站点设置,如图 8-24 所示。

(6)单击"数据库"面板中的"文档类型"链接,可进行文档类型设置,如图 8-25 所示。

(7)单击"数据库"面板中的"测试服务器"链接,可进行测试服务器的相关设置,如图 8-26 所示。

(8)单击"数据库"面板上面的"+"按钮,选择"数据源名称(DSN)"命令,如图 8-27 所示。

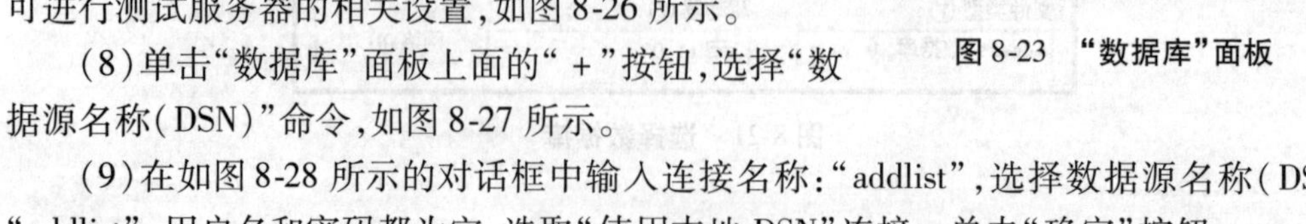

(9)在如图 8-28 所示的对话框中输入连接名称:"addlist",选择数据源名称(DSN):"addlist";用户名和密码都为空,选取"使用本地 DSN"连接。单击"确定"按钮。

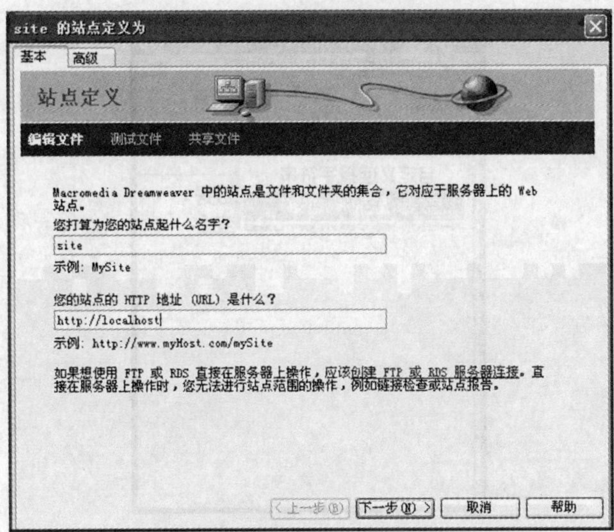

图 8-24　设置站点

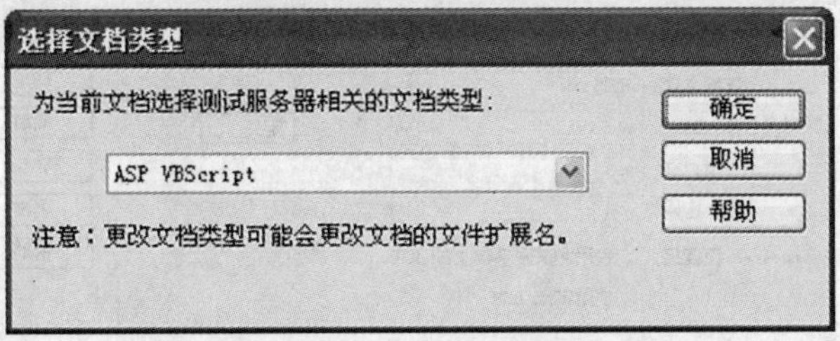

图 8-25　设置文档类型

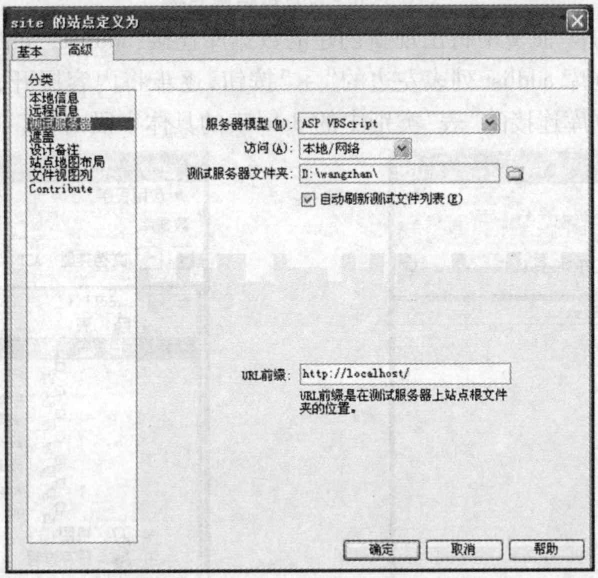

图 8-26　设置测试服务器

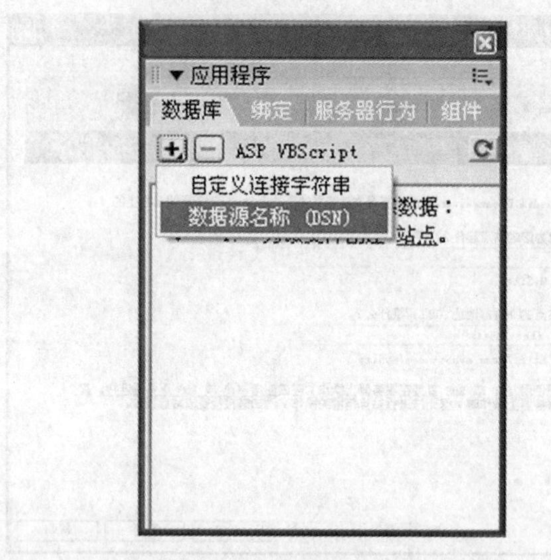

图 8-27　数据源名称(DSN)命令

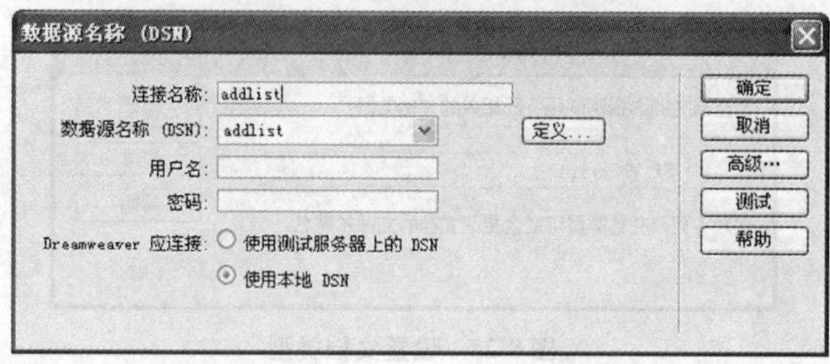

图 8-28　设置数据源名称

(10)在“数据库”面板中将出现新创建的数据库连接:addlist,如图 8-29 所示。

(11)单击数据库 addlist 列表左边的“+”按钮,逐步将内容展开,如图 8-30 所示,可以看到 addlist 数据库连接的“表”类别中的 data 表的具体字段内容。

图 8-29　新建数据库连接 addlist

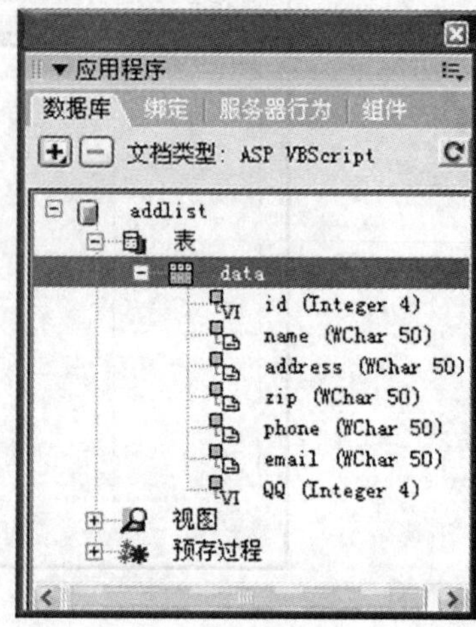

图 8-30　展开数据库 data 表

8.3.5　绑定数据库

创建好 ADO 数据库连接后，在 Dreamweaver MX 2004 中还需要使用 ADO 的另一个对象：记录集（Recordset），进行数据库的绑定。

记录集是通过查询得到的数据库中记录的子集，它是动态页面的数据来源。

定义记录集，绑定数据库后，就可以对数据库进行查询，动态生成记录集，再进行二次操作。

仍然在前面新建的 ASP 文档中进行数据库的绑定操作。

（1）打开“窗口”菜单，选择“绑定”命令，即打开“绑定”面板，如图 8-31 所示。图 8-31 中显示了要在当前页面使用动态数据的 4 个条件，已满足了的条件有“√”标记，但是目前暂时还没有定义记录集。

（2）单击“绑定”面板上的“+”按钮，选择“记录集（查询）”命令，如图 8-32 所示。

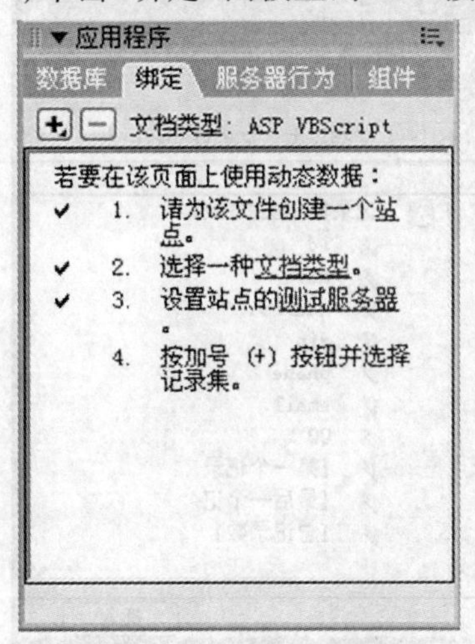

图 8-31　“绑定”面板

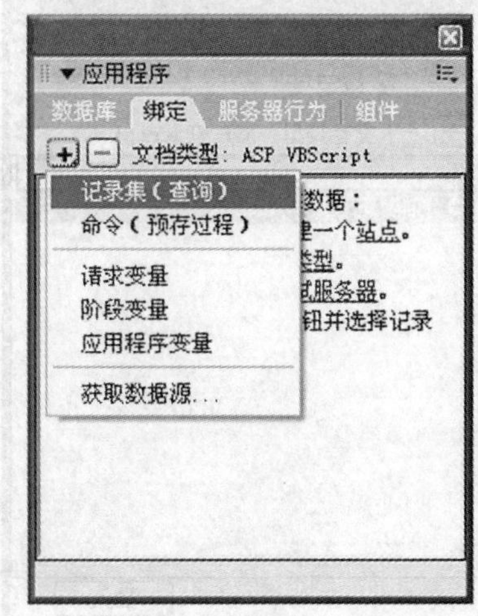

图 8-32　选择“记录集（查询）”命令

（3）在弹出的“记录集”对话框中，进行记录集名称、连接、表格等的设置，如图 8-33 所示。

（4）单击“测试”按钮，可以连接到数据库，并进行数据库的测试；单击“确定”按钮，成功定义一个记录集 addlist，如图 8-34 所示。

（5）单击记录集名称左边的“+”按钮，可展开记录集，查看记录字段，如图 8-35 所示。

8.3.6　应用数据库

创建好一个名称为 addlist 的 ADO 数据库连接，并定义了记录集 addlist、绑定了数据库之后，就可以在网页中进行数据库的应用了。仍然在前面新建的 ASP 文档中应用数据库。

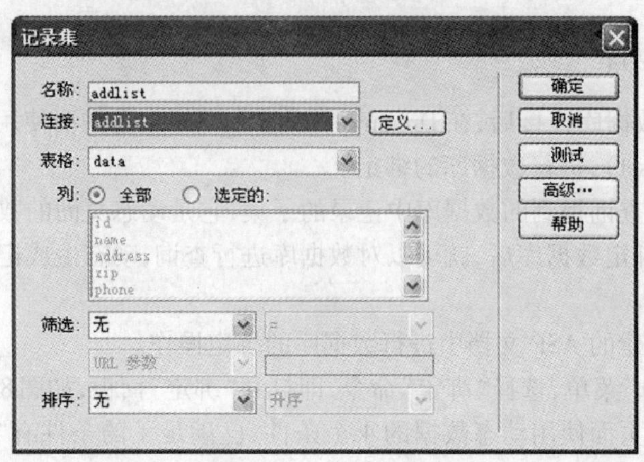

图 8-33　设置记录集

图 8-34　定义记录集

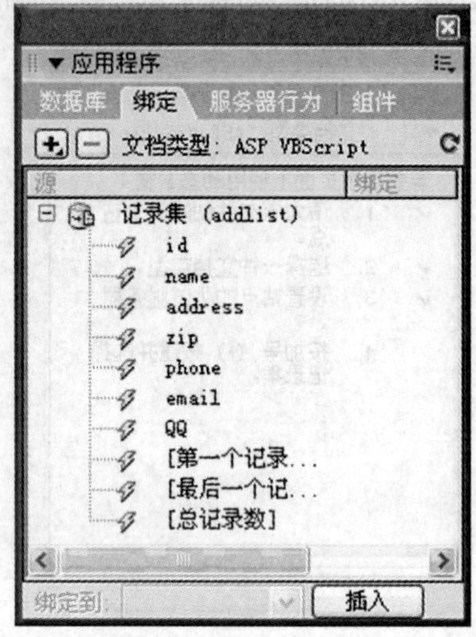

图 8-35　展开记录集

8.3.6.1　建立浏览数据库页面

数据库的最简单的应用就是对数据库的显示浏览。

具体操作步骤如下:

(1)打开“文件”菜单,选择“新建”命令,新建一个空白的 ASP 文档。

(2)打开“窗口”菜单,选择“数据库”命令,即打开“数据库”面板。

(3)在“数据库”面板中选择 addlist 数据库,并展开 data 数据表。

(4)单击 data 数据表名称,并拖放到 Dreamweaver 8 主文档窗口,进行相应的设置,并单击“确定”按钮,即定义一个记录集 addlist。

(5)在 Dreamweaver 8 主文档窗口打开“插入”菜单,选择“应用程序对象”|“动态数据”|“动态表格”命令,弹出“动态表格”对话框,如图 8-36 所示。

(6)按如图 8-36 所示的对话框进行设置,并单击“确定”按钮,在 Dreamweaver MX 2004 主文档窗口将显示出一个设置了数据源的动态表格,如图 8-37 所示。

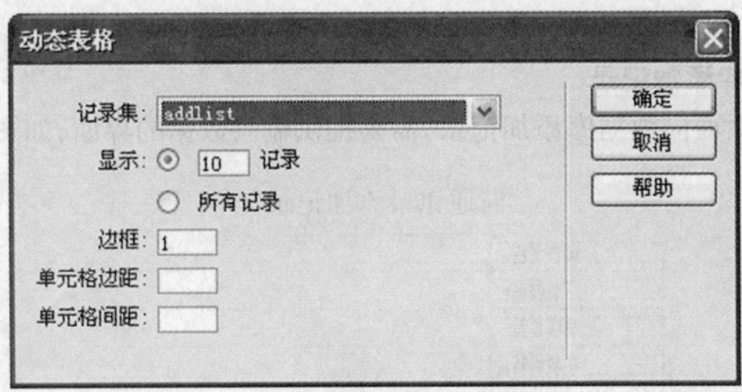

图 8-36　“动态表格”对话框

重复	name	address	zip	phone	email	QQ
{addlist.id}	{addlist.name}	{addlist.address}	{addlist.zip}	{addlist.phone}	{addlist.email}	{addlist.QQ}

图 8-37　动态表格

(7)打开“文件”菜单,选择“保存”命令,在 wqsite 站点中保存该动态网页,并命名为“add_browse”(默认扩展名为. asp)。

(8)当通讯录条目太多时,可以在通讯录下面创建连接,来分页显示。点击“服务器行为”面板,选中“记录集分页”,将“第一页”、“下一页”、“前一页”、“最后一页”分别拖到动态表格的下面,如图 8-38 所示。

第一页 下一页 前一页 最后一页

图 8-38　前后页面跳转

(9)打开“文件”菜单,选择“在浏览器中预览”|“iexplore”命令,或直接按 F12 键,如图 8-39 所示,增加了通讯录的标题,其文本属性设置自行进行。

通讯录

id	name	address	zip	phone	email	QQ
1	刘笑	武汉市	5223533	027－87825632	wsi@21cn.com	6666666
2	王雨	济南市	5238535	0531－5672365	wangyu@163.com	56624560
3	张哲	广州市	5236412	020－56235412	zhangzhe@sina.com	45686463
4	林小小	南京市	5236455	025－86954234	xiaoxiao@163.com	24568654
5	陈晨	北京市	5278963	010－68953217	chenc@tom.com	31864653
6	刘东	重庆市	5245633	023－58568565	liudong@sina.com	1856878
7	张天浩	上海市	5245637	021－65635361	tianhao@yahoo.com	5468468
8	刘秀梅	长沙市	5248523	0731－6985341	liu1222@163.com	3549876
9	王易	南昌市	5263412	0719－8563852	wangyi@163.com	68768764

第一页 前一页 下一页 最后一页

图 8-39　浏览数据库

注意:尽管在 Dreamweaver 8 主文档窗口中显示的动态表格只有两行,但是通过浏览器访问数据库则显示全部数据库的内容。

(10)将浏览器窗口及 add_browse. asp 文档窗口关闭,但仍然打开 Dreamweaver 8 应用程序窗口。

8.3.6.2　**向数据库添加记录**

要通过 ASP 页面向数据库添加记录,需要提供输入数据的界面,如图 8-40 所示。

向通讯录添加记录

证件号码:
姓名:
家庭住址:
邮政编码:
联系电话:
电子邮件:
QQ号码:
提交　重填

图 8-40　添加记录界面

具体操作步骤如下:

(1)打开"文件"菜单,选择"新建"命令,创建一个新的动态 ASP 页面。

(2)建立如图 8-40 所示的界面。

文本字段名称分别为 ID、name、address、zip、phone、email 和 QQ。

"添加"按钮,名称为"submit",动作为"提交表单"。

"重填"按钮,名称为"Reset",动作为"重设表单"。

(3)打开"窗口"菜单,选择"服务器行为"命令,即打开"服务器行为"面板。

(4)单击"服务器行为"面板上的" + "按钮,选择"插入记录"命令,如图 8-41 所示。

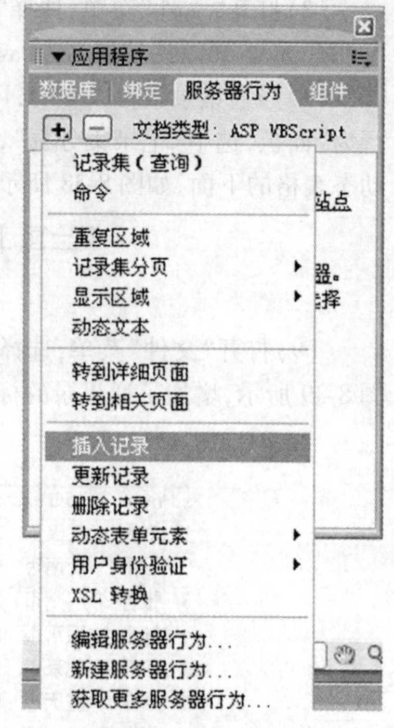

图 8-41　插入记录

(5)在如图 8-42 所示的"插入记录"对话框中进行相应的设置,并单击"确定"按钮。

(6)打开"文件"菜单,选择"保存"命令,以 add_insert. asp 为文件名,保存到 wqsite 站点中。

(7)打开"文件"菜单,选择在"浏览器中预览"|"iexplore"命令,或直接按 F12 键。

(8)输入如图 8-43 所示的信息,并按"添加"按钮。

(9)如图 8-44 所示,可见一条新的记录已添加到数据库中。

(10)将浏览器窗口及 add_insert. asp 文档窗口关闭,但仍然打开 Dreamweaver 8 应用程序窗口。

8.3.6.3　**编辑数据库记录**

如果将一条新的记录添加到数据库中后,发现输入错误,那么就需要对该记录进行编辑修改。

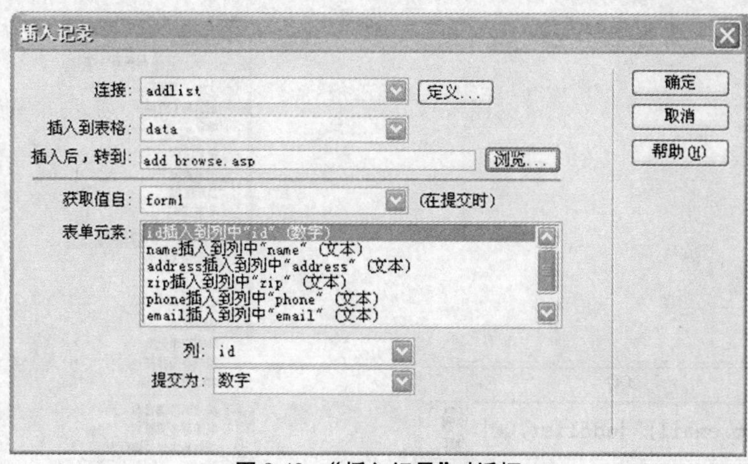

图 8-42　“插入记录”对话框

借助 Dreamweaver 8 自带的服务器行为来学习数据库记录的修改。

具体操作步骤如下：

(1)打开“文件”菜单，选择“打开”命令，打开 add_browse.asp 文档。

(2)在 add_browse.asp 文档窗口增加一列表格，输入“编辑”，并选中，如图 8-45 所示。

(3)打开“窗口”菜单，选择“服务器行为”命令，即打开“服务器行为”面板。

图 8-43　添加信息

通 讯 录

id	name	address	zip	phone	email	QQ
1	刘笑	武汉市	5223533	027－87825632	wsi@21cn.com	6666666
2	王雨	济南市	5238535	0531－5672365	wangyu@163.com	56624560
3	张哲	广州市	5236412	020－56235412	zhangzhe@sina.com	45686463
4	林小小	南京市	5236455	025－86954234	xiaoxiao@163.com	24568654
5	陈晨	北京市	5278963	010－68953217	chenc@tom.com	31864653
6	刘东	重庆市	5245633	023－58568565	liudong@sina.com	1856878
7	张天浩	上海市	5245637	021－65635361	tianhao@yahoo.com	5468468
8	刘秀梅	长沙市	5248523	0731－6985341	liu1222@163.com	3549876
9	王易	南昌市	5263412	0719－8563852	wangyi@163.com	68768764
10	李杉	西安市	710002	029-7596563	lishan@163.com	7856565

第一页 前一页 下一页 最后一页

图 8-44　浏览新添加的记录

(4)单击“服务器行为”面板上的“＋”按钮，选择“转到详细页面”命令，如图 8-46 所示。

(5)在出现的“转到详细页面”对话框中进行相应设置，并单击“确定”按钮，如图 8-47所示。由 ID 传递 URL 参数，add_edit.asp 是要编辑的页面文档名称。

(6)打开“文件”菜单，选择“新建”命令，创建一个如图 8-48 所示的新的动态 ASP 页

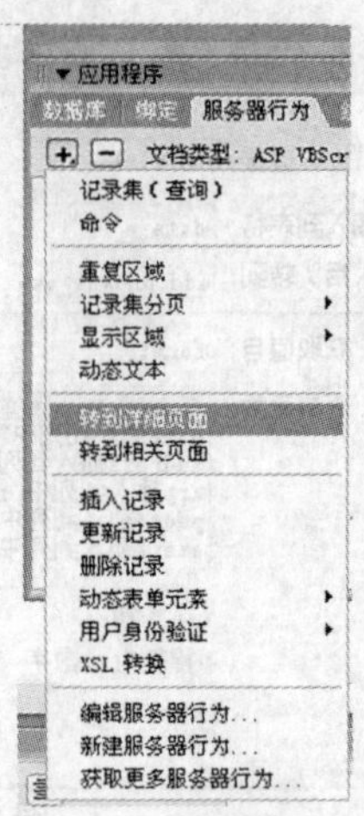

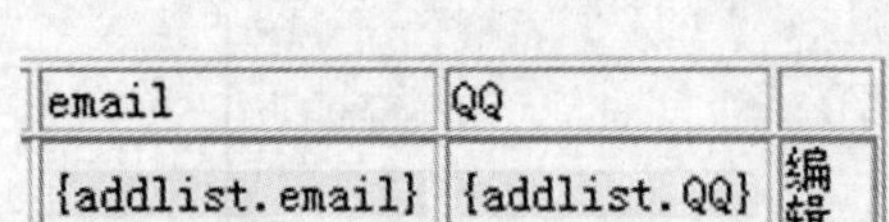

图 8-45　设置编辑记录入口　　　　图8-46　选择“转到详细页面”

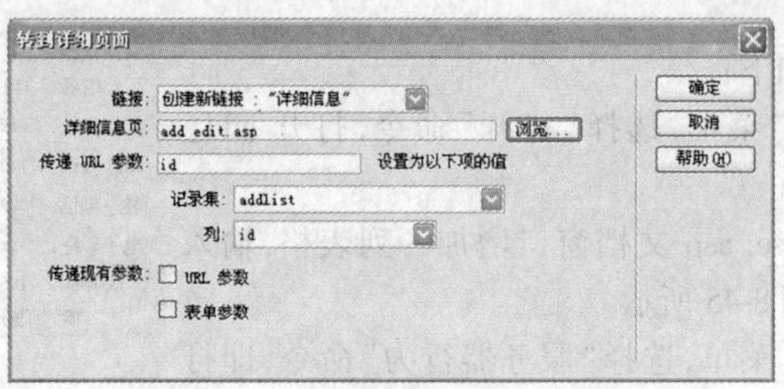

图 8-47　“转到详细页面”对话框

面,并命名为“add_edit. asp”。其中表单中文字段名称分别为 ID、name、address、zip、phone、email 和 QQ。

(7)单击“服务器行为”面板上的“+”按钮,选择“记录集分页”|“移至特定记录”命令,如图 8-49 所示。

(8)出现如图 8-50 所示的对话框,进行相应设置,并单击“确定”按钮。将当前记录集的指针移到合适位置,具体由前面传递的 URL 参数:ID 所决定。

(9)打开“窗口”菜单,选择“绑定”命令,即打开“绑定”面板。

(10)将记录集中相应字段拖放到 add_edit. asp 文档中对应的文本字段中,如图 8-51 所示。完成数据库的绑定。

(11)打开“窗口”菜单,选择“服务器行为”命令,即打开“服务器行为”面板。

(12)单击“服务器行为”面板上的“+”按钮,选择“更新记录”命令。

(13)出现如图 8-52 所示的对话框,进行相应设置,并单击“确定”按钮。

(14)打开“文件”菜单,选择“打开”命令,打开 add_browse. asp 文档。

(15)打开“文件”菜单,选择“在浏览器中预览”|“iexplore”命令,或直接按 F12 键。

(16)单击“编辑”链接,将转到相对应的记录,等待用户修改。

(17)如图 8-53 所示,将“林小小”的 QQ 号码由 24568654 改为 1111111,然后单击“提交”按钮。

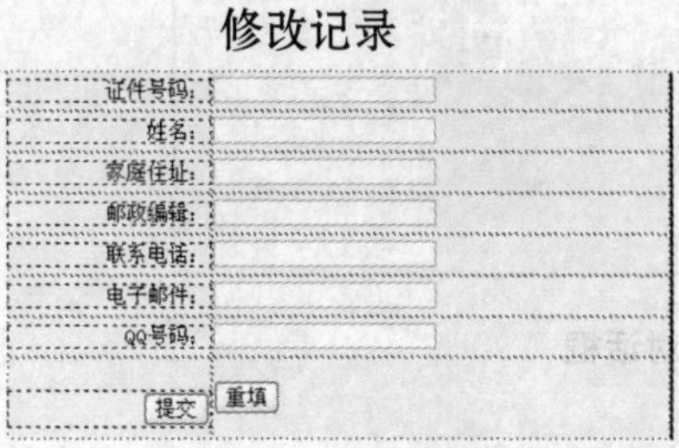

图 8-48　修改界面

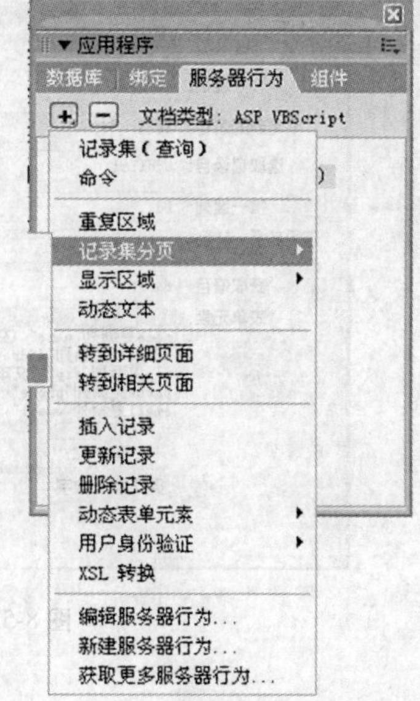

图 8-49　选择“移至特定记录”

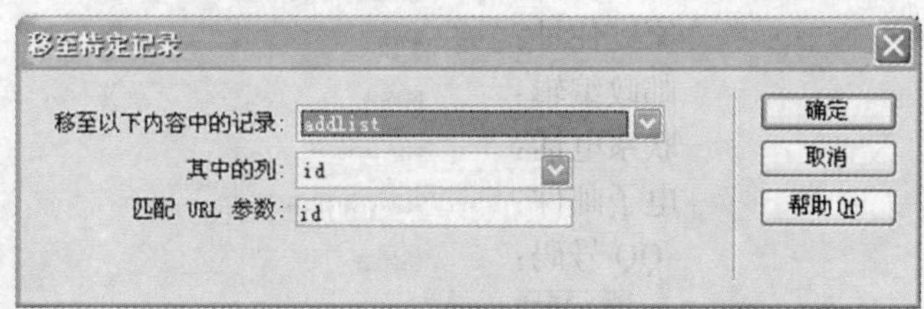

图 8-50　“移至特定记录”对话框

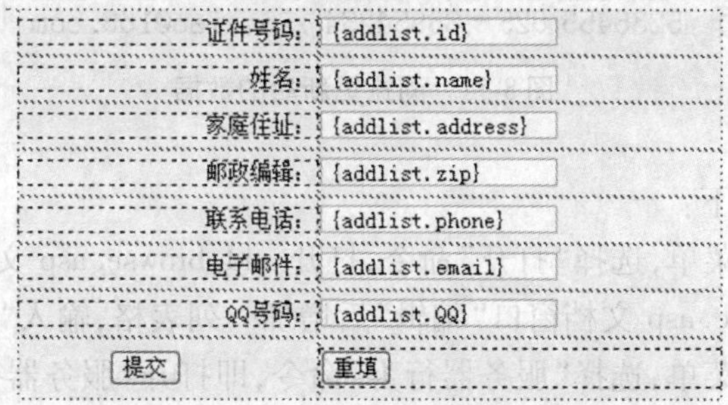

图 8-51　绑定数据库字段

(18)相应的记录信息得到修改,浏览更新后的数据如图 8-54 所示。

(19)将浏览器窗口及 add_edit.asp 文档窗口关闭,但仍然打开 Dreamweaver 8 应用程序窗口。

8.3.6.4　删除数据库记录

当数据库中不再需要某条记录时,借助 Dreamweaver 8 自带的服务器行为可以很方便

更新记录
连接: addlist
定义...
要更新的表格: data
选取记录自: addlist
唯一键列: id
数字
在更新后，转到: add browse. asp
浏览...
获取值自: form1
(在提交时)
表单元素:
id更新列"id" (数字)
name更新列"name" (文本)
address更新列"address" (文本)
zip更新列"zip" (文本)
phone更新列"phone" (文本)
email更新列"email" (文本)
列: id
提交为: 数字
确定
取消
帮助(H)

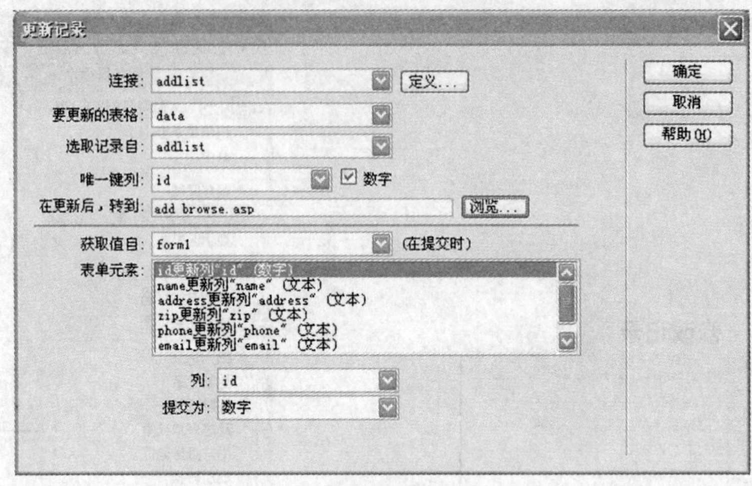

图 8-52　"更新记录"对话框

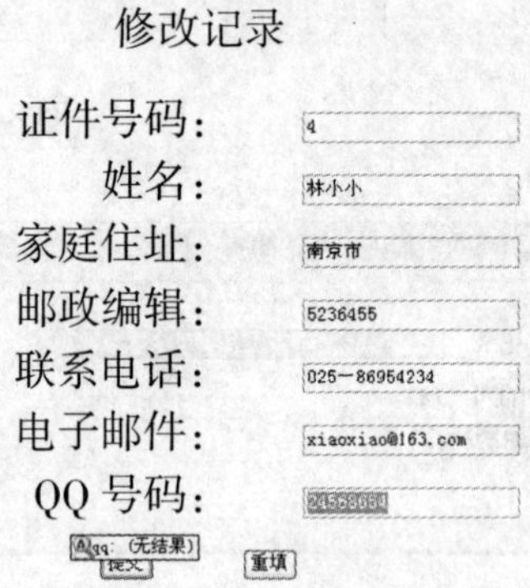

修改记录
证件号码:
4
姓名:
林小小
家庭住址:
南京市
邮政编辑:
5236455
联系电话:
025-86954234
电子邮件:
xiaoxiao@163.com
QQ 号码:
2456865
提交
重填

图 8-53　修改界面

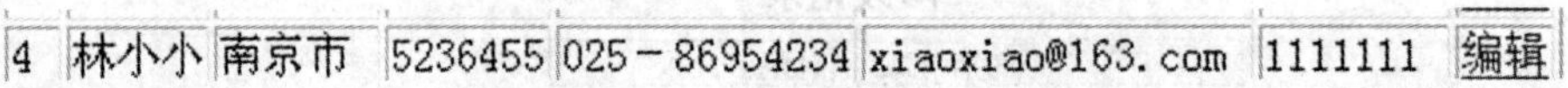

4
林小小
南京市
5236455
025-86954234
xiaoxiao@163.com
1111111
编辑

图 8-54　浏览更新后的数据

地将记录删除。

具体操作步骤如下：

(1)打开"文件"菜单，选择"打开"命令，打开 add_browse. asp 文档。

(2)在 add_browse. asp 文档窗口"编辑"后增加一列表格，输入"删除"并选中。

(3)打开"窗口"菜单，选择"服务器行为"命令，即打开"服务器行为"面板。

(4)单击"服务器行为"面板上的"+"按钮，选择"转到详细页面"命令。

(5)在"转到详细页面"对话框中进行相应设置，并单击"确定"按钮。由 ID 传递 URL 参数，add_delete. asp 是要删除记录的页面文档名称。

(6)打开"文件"菜单，选择"新建"命令，创建一个如图 8-55 所示的新的动态 ASP 页面，并命名为："add_delete. asp"。

(7)打开"窗口"菜单，选择"绑定"命令，即打开"绑定"面板。

(8)将记录集中相应字段拖放到 add_delete. asp 文档表格中相应位置，如图 8-56 所示。完成数据库的绑定。

删除记录

证件号码:	
姓名:	
家庭住址:	
邮政编码:	
联系电话:	
电子邮件:	
QQ号码:	
确认删除	取消返回

图 8-55 删除界面

删除记录

证件号码:	{addlist.id}
姓名:	{addlist.name}
家庭住址:	{addlist.address}
邮政编码:	{addlist.zip}
联系电话:	{addlist.phone}
电子邮件:	{addlist.email}
QQ号码:	{addlist.QQ}
确认删除	取消返回

图 8-56 绑定数据库字段

(9)打开“窗口”菜单,选择“服务器行为”命令,即打开“服务器行为”面板。

(10)单击“服务器行为”面板上的“+”按钮,选择“记录集分页”|“移至特定记录”命令。

(11)单击“服务器行为”面板上的“+”按钮,选择“删除记录”命令。

(12)在删除记录对话框中,进行相应的设置并单击“确定”按钮。

(13)单击页面中的“取消返回”按钮,准备给该按钮添加返回到数据库浏览主页面的行为。

(14)打开“窗口”菜单,选择“行为”命令,即打开“行为”面板。

(15)单击“行为”面板上的“+”按钮,选择“转到 URL”命令。在“转到 URL”对话框中选择 URL 为 add_browse. asp,即数据库浏览主页面,单击“确定”按钮。

(16)定义转到 URL 行为发生的事件为 onClick。

(17)打开“文件”菜单,选择“打开”命令,打开 add_browse. asp 文档。

(18)打开“文件”菜单,选择“在浏览器中预览”|“iexplore”命令,或直接按 F12 键。

(19)单击“删除”链接,将转到相对应的记录,等待用户删除。单击“确定删除”按钮,相对应的记录被删除。如果不想删除记录,则可以单击“取消返回”按钮,返回到数据库浏览页面。

(20)打开“文件”菜单,选择“全部关闭”命令,关闭所有打开的文档。

8.3.6.5 编辑查询数据库页面

建立如图 8-57 所示的搜索页面。

搜索通讯录名单

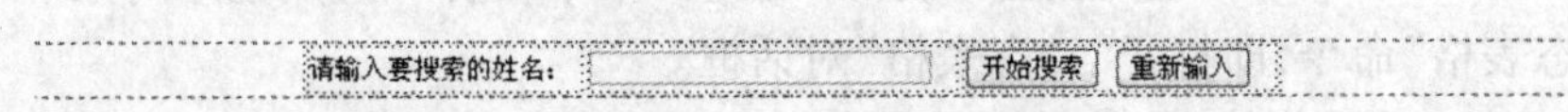

图 8-57 搜索页面

当用户插入学生姓名,并单击“开始搜索”按钮时,应该得到该学生的基本信息。

具体操作步骤如下:

(1)打开“文件”菜单,选择“新建”命令,创建一个新的动态 ASP 命令。

(2)打开“插入”菜单,选择“表单”命令。

(3)表单名称为“forml”。

(4)表单动作“add_result. asp”(即搜索结果显示页面文件名称)。

(5)将光标定位到表单内,打开“插入”菜单,选择“表单”|“文本字段”命令。文本字段名称为“name”。

(6)打开“插入”菜单,选择“表单”|“按钮”命令。

(7)“开始搜索”按钮,名称为“submit”,动作为“提交表单”。

(8)“重置条件”按钮,名称为“Reset”,动作为“重设表单”。

(9)输入标签和标题信息,然后进行相应设置。

(10)打开“文件”菜单,选择“保存”命令,以“add_search. asp”为文件名,保存到 wqsite 站点中。

8.3.6.6 创建搜索结果页面

在数据库中搜索信息,将搜索结果显示在页面中。

具体操作步骤如下:

(1)打开“文件”菜单,选择“新建”命令,新建另一个动态 ASP 页面。

(2)打开“窗口”菜单,选择“服务器行为”命令,即打开“服务器行为”面板,单击“服务器行为”面板上的“+”按钮,选择“记录集(查询)”命令,出现如图 8-58 所示的对话框。

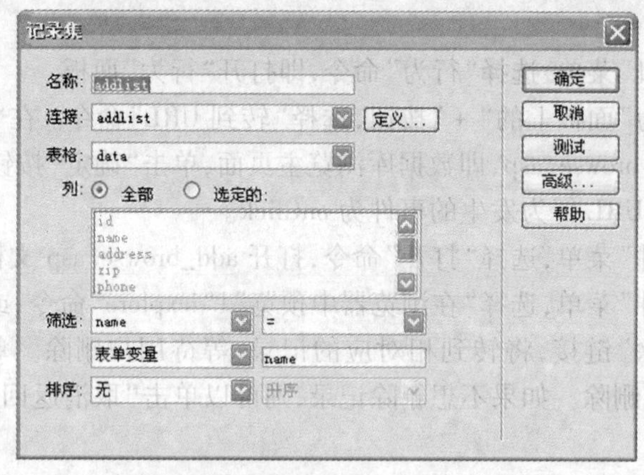

图 8-58 “记录集”对话框

(3)输入记录集名称“addlist”。选择数据库连接“addlist”、数据库表“data”以及筛选的字段名称“name”和表单变量 name 等信息,然后单击“确定”按钮。

(4)在 Dreamweaver 8 主文档窗口,打开“插入”菜单,选择“应用程序对象”|“动态数据”|“动态表格”命令,即打开“动态表格”对话框。

(5)打开“文件”菜单,选择“保存”命令,以 add_result. asp 为文件名,保存到 wqsite 站点中。

(6)打开 add_result. asp 文件(add_search. asp 文件中的表单动作为 add_result. asp)。

(7)打开“文件”菜单,选择“在浏览器中预览”|“iexplore”命令,或直接按 F12 键。

(8)在如图 8-59 所示的文本框中输入要搜索的姓名,单击“开始搜索”按钮,得到如

图 8-60 所示的页面,这就是查询数据库的结果。

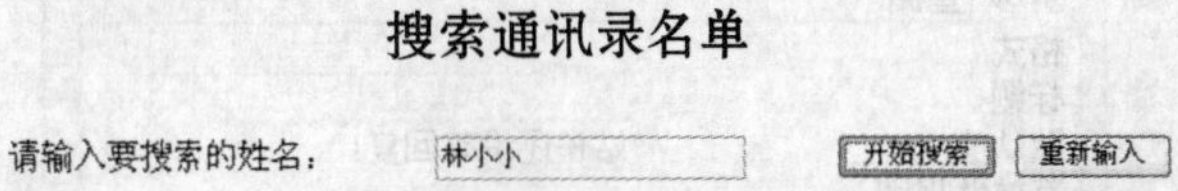

搜索通讯录名单

请输入要搜索的姓名：　林小小　开始搜索　重新输入

图 8-59　输入要搜索的姓名

搜索结果

id	name	address	zip	phone	email	QQ
4	林小小	南京市	5236455	025-86954234	xiaoxiao@163.com	1111111

图 8-60　搜索数据库结果页面

(9)将浏览器窗口及所有打开的文档窗口关闭,关闭 Dreamweaver 8 应用程序窗口。

8.4　建立动态网站实例二

8.4.1　创建数据库

启动 Access 2000 建立 book 表,存放留言信息。如图 8-61 所示为表的数据结构,其中留言内容和站长回复字段数据类型均设置为“备注”,留言时间 datetime 字段的默认值为 now( ),站长回复 reply 字段的默认值为“站长还没有回复”,如图 8-62 所示。

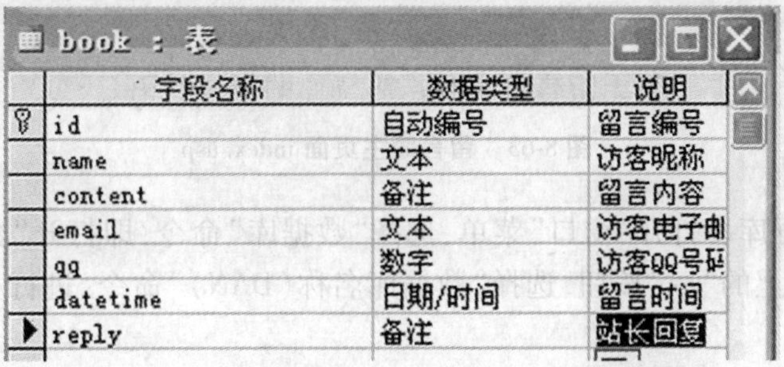

book : 表

字段名称	数据类型	说明
id	自动编号	留言编号
name	文本	访客昵称
content	备注	留言内容
email	文本	访客电子邮
qq	数字	访客QQ号码
datetime	日期/时间	留言时间
reply	备注	站长回复

图 8-61　表的数据结构

8.4.2　配置网络服务器

跟前面配置一样,在前面建立的站点 wqsite 下,建立文件夹 book,将数据库表格也存放到该文件夹下。

8.4.3　建立 DSN

运行“控制面板/性能和维护”|“管理工具”|“数据源(ODBC)”。选择 book 数据库,安装 ODBC Microsoft Access,建立系统 DSN。

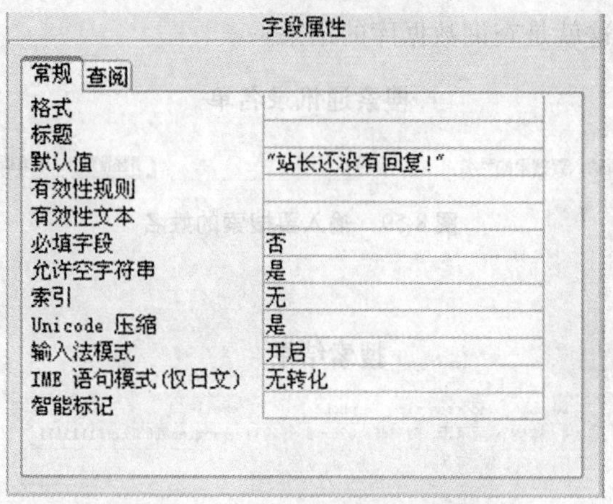

图 8-62　回复字段的默认设置

8.4.4　建立留言簿主页面 index. asp

(1)新建 index. asp 文档。打开“文件”菜单,选择“新建”命令,创建一个如图 8-63 所示的新的动态 ASP 页面,并命名为“index. asp”。注意设置各文本的大小、颜色等属性。

图像班的留言簿
欢迎光临图像班的留言簿　　我要留言啦
昵称:　E-mail:　QQ:　时间:
内容:
回复:　回复 | 编辑 | 删除
暂无留言信息哦,等待你的豪言壮语!

图 8-63　留言簿主页面 index. asp

(2)连接数据库。打开“窗口”菜单,选择“数据库”命令,即打开“数据库”面板。单击“数据库”面板上的“ + ”按钮,选择“数据库名称(DAN)”命令,进行相应设置,并单击“确定”按钮。

(3)定义记录集。打开“窗口”菜单,选择“绑定”命令,即打开“绑定”面板。单击“绑定”面板上的“ + ”按钮,选择“记录集(查询)”命令,进行相应设置,并单击“确定”按钮。这里选择以 datetime 字段按降序排列留言,从而最新留言总是显示在开始处。

(4)绑定数据库。在“绑定”面板中展开记录集,并将记录集中的相应字段拖放到 index. asp 文档表格中相应位置,如图 8-64 所示,完成数据库的绑定。

(5)设置记录集不为空的显示区域的服务器行为。选中整个留言表格区域,单击“服务器行为”面板上的“ + ”按钮,选择“显示区域”|“如果记录集不为空则显示区域”命令,即只要有留言信息,就显示该表格,如图 8-65 所示。出现如图 8-66 所示的对话框,选择记录集“book” ,并单击“确定”按钮。

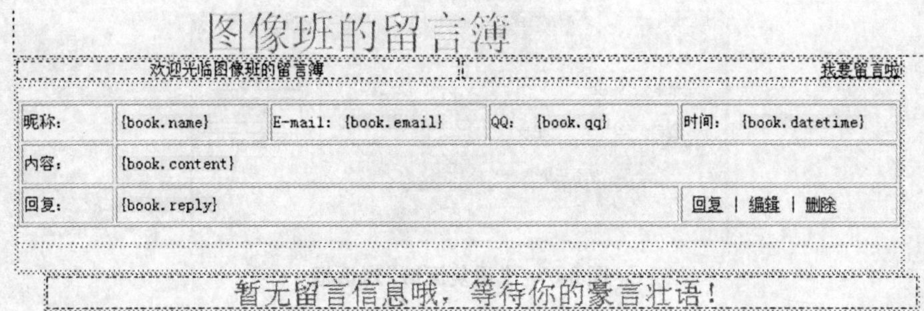

图 8-64　绑定数据库字段

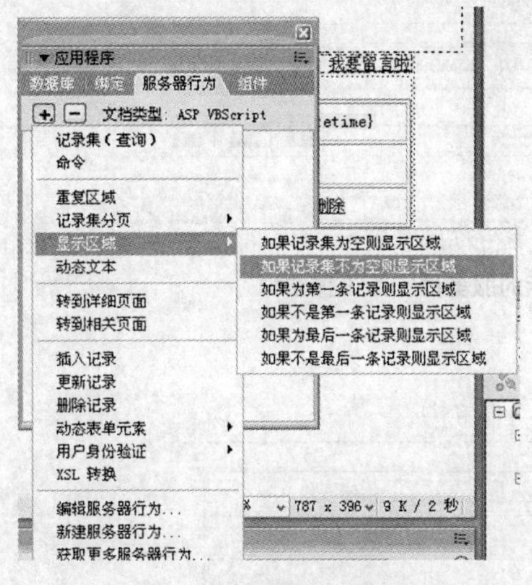

图 8-65　选择“如果记录集不为空则显示区域”命令

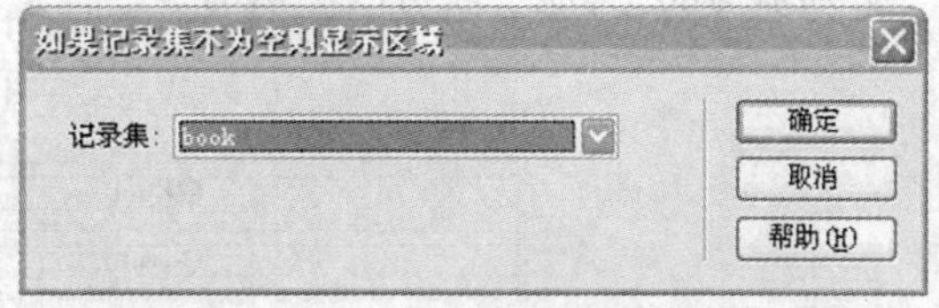

图 8-66　“如果记录集不为空则显示区域”对话框

(6)设置记录集为空的显示区域的服务器行为。选中“暂无留言信息”表格区域,单击“服务器行为”面板上的“+”按钮,选中“显示区域”|“如果记录集为空则显示区域”命令,即没有任何留言信息时,就显示该表格,在出现的对话框中,选择记录集“book”,单击“确定”按钮。

(7)添加重复区域的服务器行为。当有多条留言信息时,需要添加重复区域的服务器行为。

选中整个留言表格区域,单击“服务器行为”面板上的“+”按钮,选择“重复区域”命令,即显示多条留言信息,点击出现如图 8-67 所示的对话框,选择记录集“book”,并单击“确定”按钮。

如图 8-68 所示,“记录集不为空的显示区域”、“记录集为空的显示区域”以及“重复区域”的服务器行为已成功设置。

8.4.5　建立留言簿留言页面 postit. asp

(1)打开“文件”菜单,选择“新建”命令,创建一个新的动态 ASP 页面,并命名为“postit. asp”。如图 8-69 所示的留言簿留言页面 postit. asp 中只有昵称和留言内容字段是

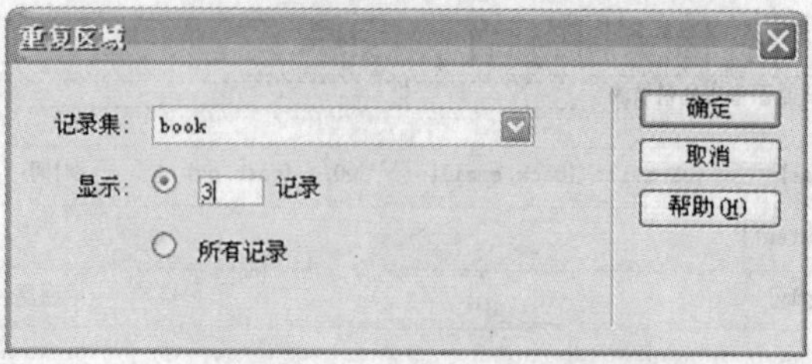

图 8-67　“重复区域”对话框

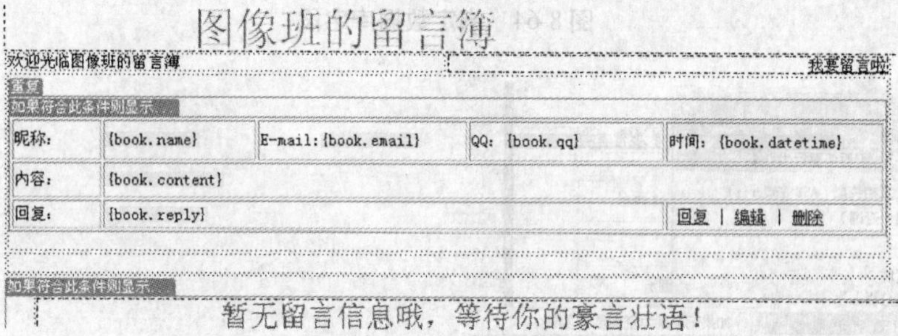

图 8-68　有关记录集显示的服务器行为设置结构

必须填写的,其他字段可以不填写。

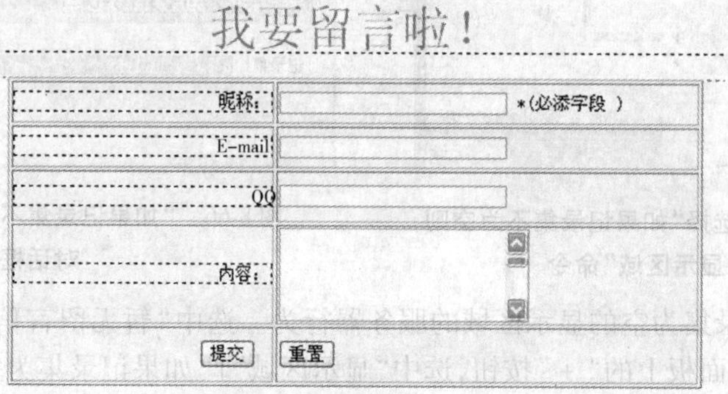

图 8-69　留言簿留言页面 postit. asp

(2)选择“数据源名称(DSN)”、“定义记录集”、“绑定数据库”等操作,与留言簿主页面 index. asp 的设置相同。

(3)单击“服务器行为”面板上的“ + ”按钮,选择“插入记录”命令。在弹出的“插入记录”对话框中进行相应设置,单击“确定”按钮。

注意:对于留言簿,除了删除留言的操作外,其他无论是发表留言,还是编辑留言,或者是回复留言,用户在输入信息时都应该遵守某些规范,如必须填写昵称字段,留言内容字段不能为空,E-mail 字段应该符合电子邮件地址的规则,QQ 字段只允许数字等。当然,当用户没有 E-mail 或 QQ 时,相应字段允许不填。即在某些动态页面中,需要设置“检查表单”的行为。

(4)在 postit. asp 文档窗口中,打开“窗口”菜单,选择“行为”命令,即打开“行为”面板。单击“行为”面板上的“ + ”按钮,选择“检查表单”命令,如图 8-70 所示。

(5)在如图 8-71 所示的对话框中设置昵称“name”和留言内容“content”,QQ 字段只能接受数字,E-mail 字段可接受电子邮件地址。然后单击“确定”按钮。如图 8-71 所示的“行为”面板中出现“检查表单”行为,对应的事件是 onSumit。

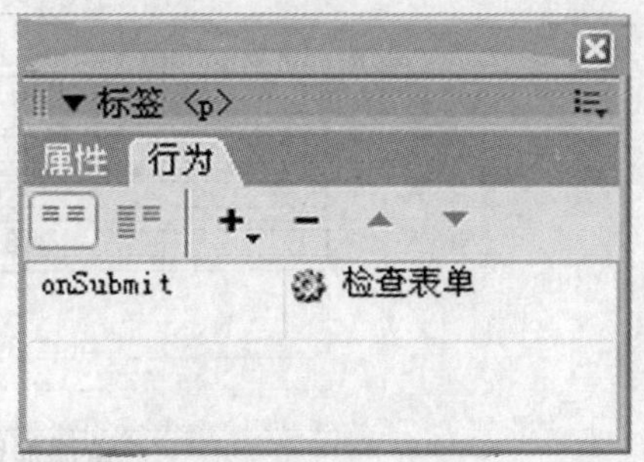

图 8-70　选择“检查表单”

(6)在 edit. asp 文档窗口中打开“窗口”菜单,选择“行为”命令,即打开“行为”面板。单击“行为”面板上的“ + ”按钮,选择“检查表单”命令。在弹出的对话框中设置留言内容字段,QQ 字段只能接受数字,E-mail 字段接受电子邮件地址,然后单击“确定”按钮。最后,在“行为”面板中也出现“检查表单” 行为,对应的事件也是 onSumit。

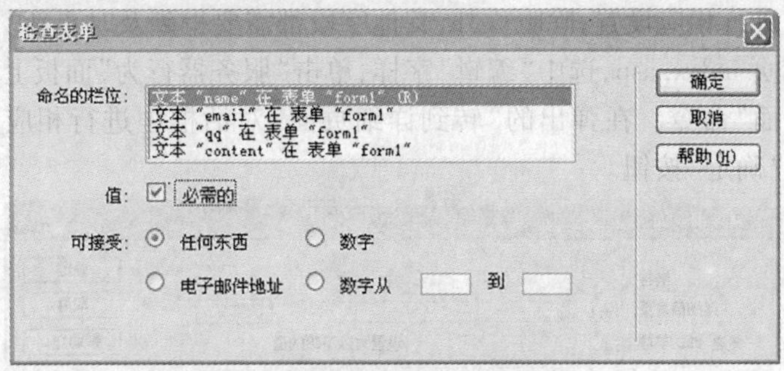

图 8-71　“检查表单”对话框

(7)在 reply. asp 文档窗口中打开“窗口”菜单,选择“行为”命令,即打开“行为”面板。单击“行为”面板上的“ + ”按钮,选择“检查表单”命令。在弹出对话框中设置回复内容字段,然后单击“确定”按钮。最后,在“行为”面板中也出现“检查表单”行为,对应的事件是 OnSumit。

(8)打开首页 index. asp,选中“我要留言啦”,打开“插入” 菜单,选择“超级链接”命令,选取“postit. asp”文件,然后单击“确定”按钮。

8.4.6　建立留言簿编辑页面 edit. asp

如图 8-72 所示的留言簿编辑页面 edit. asp 中除昵称字段不可编辑外,其他字段都可编辑修改。

(1)打开“文件”菜单,选择“新建”命令,创建一个新的动态 ASP 页面,并命名为“edit. asp”。

(2)选择“数据源名称(DSN)”、“定义记录集”、“绑定数据库”等操作,与留言簿主页面 index. asp 的设置相同。

(3)单击“服务器行为”面板上的“ + ”按钮,选择“记录集分页”|“移至特定记录”命令。在弹出的“移至特定记录”对话框中进行相应设置。

(4)单击“服务器行为”面板上的“ + ”按钮,选择“更新记录”命令。在弹出的“更新

我要编辑留言!

昵称:	{book.name}
E-mail:	{book.email}
QQ:	{book.qq}
内容:	{book.content}
	提交 重置

请添加留言后再进行编辑!

图 8-72　留言簿编辑页面 edit. asp

记录"对话框中进行相应设置,除昵称外,其他字段都需要得到及时更新。

(5)打开首页 index. asp,选中"编辑"字样,单击"服务器行为"面板上的"+"按钮,选择"转到详细页面"命令。在弹出的"转到详细页面"对话框中进行相应设置,如图 8-73 所示,然后单击"确定"按钮。

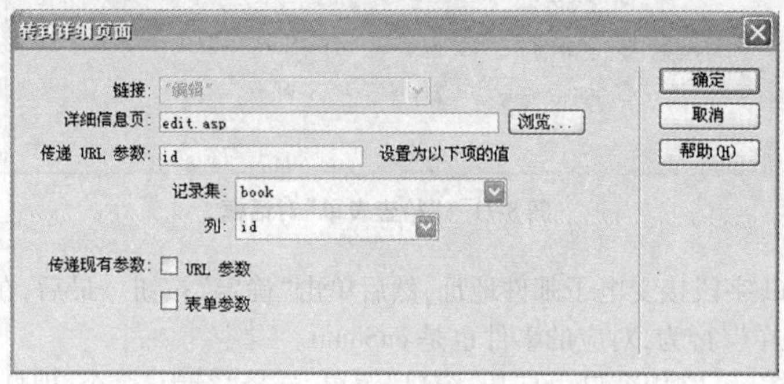

图 8-73　"转到详细页面"对话框

8.4.7　建立留言簿删除页面 delete. asp

如图 8-74 所示的留言簿删除页面 delete. asp 中所有字段都无须编辑,只能浏览查看,等待用户删除留言记录。

我要删除留言

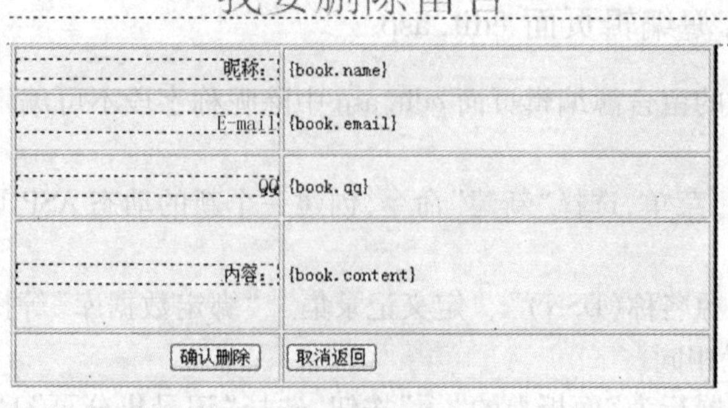

图 8-74　留言簿删除页面 delete. asp

(1)打开“文件”菜单,选择“新建”命令,创建一个新的动态 ASP 页面,并命名为“delete. asp”。

(2)选择“数据源名称(DSN)”、“定义记录集”、“绑定数据库”等操作,与留言簿主页面 index. asp 的设置相同。

(3)“移至特定记录”行为的设置,与留言簿编辑页面 edit. asp 的设置相同。

(4)单击“服务器行为”面板上的“ + ”按钮,选择“删除记录”命令。在弹出的“删除记录”对话框中进行相应设置,如图 8-75 所示。

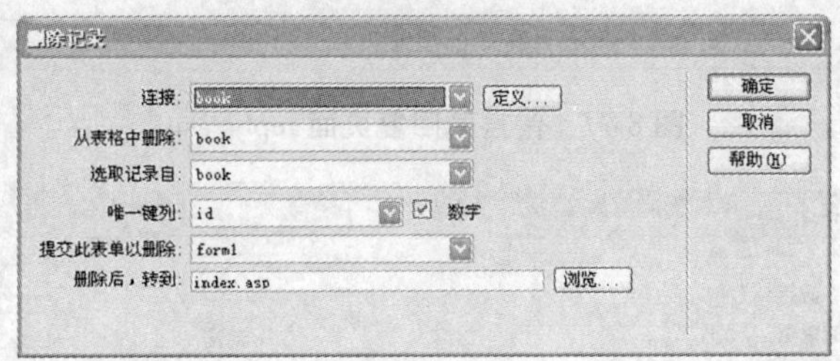

图 8-75　“删除记录”对话框

(5)打开首页 index. asp,选中“删除”字样,单击“服务器行为”面板上的“ + ”按钮,选择“转到详细页面”命令。在弹出的“转到详细页面”对话框中进行相应设置,如图 8-76 所示,然后单击“确定”按钮。

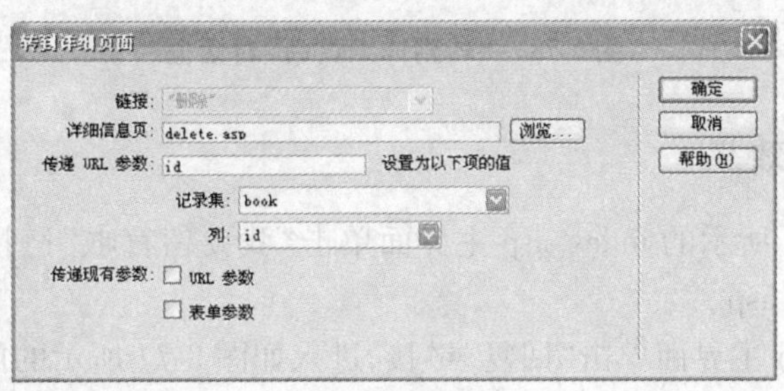

图 8-76　“转到详细页面”对话框

8.4.8　建立留言簿回复页面 reply. asp

(1)打开“文件”菜单,选择“新建”命令,创建一个新的动态 ASP 页面,并命名为“reply. asp”,如图 8-77 所示。

(2)选择“数据源名称(DSN)”、“定义记录集”、“绑定数据库”等操作,与留言簿主页面 index. asp 的设置相同。

(3)“移至特定记录”行为的设置,与留言簿编辑页面 edit. asp 的设置相同。

(4)单击“服务器行为”面板上的“ + ”按钮,选择“转到详细页面”命令。在弹出的“转到详细页面”对话框中进行相应设置,如图 8-78 所示,然后单击“确定”按钮。

我要回复留言

昵称:	{book. name}
E—Mail	{book. email}
qq	{book. qq}
内容:	{book. content}
回复:	{book. reply}
	提交 重置

图 8-77　留言簿回复页面 reply. asp

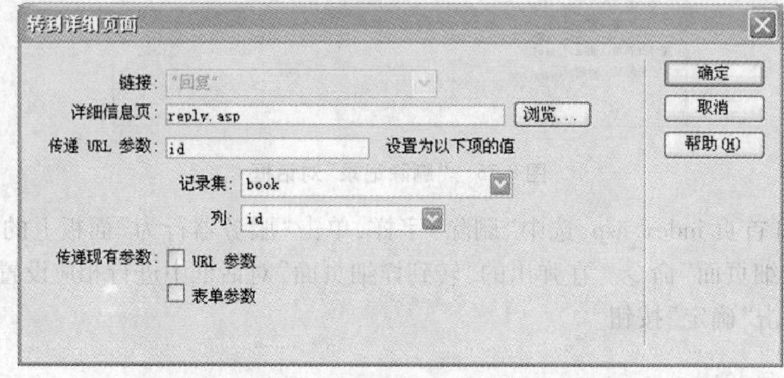

图 8-78　“转到详细页面”对话框

8.4.9　最终浏览效果

(1)在如图 8-63 所示的 index. asp 主界面单击“我要留言啦”链接,进入如图 8-69 所示的留言页面 postit. asp。

(2)在 index. asp 主界面单击“回复”链接,进入如图 8-77 所示的回复留言页面 reply. asp。

(3)在 index. asp 主界面单击“编辑”链接,进入如图 8-72 所示的编辑留言页面 edit. asp。

(4)在 index. asp 主界面单击“删除”链接,进入如图 8-74 所示的删除留言页面 delete. asp。

提示:留言记录总数的设置通过“绑定”面板,将记录集 book 中的“总记录数”字段拖入相应位置;打开“插入”菜单,选择“应用程序对象”|“记录集分页”|“记录集导航条”命令,即可插入导航条,系统将根据重复区域中设置的显示记录条数和总的记录数等情况,自动地决定是否显示“第一条”、“前一条”、“后一条”和“最后一条”等链接。

本章小结

本章主要介绍建立动态网站常用技术、动态网页开发环境配置,以及建立动态网站的两个实例。通过本章的学习能对学习者建立 ASP 动态网站有所帮助。

习题与实训

一、习题

(一)选择题

1."开放数据库互连"的英文缩写是(　　)

A. ODBC　　B. ADO　　C. DAO　　D. RDO

2. 配置 Web 服务器的方法是(　　)

A. 启动 Dreamweaver 8 打开 wqsite 站点

B. 启动 Dreamweaver 8 打开"行为"面板

C. 运行"控制面板"|"性能和维护"|"管理工具"|"Internet 服务器"

D. 运行"控制面板"|"性能和维护"|"管理工具"|"数据源(ODBC)"

3. 通过(　　)操作,可以定义某个按钮被单击后,转向某个特定页面。

A. 打开"窗口"菜单,选择"数据库"命令

B. 打开"窗口"菜单,选择"绑定"命令

C. 打开"窗口"菜单,选择"服务器行为"命令

D. 打开"窗口"菜单,选择"行为"命令

4. 添加数据库记录的操作是(　　)

A. 打开"窗口"菜单,选择"服务器行为"命令

B. 打开"插入"菜单,选择"应用程序对象"|"记录集"命令

C. 打开"服务器行为"面板上的"+"按钮,选择"插入记录"命令

D. 打开"服务器行为"面板上的"+"按钮,选择"更新记录"命令

(二)简答题

1. 创建一个站点需要考虑哪些因素?

2. 如何创建一个 ADO 数据库连接?

3. 动态页面中,动态表格用于什么情况?

4. 什么是记录集? 如何定义记录集?

5. 如何检查表单的输入是否正确?

二、上机实训

1. 创建一个 admin. mdb 数据库,建立一张只有两个字段(管理员账号和密码)的表格:admin,并建立一个名称为 admin 的 ADO 数据库连接。

2. 在本章 8.3 小节"通讯录"实例中,试设计"导航图形"按钮,当记录增加时,系统自动分页显示。

3. 试设置本章 8.4 小节“留言簿”实例中删除留言页面的 delete. asp 的“取消返回”按钮的行为。

4. 完善本章 8.4 小节“留言簿”实例，要求在“留言簿”中显示留言记录总数并进行分页显示。

5. 完善本章 8.4 小节“留言簿”实例，要求只有管理员输入正确的密码时，才能进入 index. asp 浏览主页面。

第 9 章　网站制作实例

【内容简介】

本章将通过一个完整的实例介绍一个网站制作的全过程。

在了解所有 Dreamweaver 制作网页的功能后,就可以灵活利用这些功能,并结合不同目的,例如不同主题、不同功能、不同布局来创建完整的网站。

9.1　网站制作描述

本实例通过清晰的结构,突出了教育网站的重点内容。本实例布局是常见的"国"字形布局,因为制作的教育类网站不仅需要风格严谨,结构清晰、明确,而且通常要求在教育类网站首页体现很多的栏目和内容,因此如何既突出重点又可以展现丰富的内容是关键所在。本实例的这种布局既可以体现丰富的内容,又能达到主次分明的效果,是一种非常实用的布局方式。以下是该实例的效果图。

(1)首页效果图如图 9-1 所示。

图 9-1　首页效果图

(2)二级页面效果图如图 9-2 所示。

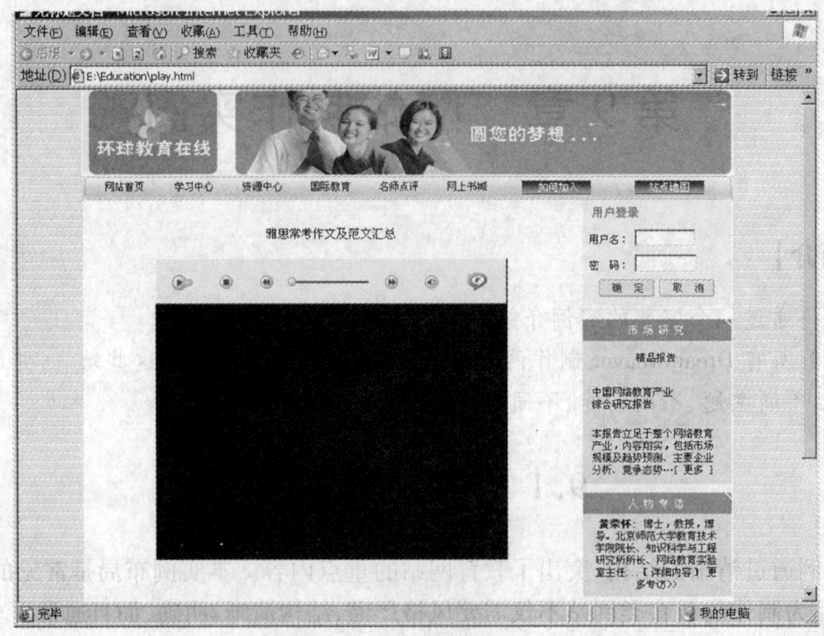

图 9-2　二级页面效果图

9.2　网站建设准备工作

9.2.1　定位网站主题

一个好的网站除网页设计得漂亮外,更重要的是站点的内容是否吸引人。所以,用户要想自己的站点访问率高,就要先定好站点的主题是什么。有了明确的目标,在内容的搜集、网站风格的确定、相关的技术服务要求方面就应该围绕这个主题进行。

9.2.2　确定网站的栏目和板块

初学者最容易犯的错误就是确定题材后立即开始制作网页,当制作完成后,才发现网站的结构不清晰、目录庞杂,结果不但浏览者看得糊涂,自己扩充和维护起来也相当困难,网站也许就半途而废了。所以,在动手制作网站之前,一定要确定好栏目和板块。

9.2.3　准备网站素材

目前网络上比较普遍的网站有两种形式:一种是传统的 HTML 网站;另一种就是流行的 Flash 网站。虽然说 Flash 网站在视觉上有相当大的冲击力,但是它需要对 Flash 软件有相当的了解和掌握才能制作出不同凡响的效果。而对于大多数用户而言,Dreamweaver 更容易上手,并且 Dreamweaver 对于实现大量的网页内容制作也更方便。

在确定网站整体风格的过程中,要准备以下内容:

(1)确定网站的整体色调。

(2)设计网站的 Logo(标志)。

(3)设计 Banner(旗帜广告条)。

(4)确定导航栏一级栏目和二级栏目的表现形式。

(5)确定其他板块的摆放位置。

(6)确定栏目的具体内容。

9.3　创建本地站点

在全面考虑好网站的栏目、整体风格后,就可以正式动手制作网页了。

首先要建立一个本地站点,把所有准备好的素材都放在一个统一的文件夹内,然后把这个文件夹定义为一个站点,这样做是为了方便以后管理。创建站点的具体步骤如下:

(1)启动 Dreamweaver 8 程序后,选择菜单栏中的“站点”|“新建站点”,弹出对话框,切换至“高级”选项卡,如图 9-3 所示。

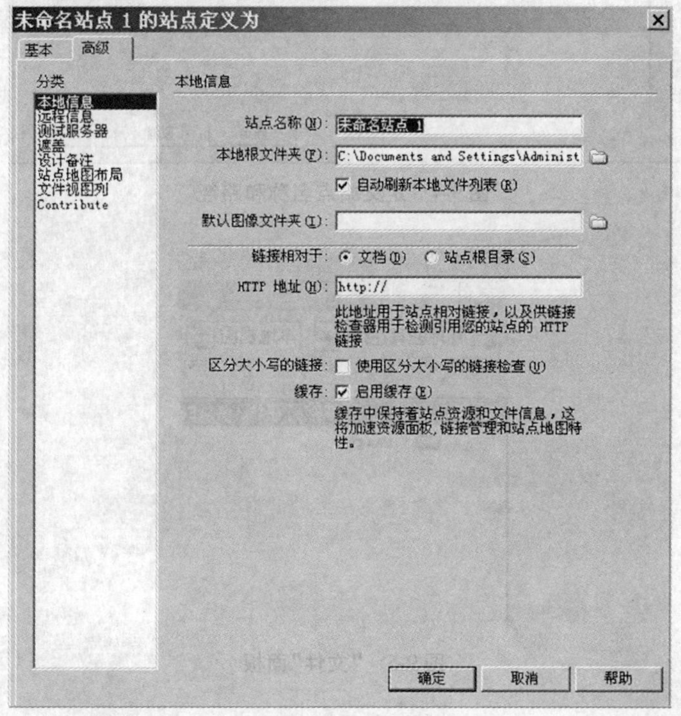

图 9-3　“高级”选项卡

(2)在类别“本地信息”中输入站点名称为“环球教育在线”,单击“本地根文件夹”文本框后面的“浏览文件”图标,选择在 E 盘创建的网站文件夹,单击“确定”按钮后文件夹路径自动显示在文本框中,再单击“默认图像文件夹”文本框后面的“浏览文件”图标,选择相应的图像文件夹后,单击“确定”按钮,如图 9-4 所示。

(3)点击“确定”按钮,打开“文件”面板,此时“文件”面板中显示了创建的站点及站点内的所有文件,如图 9-5 所示。

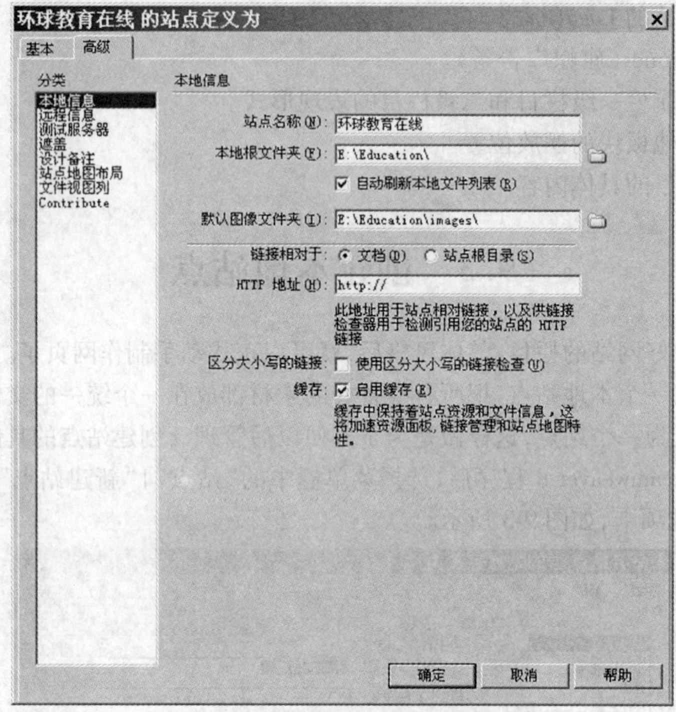

图 9-4　定义站点名称和路径

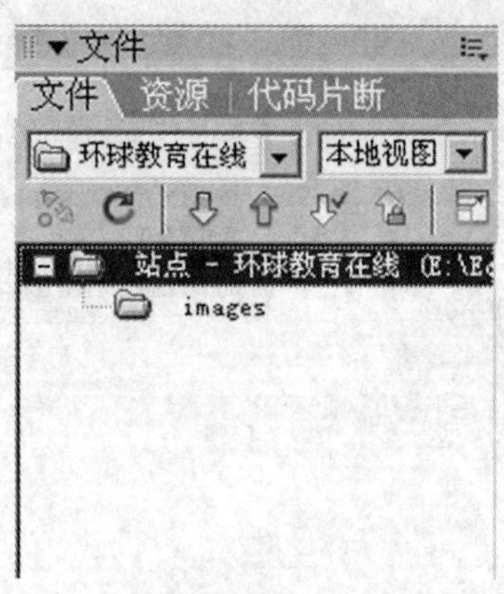

图 9-5　“文件”面板

9.4　创建首页并设置页面属性

在准备好所有的内容和素材后，就可以开始在 Dreamweaver 8 中制作网页了。这里图片和 Flash 的制作不属于本书的内容，可查阅其他教材学习制作。下面开始制作网站首页。

(1)启动 Dreamweaver 8 程序后，选择“文件”|“新建”菜单命令，在“常规”选项卡中选择“类别”列表为“基本页”，在“基本页”列表中选择“HTML”，如图 9-6 所示。

(2)单击“创建”按钮，显示新 HTML 页面的编辑窗口，执行“文件”|“保存”菜单命

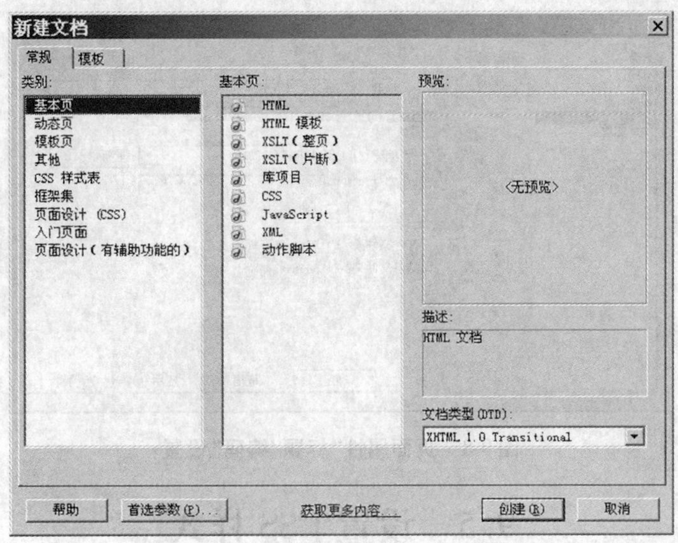

图 9-6　“常规”选项卡

令，打开“另存为”对话框，在“保存在”下拉列表中选择文件保存路径，在“文件名”文本框中输入文件名称为“index”，单击“保存”按钮返回网页编辑窗口。

(3)执行“窗口”|“属性”菜单命令，打开“属性”面板。单击“属性”面板中的“页面属性”按钮，打开“页面属性”对话框，选择“分类”列表框中的“外观”选项，设置字体大小为 12 像素，文本颜色为黑色，单击“背景图像”右侧的“浏览”按钮，在打开的“选择图像源文件”对话框中选择 images 文件夹中的图像“bg. gif”。单击“确定”按钮后，图像名称和路径显示在“背景图像”对话框中。

(4)在左、右、上、下边距文本框中均输入“0”，如图 9-7 所示。

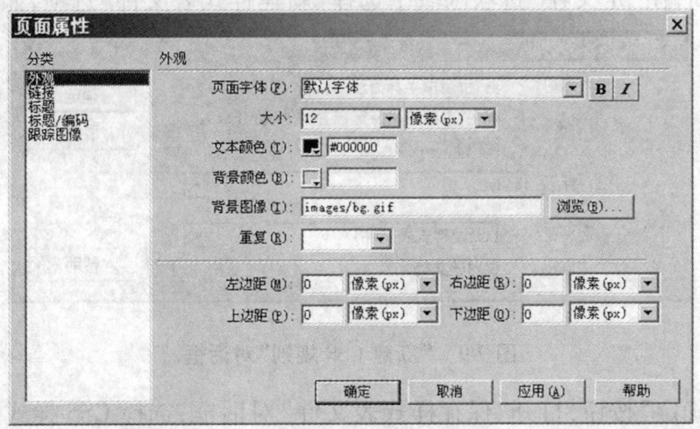

图 9-7　页面属性“外观”设置

(5)在“分类”列表框中选择“标题/编码”选项，设置标题为“环球教育在线”，选择“编码”为“简体中文(GB2312)”选项，如图 9-8 所示。

(6)单击“确定”按钮，返回页面编辑窗口。

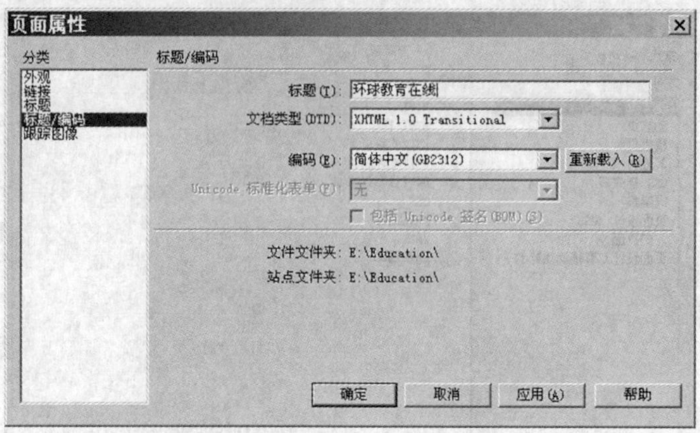

图9-8　页面属性"标题/编码"设置

9.5　设置 CSS 样式

CSS 样式可以控制网站的整体风格,比如字体的大小、链接的样式等,是网页制作过程中不可缺少的部分。设置 CSS 样式可以在制作网页前进行,也可以边制作网页边进行设置,当然也可以在网页制作完毕后再进行 CSS 样式的设置。这里推荐在制作网页前设置基本的 CSS 样式,在制作过程中根据需要再随时添加 CSS 样式。

以下是 CSS 样式的创建步骤:

(1)执行"窗口"|"CSS 样式"菜单命令,打开 CSS 面板,单击"CSS"面板右下方的"新建 CSS 规则"按钮,打开"新建 CSS 规则"对话框。

(2)在"选择器类型"选项区域中单击"标签"单选按钮,在下方的"标签"下拉列表中选择"body"选项,在"定义在"选项区域中选择"新建样式表文件"选项,如图9-9所示。

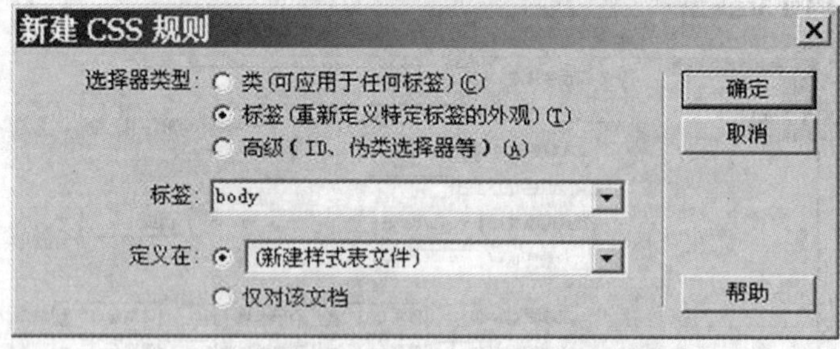

图9-9　"新建 CSS 规则"对话框

(3)单击"确定"按钮,打开"保存样式表文件"对话框,选择 CSS 样式保存的路径,在文件名中输入"style"。

(4)单击"保存"按钮后,打开"CSS 规则定义"对话框,在其中设置字体为"12"像素,颜色为黑色。

(5)单击"确定"按钮,在"CSS 样式"面板中就可以看到新添加的 style. css 文件,可依次添加其他样式信息。关于 style 的具体样式信息如图9-10所示。

```
td {
    font-size: 12px;
    color: #000000;
}
body {
    font-size: 12px;
    color: #000000;
}
.redline {
    border: 1px solid CF7ECC;
}
.white {
    color: #FFFFFF;
}
a:link {
    color: #000000;
    text-decoration: none;
}
a:visited {
    color: #000000;
    text-decoration: none;
}
a:hover {
    color: #0033CC;
    text-decoration: underline;
}
input {
    font-size: 12px;
    color: #000000;
}
.big {
    font-size: 14.8px;
}
.contant {
    font-size: 12px;
    line-height: 18px;
```

图 9-10　全部 CSS 样式信息

9.6　制作标题栏和导航栏

下面开始制作网站首页的标题栏和导航栏，详细步骤如下：

(1)将光标定位在编辑窗口中，选择“插入”菜单中的“表格”命令，在“表格”对话框中，设置行数和列数均为“1”，表格宽度为“778”像素，边框粗细、单元格边距、单元格间距均为“0”，如图 9-11 所示。

(2)单击“确定”按钮，在网页中插入表格，选中表格，在表格属性面板中设置对齐方式为“居中对齐”。

(3)将光标定位在表格内，设置 td 的背景图像为“title. gif”，然后选择菜单“插入”|“媒体”|“Flash”，选择“logo. swf”，选中该 Flash，设置其参数为 wmode，相应的值为 transparent。这样就在标题背景后插入了一个透明的 Flash，如图 9-12 所示。

(4)将光标定位在第一个表格的右边，再次插入一个 1 行 15 列、宽度为 774 像素的表

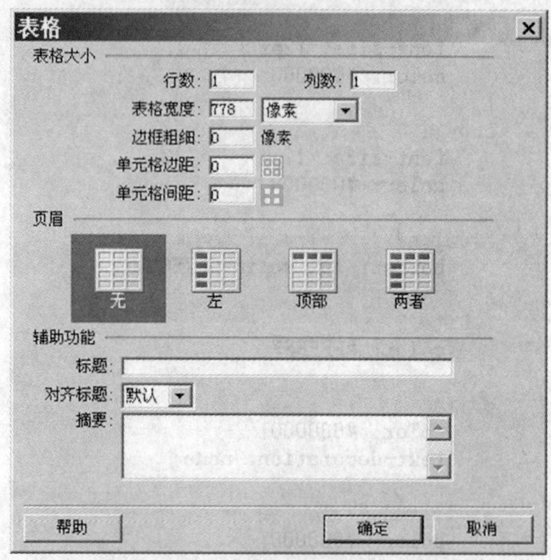

图 9-11　设置“表格”对话框

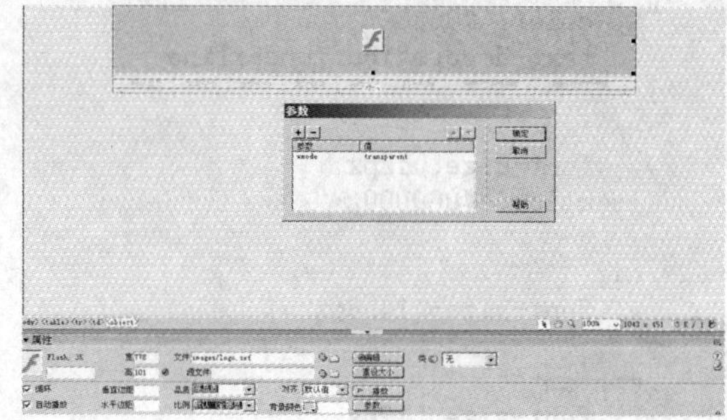

图 9-12　插入标题图像

格,边框粗细、单元格边距、单元格间距均为“0”。选中表格,仍设置表格对齐方式为“居中对齐”,单击“背景图像”右侧的“浏览”按钮,设置背景图像为 bg_title. gif。

(5)将所有单元格选中,设置水平方向对齐方式为“居中对齐”,在第 1 个单元格中插入图像 index_1. gif,在第 3、5、7、9、11 个单元格中均插入图像 line. gif,在第 13、14、15 个单元格中分别插入图像 join. gif、map. gif、index_2. gif,然后在第 2、4、6、8、10、12 个单元格中分别输入栏目名称“网站首页”、“学习中心”、“资源中心”、“国际教育”、“名师点评”、“网上书城”。至此,网站首页的标题栏和导航栏制作完毕,效果如图 9-13 所示。

图 9-13　导航栏效果

9.7　制作首页主体内容

网页主体分为左、中、右 3 个部分。先用表格将其划分成 3 个区域，然后在每个单元格中分别制作不同的内容。具体操作步骤如下：

(1)在导航栏表格下方接着插入一个 1 行 3 列、宽度为 774 像素，边框粗细、单元格边距、单元格间距均为“0”的表格。选中表格，在属性面板中设置表格为居中对齐，背景颜色为“#FFFFFF”。

(2)将光标定位在第 1 个单元格内，插入一个 13 行 1 列、宽度为 169 像素的嵌套表格。

(3)选中第 1 行的单元格，设置其高度为 10 像素，在第 2 行单元格中插入图像 title_2. gif。选中第 3 ~ 13 个单元格，在属性面板中设置其背景颜色为“#B6B6B6”，如图 9-14 所示。

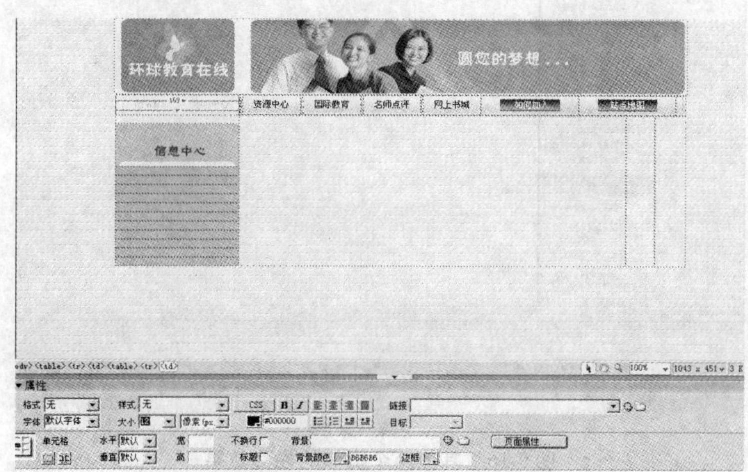

图 9-14　插入图像并设置单元格背景颜色

(4)将光标定位在第 3 个单元格中，设置背景图像为 bg_left. gif，并在此单元格中插入一个 6 行 2 列、宽度为 150 像素，边框粗细、单元格间距均为“0”，单元格边距为“4”的表格，设置表格为“居中对齐”。

(5)将左边一列单元格选中，设置其宽度为“20%”，对齐方式为“水平居中对齐”，并在每个单元格中插入图像 dot_3. gif。在右侧单元格中依次输入栏目标题，设置垂直方向对齐为“居中对齐”。

(6)在第 4 行单元格中插入图像 line_1. gif，完成后如图 9-15 所示。

(7)在其他两个单元格中制作两个结构类似的栏目，制作方法相似，这里不再赘述。效果如图 9-16 所示。

(8)左侧栏目制作完毕后，将光标定位在中间单元格中，设置垂直方向为“顶端对齐”。插入一个 4 行 1 列、宽度为 411 像素，边框粗细、单元格边距、单元格间距均为“0”的表格。选中表格，在“属性”面板中设置表格为“居中对齐”。

图 9-15　栏目效果

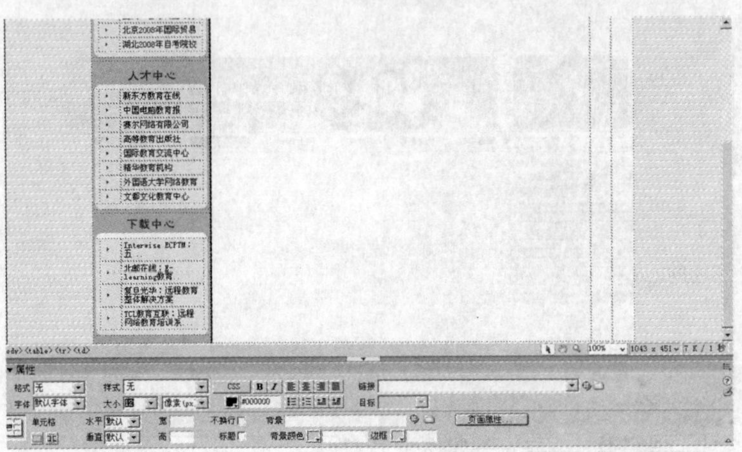

图 9-16　其他两个类似的栏目效果

(9)在第 2 行单元格中插入图像 title_5. gif,在第 4 行单元格中插入一个 6 行 2 列、宽度为 390 像素,边框粗细、单元格边距、单元格间距均为"0"的表格。选中表格,在"属性"面板中设置表格为"居中对齐"。选中所有单元格,在"属性"面板中设置其高度为 20 像素。再选中所有左侧单元格,设置宽度为"75%",对齐方式为"水平左对齐"。在左边单元格中插入小图标 dot_4. gif,并输入相应的"教育快讯"栏目内容。将右边单元格中分别输入时间,并且设置其水平对齐方式为"右对齐"。其他空白行不添加任何内容,以达到美化效果,完成后如图 9-17 所示。

(10)由于标题"教育快讯"是图像,文字是制作在图像中的,因此需要制作热点链接。选中标题图像 title_5. gif,在"属性"面板中单击"矩形热点工具",鼠标指针移动在图像上时变成了十字形,在"更多"文字处拖动出矩形区域,然后在"热点"属性面板的"链接"文本框中输入要指向的链接路径,如图 9-18 所示。

(11)在"教育快讯"栏目下方,接着插入一个 2 行 1 列、宽度为 411 像素的表格,边框、填充、间距均为"0",居中对齐。在第 1 行单元格中插入图像 title_6. gif,用同样的方法在"更多"文字上制作热点链接。

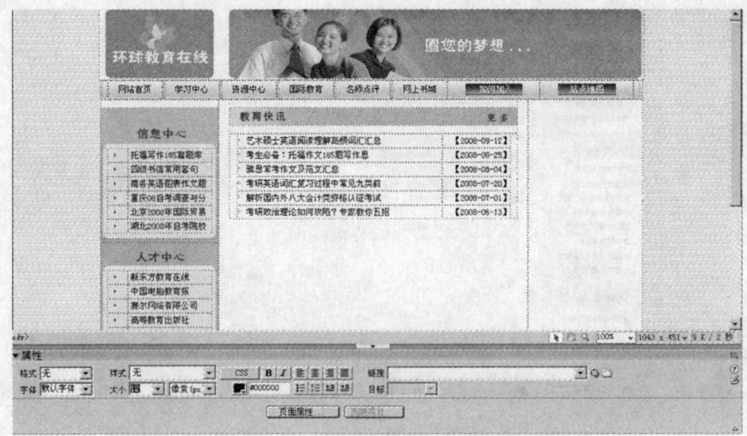

图 9-17　制作“教育快讯”栏目内容

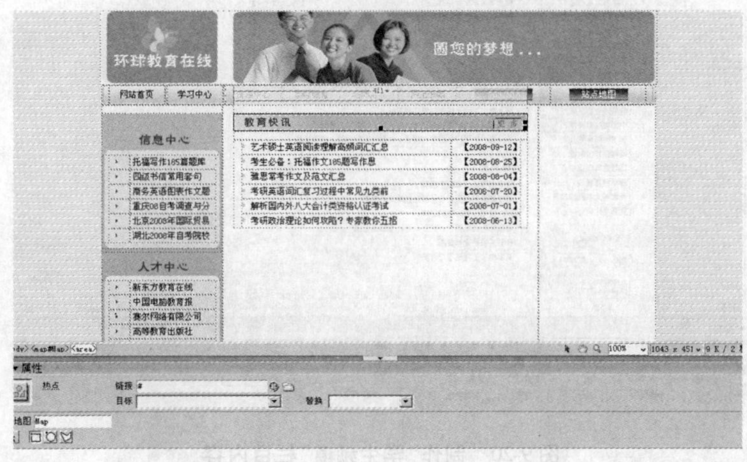

图 9-18　制作热点链接

(12)在第 2 行单元格中插入一个 4 行 1 列、宽度为 390 像素的嵌套表格,边框、填充、间距均为“0”,居中对齐。选中所有单元格,设置高度为 20 像素。在每行单元格中插入小图标 dot_5. gif,然后输入标题内容,效果如图 9-19 所示。

(13)“学生频道”栏目和“名师在线”栏目形式相同,这里不再赘述,完成后如图 9-20 所示。

(14)在“学生频道”栏目下方接着插入一个 2 行 2 列、宽度为 411 像素的表格,边框、填充、间距均为“0”,居中对齐。在左侧第 1 行单元格中插入“友情链接”图像 link. gif,设置左侧第 2 行单元格背景颜色为浅灰色“#ECECEC”,并在此插入一个 4 行 2 列、宽度为 200 像素的嵌套表格。选中所有单元格,设置其高度为 25 像素,分别在第 2 行和第 4 行单元格处插入表单元素“列表/菜单”,并设置其中的名称以及列表中的内容,如图 9-21 所示。

(15)选择“友情链接”右侧两行单元格,单击属性面板中的“合并所选单元格”按钮,合并单元格后,再插入一个 2 行 1 列、宽度为 150 像素的嵌套表格,居中对齐。分别在两

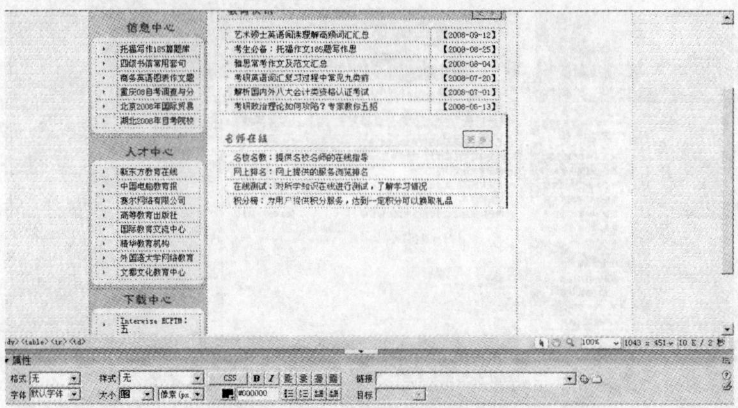

图 9-19　制作“名师在线”栏目内容

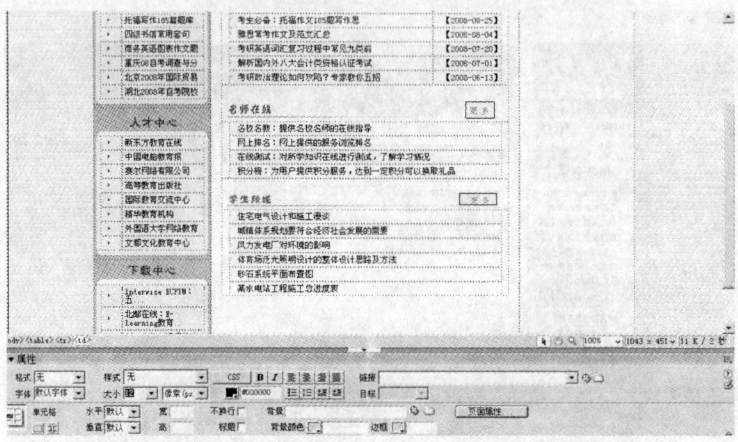

图 9-20　制作“学生频道”栏目内容

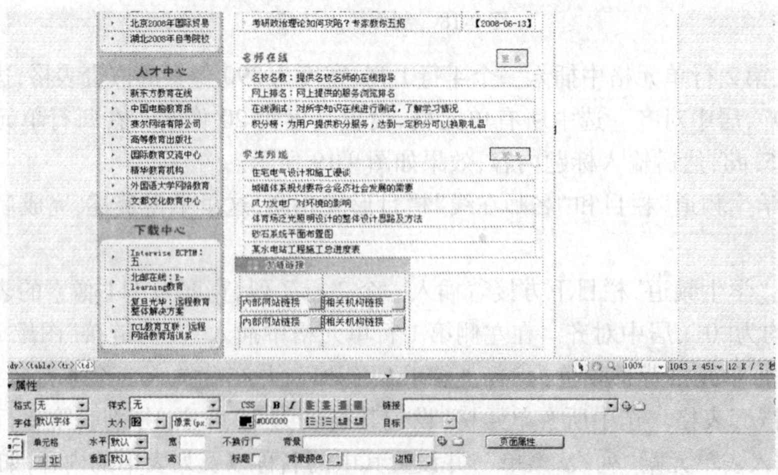

图 9-21　制作“友情链接”栏目内容

个单元格中插入图像 faq. gif 和 bbs. gif，并为两张图像制作无址链接（空链接），即在“链接”文本框中输入“#”,如图 9-22 所示。

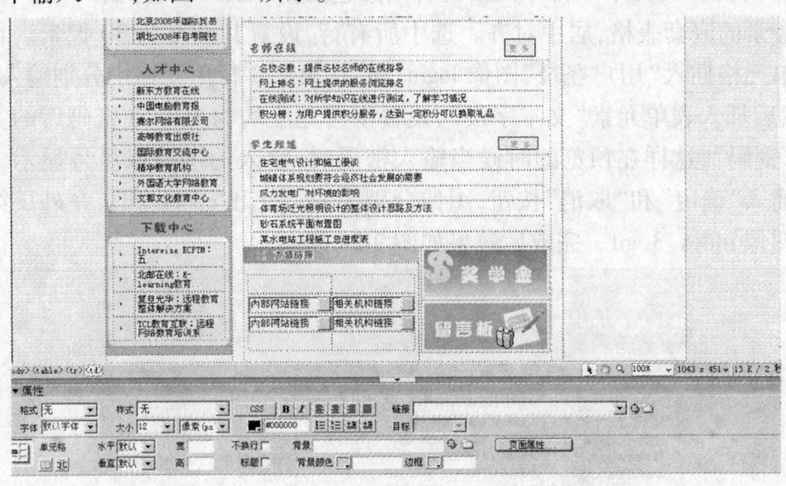

图 9-22　图像插入后效果

(16)为刚才插入的两幅图像制作动态显示效果,即当鼠标指针经过图像时图像会闪动显示。接着添加一个 JavaScript 文件。

(17)选择“文件”|“新建”菜单命令,在“基本页”中选择“JavaScript”,在文档编辑窗口中输入相应代码内容,如图 9-23 所示。

```
// JavaScript Document
function trains(id,text){document.all[id].innerHTML=' '+text}
function trainpic(id,text){document.all[id].innerHTML='<img src="'+text+'.gif">'}
function high(which2){
theobject=which2;theobject.filters.alpha.opacity=0
highlighting=setInterval("highlightit(theobject)",50)}
function low(which2){
clearInterval(highlighting)
which2.filters.alpha.opacity=100}
function highlightit(cur2){
if (cur2.filters.alpha.opacity<100)
cur2.filters.alpha.opacity+=15
else if(window.highting)
clearInterval(highlighting)}
```

图 9-23　输入 JavaScript 代码

(18)保存该文件与 index. html 在同一级目录下,命名为“pic. js”。

(19)返回 index. html 页面,选中图像 faq. gif,单击“代码”按钮进入代码视图,在代码窗口中被选中的图像呈反白显示,在图像代码中添加以下代码:

```
<img src="images/faq.gif" width="173" height="69" border="0" onmouseover=
"this.style.filter='alpha(opacity=100)';high(this)" onmouseout="low(this)" />
```

在“留言板”图像中也输入同样的代码。

(20)在代码 <head>… </head>间需要调用前面创建的 pic. js 文件。这样图像的动态效果才能显示。在 <head>… </head>之间输入以下代码:

```
<Script language = "Java Script" src = "pic. js" type = text/javascript > </Script >
```

至此,中间栏目制作完毕。

(21)将光标定位在右侧的单元格,在“属性”面板中设置垂直属性为“顶端对齐”。

(22)在右侧单元格中插入一个 2 行 1 列、宽度为 176 像素的表格,边框、填充、间距均为“0”,居中对齐。设置第1行单元格的背景颜色为“#F1F1F1”,并插入一个4行1列、宽度为160像素的嵌套表格,居中对齐。选中所有行,设置其高度为30像素。在嵌套表格的第1行单元格插入“用户登录”图像login. gif,在第2、3行单元格中分别输入“用户名”、“密码”,然后插入表单元素“文本字段”,设置字符宽度均为10。在密码后的文本框中设置类型为“密码”,这样在预览的时候当输入密码时,输入的字符以星号显示。在第4行单元格中插入“确定”和“取消”按钮,图像分别为ok. gif和cacel. gif。在外层第2行单元格处插入图像index_3. gif。完成后效果如图9-24所示。

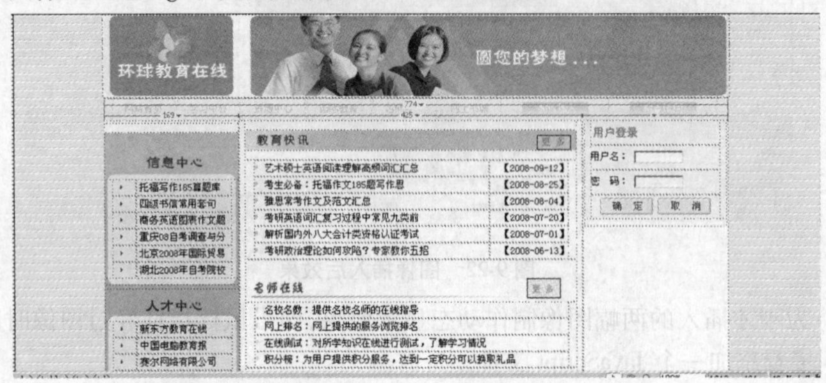

图9-24　用户登录模块

(23)在“用户登录”表格下方接着插入一个3行1列、宽度为176像素的表格,边框、填充、间距均为“0”,居中对齐。设置第1行单元格高度为10像素,切换到代码视图,清除该单元格中<td> </td>的“ ”,在第2行单元格中插入图像title_1. gif,选中第3行单元格,在“属性”面板的“样式”下拉列表中设置其样式为“redline”,并设置其单元格的背景颜色为“#DDE0F2”。

(24)将光标定位在第3行单元格处,插入一个3行1列、宽度为165像素的嵌套表格,边框、间距均为“0”,填充为“6”,居中对齐。在嵌套表格的单元格中输入相应的“市场研究”栏目内容,如图9-25所示。

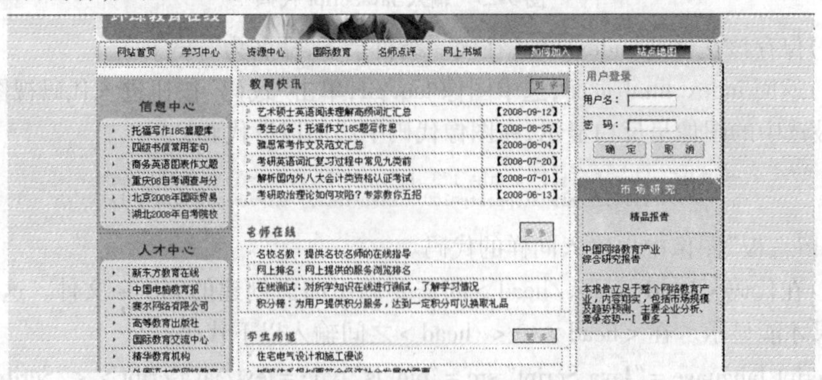

图9-25　制作“市场研究”栏目内容

(25)在“市场研究”栏目下接着制作栏目“人物专访”和“热点调查”,方法与上类似,不再赘述。制作完成后效果如图9-26所示。

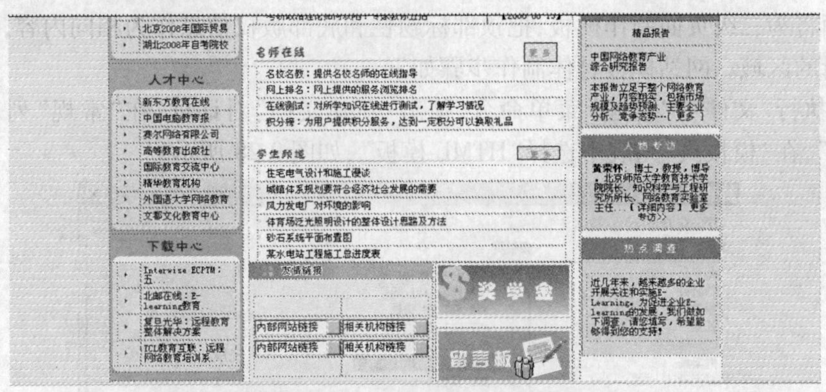

图 9-26　制作"人物专访"和"热点调查"两个栏目

9.8　制作版权信息

以上网站首页的主体内容已经制作完毕,最后在首页底部显示版权信息。在设计的时候最好能从风格和颜色上与顶部和主体内容相呼应。具体制作步骤如下:

(1)在主题内容表格下方插入一个 2 行 1 列、宽度为 774 像素的表格,边框、填充、间距均为"0",居中对齐。

(2)将光标定位在第 1 行单元格中,插入一条水平线,并设置其属性如下:高为 1 像素,颜色为"#8A97D6"。

(3)将光标定位在第 2 行单元格中,设置高度为 50 像素,单元格背景图像为 bottom. gif,水平居中对齐。然后在单元格中输入版权信息文字,选中文字,设置其样式为"white",如图 9-27 所示。

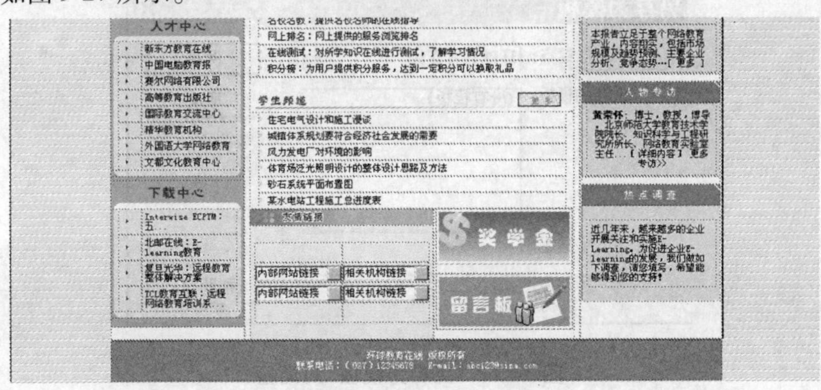

图 9-27　制作版权信息

9.9　创建网站模板

网站模板是一种生成其他网页样板的独具风格的网页,使用模板可以创建风格相似的网页。模板用于创建具有固定特征和共同格式的文档,建立固定的模型,在其他页面中可以反复调用,以提高工作效率。

下面将为二级页面制作模板，把顶部标题栏和底部版权信息作为相同内容，中间部分为可编辑的区域。网站模板具体制作步骤如下：

（1）执行“文件”|“新建”菜单命令，弹出“新建文档”对话框，在“常规”列表中选择“模板页”，在“模板页”列表中选择“HTML 模板”，如图 9-28 所示。

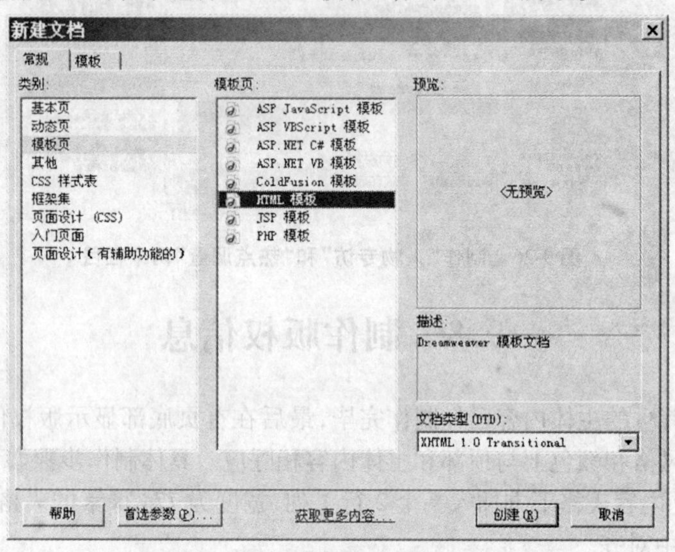

图 9-28 “新建文档”对话框

（2）单击“创建”按钮，创建后缀名为“.dwt”的文件，保存模板页。弹出“另存为模板”对话框，在“站点”下拉列表中选择当前的站点“环球教育在线”，在“另存为”对话框中输入模板名称“index”，如图 9-29 所示。

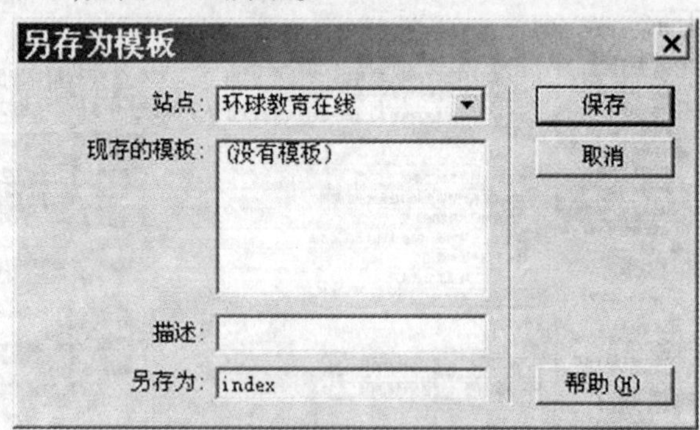

图 9-29 “另存为模板”对话框

（3）单击“保存”按钮，开始制作模板页。在模板页中需要制作固定格式的部分。本实例是把网页顶部标题栏、导航栏和底部版权信息以及主体右侧内容（用户登录等）作为模板页的内容。先在空白模板页中制作网站标识和一级栏目名称，如图 9-30 所示。

（4）在二级页面中通常也会显示用户登录信息和热点信息等，以方便浏览者使用。所以，还需要将用户登录等模板添加至模板页。

（5）将首页 index.html 页面的主体内容拷贝到模板页中，然后将左侧和中间两个表

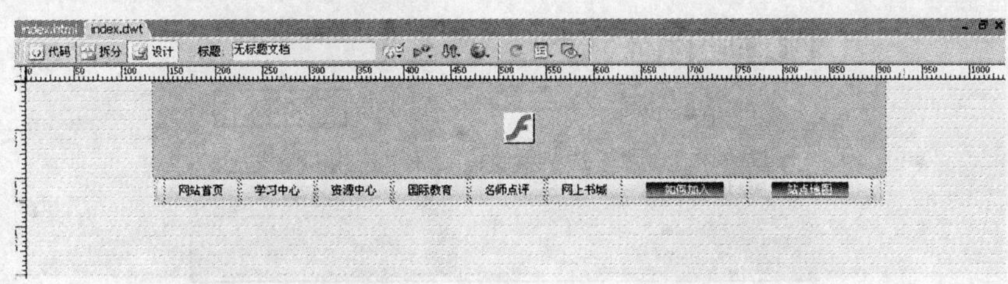

图 9-30　网站标识和一级栏目

格单元格中的内容全部删除，并将其合并，只保留右侧栏目的信息，如图 9-31 所示。

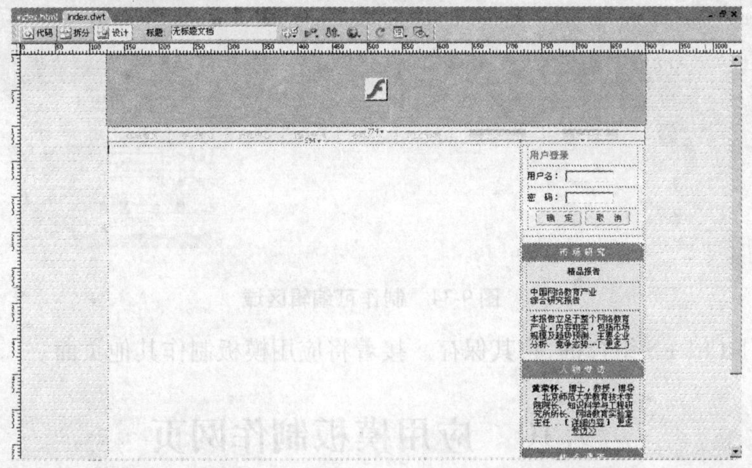

图 9-31　通过模板页制作用户登录等内容

(6) 接着在模板页底部添加版权信息等内容，如图 9-32 所示。

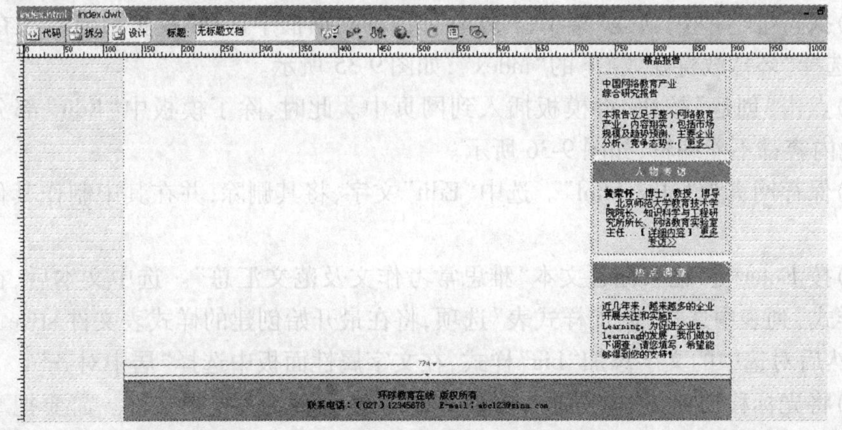

图 9-32　制作版权信息

(7) 将光标移至用户登录左侧的单元格内，执行“插入”|“模板对象”|“可编辑区域”命令，在“新建可编辑区域”对话框的“名称”文本框中输入可编辑区域名称“Edit”，如图 9-33所示。

(8) 单击“确定”按钮，可编辑区域名称显示在网页中，如图 9-34 所示。

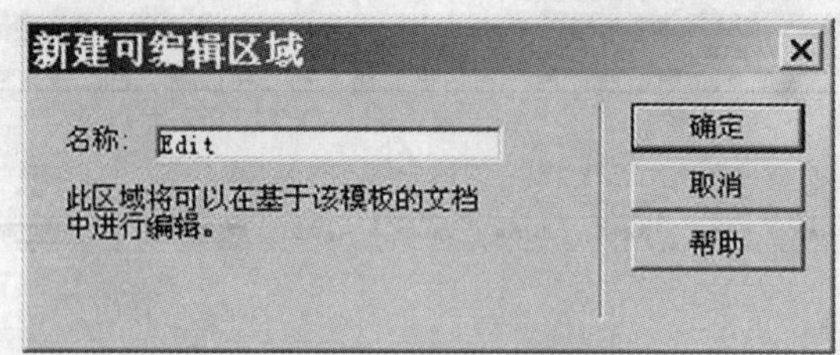

图 9-33 “新建可编辑区域”对话框

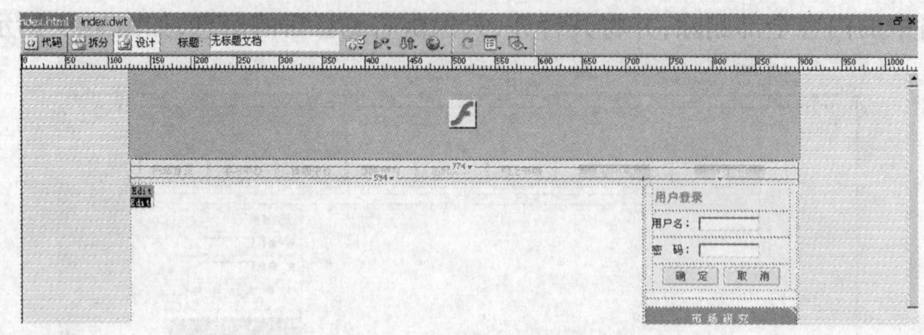

图 9-34 制作可编辑区域

(9)按住 Ctrl + S 组合键,将其保存。接着将应用模板制作其他页面。

9.10 应用模板制作网页

应用模板制作的网页不需要再制作模板页中已有的内容,而是直接套用模板即可。下面就来介绍应用模板制作网页。

(1)执行“文件”|“新建”菜单命令,在弹出的对话框中选择“模板”选项卡,在“模板”列表中选择“环球教育在线”下的“index”,如图 9-35 所示。

(2)点击“创建”按钮,将模板插入到网页中。此时,除了模板中“Edit”部分可以编辑,其他内容都不能编辑,如图 9-36 所示。

(3)保存网页为“play. html”。选中“Edit”文字,将其删除,并在其中制作其他栏目内容。

(4)按 Enter 键,输入标题文本“雅思常考作文及范文汇总”。选中文本后,在属性面板的“样式”列表中选择“附加样式表”选项,将在最开始创建的样式表文件 style. css 添加进来。然后对选中的文字添加“big”样式,在文字属性面板中选择“居中对齐”。

(5)将光标移动到文本的右侧,按下 Enter 键,然后插入视频文件。需要把事先准备好的视频文件放在站点的“images”文件夹中。

(6)返回到 Dreamweaver 8 的编辑窗口中,选择“插入”|“媒体”|“ActiveX”选项,在单元格内插入 ActiveX 标记。将其选中,设置其高度和宽度分别为“350”和“420”,在ClassID 下拉列表中选择“RealPlayer/ clsid: CFCDAA03-8BE4-11cf-B84B-0020AFBBCCFA”选项,勾选“源文件”复选框,点击右侧的浏览按钮,在弹出的对话框中找到视频文件的路径及名称“images/study. ram”。ActiveX 的属性面板如图 9-37 所示。

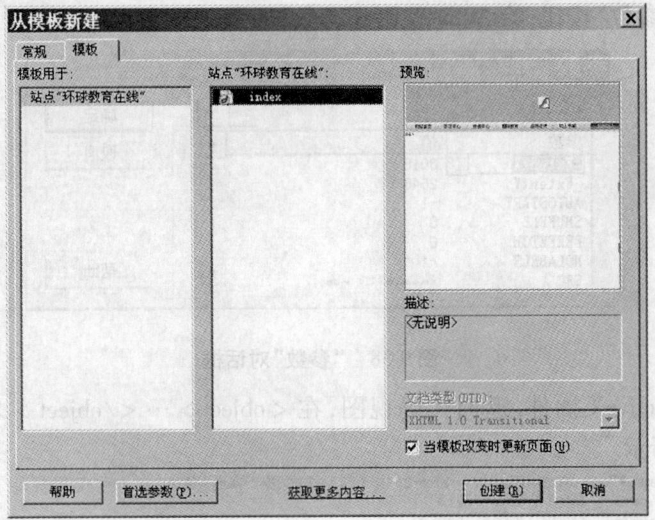

图 9-35　“模板”选项卡

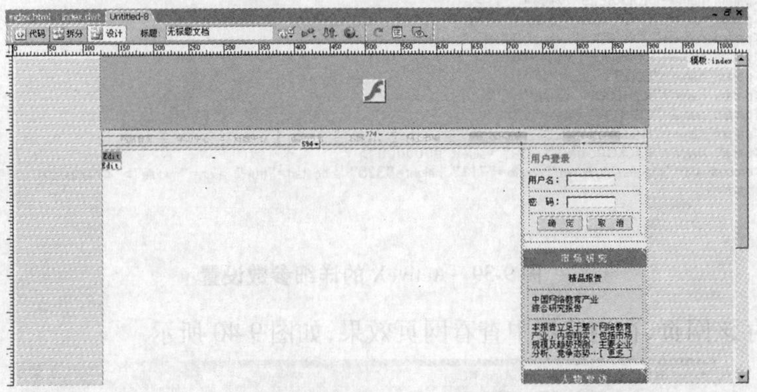

图 9-36　将模板插入网页

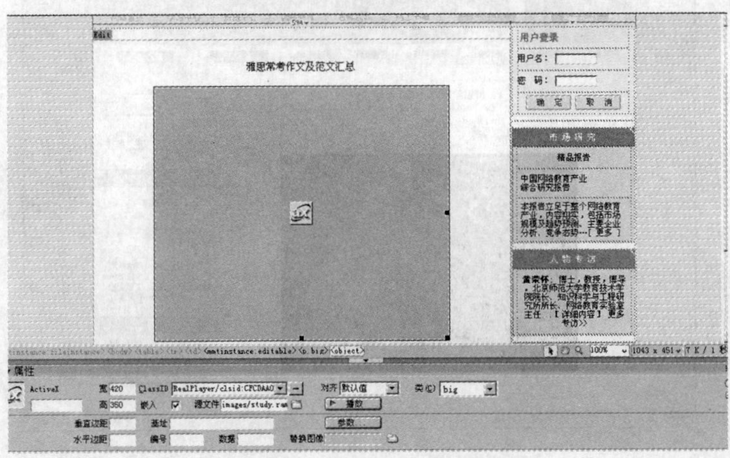

图 9-37　ActiveX 的属性面板

(7)点击"参数"按钮,给 ActiveX 附加参数,如图 9-38 所示。

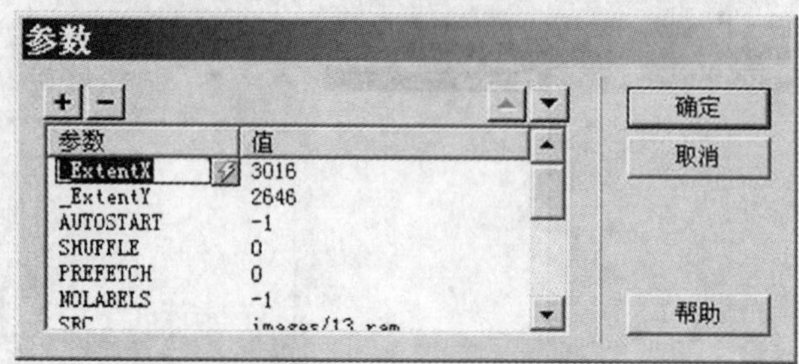

图 9-38　"参数"对话框

(8)选中 ActiveX 插件,返回代码视图,在 <object> … </object> 之间可以看到代码,如图 9-39 所示。

```
<object classid="clsid:CFCDAA03-8BE4-11cf-B84B-0020AFBBCCFA" width="420" height="350">
  <param name="_ExtentX" value="3016">
  <param name="_ExtentY" value="2646">
  <param name="AUTOSTART" value="-1">
  <param name="SHUFFLE" value="0">
  <param name="PREFETCH" value="0">
  <param name="NOLABELS" value="-1">
  <param name="SRC" value="images/13.ram">
  <param name="CONTROLS" value="ControlPanel,Imagewindow">
  <param name="CONSOLE" value="clip1">
  <param name="LOOP" value="1">
  <param name="NUMLOOP" value="10">
  <param name="CENTER" value="0">
  <param name="MAINTAINASPECT" value="0">
  <param name="BACKGROUNDCOLOR" value="#000000">
  <embed src="images/study.ram" width="718" height="325" autostart="true" align="middle"> </embed>
</object>
```

图 9-39　ActiveX 的详细参数设置

(9)保存该网页,在浏览器中查看网页效果,如图 9-40 所示。

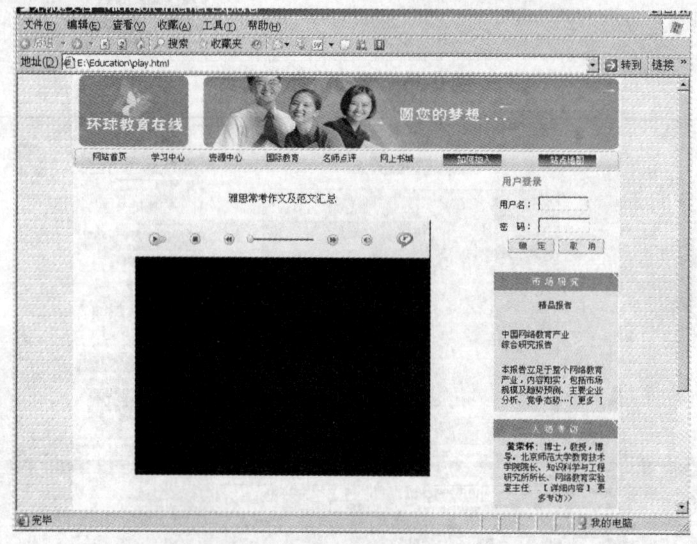

图 9-40　查看网页效果

本章小结

本章介绍了一个网站制作实例,制作的网站虽小,但用到的网页制作知识不少。它的内容涉及表格的应用、导航栏的创建、超级链接的建立、模板的应用等。对于刚开始接触网页制作的设计者来说,熟练掌握了这些功能,就可以开始制作一个网站了。

习题与实训

一、习题(略)

二、上机实训

根据本章所讲述的内容制作如图9-41所示的新闻网站。

图9-41　上机练习

参 考 文 献

[1] 胡崧. 最新 HTML&CSS 标准教程[M]. 北京:中国青年出版社,2003.
[2] 阮文江. JavaScript 程序设计基础教程[M]. 北京:人民邮电出版社,2005.
[3] 杨璐. 精通 Dreamweaver 8[M]. 北京:人民邮电出版社,2007.
[4] 李东生,苏静. Dreamweaver 网页设计与配色[M]. 北京:清华大学出版社,2007.
[5] 徐磊. 网页制作与网站建设技术大全[M]. 北京: 清华大学出版社,2008.
[6] 周陟. 网页设计解析[M]. 北京:清华大学出版社,2009.